U0302482

高等职业教育"十三五"规划教材

新编大学计算机基础教程

王宏伟　高　昱　赵　慧　主编

杨　峰　李良俊
李铁男　姜秀玉　副主编

科学出版社

北　京

内 容 简 介

本书是根据教育部关于深化大学计算机基础教学改革的要求，结合高校信息技术教育现状编写而成的。全书分为 6 章，主要介绍计算机基础知识、Windows 7 操作系统功能、文字处理软件 Word 2010 的操作使用、电子表格处理软件 Excel 2010 的操作使用、演示文稿制作软件 PowerPoint 2010 的操作使用、计算机网络基础等。

本书内容简明、层次清晰、实例丰富、图文并茂，实用性和可操作性强。针对目前社会对大学生的岗位知识和应用能力需求，在编写过程中注重技能培养，以便在教学中达到理论与实践的紧密结合。

本书可作为高等学校非计算机专业的计算机基础课程教材，也可供参加全国计算机等级考试的人员使用。

图书在版编目（CIP）数据

新编大学计算机基础教程/王宏伟，高昱，赵慧主编. —北京：科学出版社，2017

（高等职业教育"十三五"规划教材）

ISBN 978-7-03-054136-9

I. ①新… II. ①王… ②高… ③赵… III. ①电子计算机-高等学校-教材 IV. ①TP3

中国版本图书馆 CIP 数据核字（2017）第 193340 号

责任编辑：宋 丽 杨 昕 / 责任校对：刘玉靖
责任印制：吕春珉 / 封面设计：东方人华平面设计部

科 学 出 版 社 出版

北京东黄城根北街 16 号
邮政编码：100717
http://www.sciencep.com

三河市良远印务有限公司印刷
科学出版社发行 各地新华书店经销
*

2017 年 8 月第 一 版　　开本：787×1092 1/16
2019 年 1 月第四次印刷　　印张：18 1/2
字数：439 000

定价：48.00 元

（如有印装质量问题，我社负责调换〈良远印务〉）

销售部电话 010-62136230 编辑部电话 010-62135397-2032

前　言

为了深化大学计算机基础课程教学改革，依据教育部高等学校计算机科学与技术教学指导委员会《关于进一步加强高等学校计算机基础教学的意见暨计算机基础课程教学基本要求》精神，以及贯彻落实教育部高等学校非计算机专业计算机基础课程教学指导分委员会自 2010 年以来为新一轮"大学计算机基础教学改革"召开的一系列会议精神，我们组织了多名长期从事高等院校计算机基础教学且具有先进的教育教学理念和丰富的教学实践经验的一线教师编写了本书。

计算机应用基础是高等院校大学生的公共基础课，计算机应用技能培养是高等院校培养实用型、复合型人才的一个重要环节，掌握计算机应用技能也是信息化社会对大学生基本素质的要求。

本书分为 6 章。其中，第 1 章介绍计算机的基础知识，第 2 章介绍 Windows 7 操作系统的功能及使用方法等，第 3 章主要介绍常用文字处理软件 Word 2010 的操作使用，第 4 章主要介绍常用电子表格处理软件 Excel 2010 的操作使用，第 5 章主要介绍演示文稿制作软件 PowerPoint 2010 的操作使用，第 6 章主要介绍计算机网络基础知识。

本书由王宏伟、高昱、赵慧任主编，杨峰、李良俊、李铁男、姜秀玉任副主编，参加编写的人员还有杨明、张于立、陆竞。全书由王宏伟、高昱负责统稿和审定。在编写本书过程中，我们借鉴和吸收了同行的部分研究成果，在此对他们一并表示感谢！

本书的知识面较广，需要将众多知识点有机地联系起来，难度较大，因而不足之处在所难免，恳请读者提出宝贵意见。

编　者

2017 年 6 月

目　录

第 1 章　计算机基础

计算机是一种信息处理工具，它能够自动、高速、精确地对信息进行存储、传输和加工。计算机的广泛应用，对人类社会的生产和生活产生了极其深刻的影响，推动了社会的发展和进步。可以说，计算机文化已经融入社会的各个领域，成为人类文化中不可缺少的一部分。在进入信息时代的今天，学习计算机知识，掌握计算机的应用技能，已经成为人们的迫切需求。

本章主要介绍计算机系统的基础知识，包括计算机的发展与应用、计算机系统的组成和工作原理，计算机中的信息表示，以及计算机病毒与防治等。

1.1　计算机概述

1.1.1　计算机的产生及发展

1946 年 2 月，在美国宾夕法尼亚大学诞生了世界上第一台电子计算机 ENIAC（Electronic Numerical Integrator and Computer），如图 1.1 所示。这台计算机占地 $170m^2$，重达 30t，使用了 18000 多个电子管和 1500 个继电器，每秒能够进行 5000 次加法运算。

ENIAC 诞生后，数学家冯·诺依曼提出了重大的改进理论，主要有两点：一是电子计算机应当以"二进制"为运算基础，二是电子计算机应当采用"存储程序"方式工作，并且进一步明确指出整个计算机的结构应当由 5 个部分组成，包括运算器、控制器、存储器、输入设备和输出设备。

从第一台电子计算机诞生到现在，计算机技术得到飞速发展。从计算机使用的主要电子元器件来看，计算机经历了四代变革。

图 1.1　世界上第一台电子计算机 ENIAC

1. 第一代：电子管计算机

从 1946 年至 1958 年，计算机的逻辑元件采用电子管，通常称为电子管计算机。它的内存容量仅有几千个字节，不仅运算速度低，而且成本很高。

2. 第二代：晶体管计算机

从 1959 年至 1964 年，计算机的逻辑元件采用晶体管，因而产生了晶体管计算机。它的内存容量扩大到几十千字节。

3. 第三代：集成电路计算机

从 1965 年至 1970 年，计算机的逻辑元件采用集成电路。采用集成电路芯片的计算机的体积和耗电量大大减小，运算速度却成倍增加，每秒可以执行几十万次到一百万次的加法运算，性能和稳定性进一步提高。

4. 第四代：大规模和超大规模集成电路计算机

1970 年以后，计算机的逻辑元件开始采用大规模集成电路，进一步降低了计算机的成本，其体积也进一步缩小，存储装置得到更大的改善，功能和可靠性也稳步提高。

目前使用的计算机都属于第四代计算机。从 20 世纪 80 年代开始，发达国家开始研制第五代计算机，研究的目标是打破以往计算机固有的体系结构，使计算机能够具有像人一样的思维、推理和判断能力，向智能化方向发展，实现人工智能。

1.1.2 微型计算机的发展和分类

1. 微型计算机的发展阶段

微型计算机简称微机或 PC 机，最早出现于 1971 年，属于第四代计算机。它的一个突出特点是将运算器和控制器做在同一块集成电路芯片上，一般称为微处理器。微型计算机的核心是微处理器，因此微型计算机的发展历程，从根本上说也就是微处理器的发展历程。

1993 年 Intel 公司推出第五代 32 位微处理器芯片 Pentium（中文名为奔腾），它的外部数据总线为 64 位，工作频率为 66～200MHz。

1998 年 Intel 公司推出 PentiumⅡ，后来又推出 PentiumⅢ、Pentium4 等。它们都是先进的 32、64 位微处理器，工作频率为 300～860MHz，主要用于高档微机或服务器。

2005 年以后，Intel 公司推出 Core 系列，目前较新的系列是 Intel Core i7。

2. 微型计算机的分类

结合微处理器的特点，对微机可作如下分类：

1）按微型计算机字长可分为 4 位机、8 位机、16 位机、32 位机和 64 位机。

2）按结构形式可分为单片机、单板机和多板机。

3）按应用方式可分为个人机和嵌入式控制机。

微型计算机具有体积小、重量轻、功耗小、可靠性高、对使用环境要求低、价格低廉、易于成批生产等特点。随着科技发展和经济水平的提高，微型计算机已经进入千家万户，深深地影响着人们的生活方式，也显示出强大的生命力，已经是人们日常学习和工作不可缺少的工具。

1.1.3 计算机的发展趋势

目前，计算机正朝着巨型化、微型化、网络化和智能化方向发展。

1. 巨型化

巨型机是指具有几千兆字节以上的存储容量，每秒数万亿次以上的运算速度，并且外设完备的计算机系统。巨型机主要应用于尖端科学技术领域及军事、国防系统的研究开发。

2. 微型化

20 世纪 70 年代以来，随着半导体技术的飞速发展，超大规模集成电路微处理器芯片持续更新换代，微型计算机连年降价。微型计算机由于配有丰富的软件和外设，操作简单，使用方便，因此很快普及到社会各个领域并走进了千家万户。

3. 网络化

网络化是指利用通信技术和计算机技术，将分散在不同地点的计算机相互连接起来，按照网络协议相互通信，以达到所有用户均可共享数据资源的目的。

4. 智能化

智能化就是要求计算机能够模拟人的感官和思维功能，即具有识别声音、图像的能力，以及具有推理、联想、判断、决策、学习的功能，其中最具有代表性的领域是专家系统和智能机器人。例如，1997 年用运算速度每秒约 10 亿次的"力量 2 型"微处理器制成的"深蓝"计算机，因战胜了国际象棋世界冠军卡斯帕罗夫而一举成名。

1.1.4 计算机的特点

计算机之所以能够广泛地应用于各个领域，是因为它具有以下基本特点。

1. 运算速度快

计算机的运算部件采用的是电子元器件，其运算速度之快是远非其他计算工具所能比拟的。目前，一般微型机的运算速度可达每秒几百万次甚至上亿次，巨型机的运算速度已经达到每秒几十亿万次乃至数万亿次。

2. 计算精度高

由于计算机内部采用二进制数进行运算，因此可以通过增加计算机的存储容量和采用编程的技巧，使数值计算的精确度越来越高。例如，数学家们经过长时间的艰苦努力对圆周率的计算可以精确到小数点后 500 位，而使用计算机在短时间内就可以对圆周率精确计算到小数点后 200 万位。

3. 具有逻辑判断能力

因为计算机内部是按照逻辑代数进行运算的,所以计算机不仅可以进行加、减、乘、除等运算,还可以进行与、或、非等逻辑运算。计算机也因此成为一种信息处理的重要工具。

4. 具有存储功能

计算机的内部有一个称为存储器的设备,专门用来保存大量数值的和非数值的信息,从而使得计算机具有存储功能。

5. 具有自动控制功能

计算机在进行计算、信息处理的过程中,不需要人工干预,只需将事先编好的程序输入计算机,发布执行指令,计算机就会自动完成。

1.1.5 计算机的分类

计算机有很多种分类方法。按照计算机的性能和规模大小可以将计算机分为巨型机、大型机、中型机、小型机、微型机、工作站和服务器。

1.1.6 计算机的应用领域

计算机的应用十分广泛,如今已经渗透到人类社会的各个领域,大致可分为以下几个方面。

1. 科学计算

科学计算,也称数值计算,是计算机最早的应用领域,也是最重要的应用领域。计算机运算的快速与计算的高精度是其他任何工具所不能取代的,特别是在军事、航天、气象等高、精、尖科研领域,计算机立下了汗马功劳,显示了其强大的科学计算能力。

2. 信息处理

信息,也称数据,包括文字、数字、声音、图形、图像等编码。信息处理是指对大量的原始信息进行分类、合并、统计和分析,将其加工成人们所需要的信息格式的过程。

3. 过程控制

过程控制,也称实时控制,主要应用于工业、农业和军事方面。计算机能够及时采集、检测数据信息,对采集监测的信息进行分析,采用最优方案迅速实现对被控制对象的自动控制,极大地缩短操作时间,提高了工作效率。

4. 人工智能

人工智能是指用计算机模拟人类的智能活动,如模拟人脑学习、推理、判断、理解、求解问题等过程，辅助人类进行决策。人工智能是计算机科学研究领域最前沿的学科，近几年来已经具体应用于机器人、医疗诊断、计算机辅助教育等方面。

5. 计算机辅助功能

计算机的辅助功能主要有计算机辅助设计（CAD）、计算机辅助制造（CAM）、计算机辅助教学（CAI）、计算机辅助测试（CAT）等。计算机辅助功能实现了由计算机完成以往需要人工完成的工作，不但节省了人力和物力，而且大大提高了工作效率。

6. 计算机与网络、多媒体技术

随着计算机技术的日新月异，以及 Internet 的产生与发展，进入 20 世纪 90 年代以后，计算机网络成为发展的主流和方向，计算机也因此开始普及到千家万户。计算机的角色不再仅仅是处理文字、进行计算的工具，同时也充当着家庭娱乐、家庭教育的帮手，这就促进了集文字、声音、动画、图形、图像于一身的多媒体技术的应用与发展。

7. 电子商务

电子商务是指通过计算机和计算机网络进行商务活动，是在 Internet 的广泛联系与信息技术的丰富资源相结合的背景下，应运而生的一种网上相互关联的动态商务活动。

1.2　计算机系统的组成与工作原理

1.2.1　计算机系统的组成

计算机系统主要是由硬件系统和软件系统两部分组成。

硬件是指那些看得见、摸得着的计算机实体，它提供了计算机工作的物质基础。人们通过硬件向计算机系统发布命令、输入数据，并得到计算机的响应；计算机内部也必须通过硬件来完成数据的存储、计算及传输等任务。例如，硬盘、光驱、显示器等都是硬件。

软件是指在计算机硬件上运行的程序、数据和相关文档、资料的总称。程序是指根据所要解决问题的具体步骤用计算机语言编写而成的指令序列。当程序运行时，它的每条指令依次指挥计算机硬件完成一个简单的操作，通过这一系列简单操作的组合，计算机即可完成指定的任务。例如，Microsoft Office Word 2010、Adobe Photoshop 等应用程序都是软件。

硬件是软件赖以存在的基础，软件是硬件正常发挥作用的灵魂。没有安装软件的硬件称为"裸机"，不能直接使用；如果没有硬件的支持，软件功能也无法实现。因此，只有将软件系统和硬件系统有机地结合在一起，才能充分发挥计算机系统的强大功能。

现代计算机系统的基本组成，如图 1.2 所示。

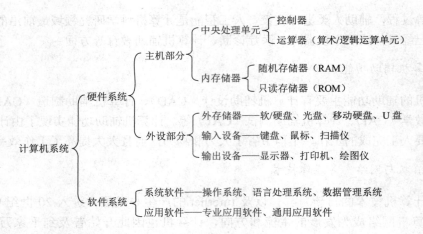

图 1.2　现代计算机系统的基本组成

1.2.2　计算机硬件系统

计算机硬件由五大部分组成，包括运算器、控制器、存储器、输入设备、输出设备，如图 1.3 所示。在工业生产过程中，运算器和控制器集成在同一块集成电路芯片上，称为中央处理器（Central Processing Unit，CPU）。CPU、存储器、输入/输出（I/O）接口之间通过总线（BUS）相互连接。

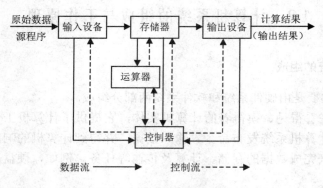

图 1.3　计算机基本结构图

1. 中央处理器

中央处理器，是计算机的核心部件。CPU 的主要性能指标是主频和字长。CPU 由运算器和控制器组成。

CPU 是微机硬件系统的核心，目前微机的 CPU 都集成在一块芯片上，称为微处理器，如图 1.4 所示。微处理器不等同于微型计算机，它只是组成微机的一个核心部件。

图 1.4　微处理器

2. 存储器

存储器是计算机在处理数据的过程中或者在处理数据之后，将程序和数据储存起来的装置。它是具有记忆功能的部件，可分为主存储器和辅助存储器两大类。

（1）主存储器

主存储器与中央处理器（CPU）组装在一起构成主机，直接受 CPU 控制，因此也称为内存储器，简称主存或内存。它主要由只读存储器（ROM）和随机存储器（RAM）组成。只读存储器（ROM）用于存放内容不变、重复使用的程序、数据或信息，其特点是只能读取而不能写入或修改其中的内容，断电后程序、数据或信息不会丢失。随机存储器（RAM）中的内容则可以随时按照其存储地址进行存取，其特点是既可以读取其中的内容，也可以写入或者修改其中的内容，但是断电后程序、数据或信息会丢失，如内存条（图 1.5）。通常意义上的内存是指以内存条形式插在主板内存槽中的 RAM。

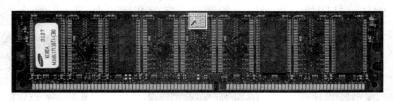

图 1.5　内存条

（2）辅助存储器

辅助存储器，也称外存储器，简称辅存或外存。它是主存的补充和后援，存储量比较大，用来存储当前不在 CPU 中处理的程序和数据。当要用到这些程序和数据时，须将它们先调入内存才能被 CPU 处理。

主存与辅存相比，读写速度快，直接影响主机执行指令的速度。但是它的存储量不够大，并且关机以后 RAM 中存储的数据和程序就会丢失。

辅存的种类比较多，主要有硬盘、软盘、光盘、U 盘等，如图 1.6 所示。

（a）硬盘　　　　　　　　（b）光盘　　　　　　　　（c）U 盘

图 1.6　辅助存储器

存储容量的基本单位是字节（Byte），一个字节由八位二进制数（Bit）组成。为了表示方便，还有千字节（KB）、兆字节（MB）、吉字节（GB）、太字节（TB）等。

3. 输入设备

向计算机输入数据和信息的设备称为输入设备。例如，键盘、扫描仪、鼠标、光笔、图形板等，如图 1.7 所示。

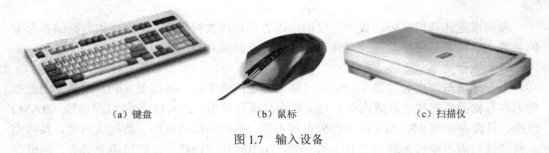

（a）键盘   （b）鼠标   （c）扫描仪

图 1.7　输入设备

4. 输出设备

将经过计算机处理后的运行结果以图形、图像、字符等形式传递出来的设备称为输出设备。例如，打印机、显示器、绘图仪、刻字机等，如图 1.8 所示。

（a）打印机   （b）显示器   （c）绘图仪

图 1.8　输出设备

1.2.3　计算机软件系统

计算机软件是指人们编制的、能够在计算机硬件上运行的各种程序和数据资料等，是计算机系统的重要组成部分。相对于计算机硬件而言，计算机软件虽然是看不到、摸不着的部分，但是它能够保证计算机硬件系统的功能得以充分发挥，从而为用户提供一个宽松的工作环境。

计算机软件一般分为系统软件和应用软件两大类。

1. 系统软件

系统软件是指管理、控制和维护计算机的软件，包括操作系统，各种语言处理程序，机器的监控管理程序、调试程序、故障检查和诊断程序，程序库（各种标准子程序的总和）。其中，常见的系统软件有操作系统、各种语言处理程序及各种工具软件等。

2. 应用软件

应用软件是指除了系统软件以外的所有软件，它是用户为了解决某些具体的问题而开发编制的各种计算机程序。应用软件的内容非常广泛，涉及社会的各个领域，通过各种应用软件，我们可以在计算机中写文章、绘制图形、处理图像、上网浏览、收发电子邮件等。各种信息管理软件、办公自动化软件、文字图形图像处理软件、计算机辅助设计软件和计算机辅助教学软件等都是常见的应用软件。

3. 软件系统的层次

从前述 2 点对系统软件和应用软件的说明可以看出,计算机软件系统是有层次关系的。这种层次关系是指内层的软件要向外层的软件提供服务,外层的软件要在内层软件的支持下才能运行,如图 1.9 所示。

4. 软件的版权和许可证保护

（1）软件版权保护

计算机软件同书籍和电影一样受到版权保护。软件版权保障了其所有者唯一享有复制、发布、出售、更改软件的权利。

（2）共享软件和许可证保护

共享软件是以在一定时间内可以免费使用

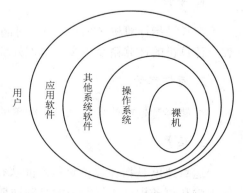

图 1.9　软件系统的层次关系

的方式提供给用户的具有版权的软件。共享软件通常包含一个允许试用一段时期的临时许可证。到期后,用户如果想继续使用它,需要支付注册费以获得正式的许可证。

1.2.4　计算机的工作原理

从程序的执行过程可以看出,在计算机的工作过程中有三种流动的信息,即数据信息、指令信息和控制信息。

数据信息是指各种原始数据、中间结果、源程序等。这些信息由输入设备送到内存中。在运算过程中,数据从外存读入内存,由内存传输到 CPU 的运算器进行运算,运算后再将运算结果存入外存或者由输出设备输出。指令信息是指挥计算机工作的具体操作命令。控制信息是由控制器发出的,控制器根据指令向计算机各部件发出控制命令,协调计算机各部件的工作。计算机工作原理如图 1.10 所示。

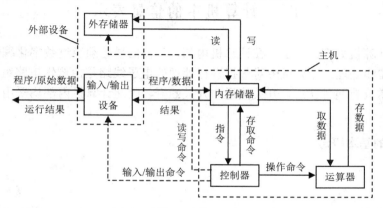

图 1.10　计算机工作原理

1.2.5 微型计算机系统的主要性能指标

衡量一台微型计算机性能的主要技术指标有字长、存储容量、运算速度、外部设备的配置及扩展能力、软件配置等。

1. 字长

字长是指计算机 CPU 在单位时间内一次可以处理的二进制数的位数。字长越长，表示计算机的计算精度越高，数据处理的速度也就越快。

2. 存储容量

存储容量是指计算机系统所配置的主存储器（RAM）可以存储的总字节数。

3. 运算速度

运算速度是指计算机每秒所能执行的指令条数。对于微型计算机而言，可用 CPU 的主频和每条指令执行所需的时钟周期来衡量。

注意：计算机的运算速度一般用每秒所能执行的指令条数来表示。由于不同类型的指令所需时间不同，因此运算速度的计算方法也不同。此时可用百万条指令每秒（Millions of Instruction Per Second，MIPS）作为运算速度的单位。

4. 外部设备的配置及扩展能力

外部设备的配置及扩展能力主要是指计算机系统连接各种外部设备的可能性、灵活性和适应性。

5. 软件配置

微型计算机系统应当配置功能强、操作简单、能够满足应用要求的操作系统和应用软件。

1.3 计算机中的信息表示

数据是计算机处理的对象。在计算机内部，各种信息必须经过数字化编码之后才能被传送、存储和处理。计算机中对数据进行处理的电子线路是由逻辑电路组成的。由于逻辑电路通常只有两种状态，开关接通与开关断开，因此计算机内部均采用二进制来表示数据信息。

1.3.1 数制的基本概念

1. 数制

数制是数值的表示规则，也就是用一组固定的数字和一套统一的规则来表示数值的方法。例如，十进制、八进制、二进制等。

2. 基数

如果是 R 进制数，那么基数就是 R。例如，十进制数的基数为 10，二进制数的基数为 2。

3. 位权

在任何进制中，每一位上数值的大小不仅与该位上的数字有关，还与它所在的位置有关。

例如，十进制的 666，每一个 "6" 所代表的数值大小是不一样的，这是因为每一个 "6" 的位置上都有一个相应的权值，按照权值展开就是：

$$(666)_{10}=6\times10^2+6\times10^1+6\times10^0$$

其中的 10^2、10^1、10^0 就是十进制数 "666" 从左向右每一位上的权。

每一个数位上的数字所具有的位权为 R^i，并有如下的按权展开式：

$$N=a_{n-1}R^{n-1}+a_{n-2}R^{n-2}+\cdots+a_1R^1+a_0R^0+\cdots+a_{-m}R^{-m}$$

4. 计数符号

每一种进制都有固定数目的计数符号。

十进制有 10 个计数符号，分别是 0、1、2、3、4、5、6、7、8、9。

二进制有 2 个计数符号，分别是 0、1。

八进制有 8 个计数符号，分别是 0、1、2、3、4、5、6、7。

十六进制有 16 个计数符号，分别是 0~9、A、B、C、D、E、F。其中，A~F 分别对应十进制的 10~15。

因此，对于 R 进制而言，有 R 个计数符号，分别是 0、1、$\cdots$、$R-1$。

5. 进位规则

逢 R 进一。例如，二进制数逢二进一，十六进制数逢十六进一。

四种数制的对应表示见表 1.1。

表 1.1　四种数制的对应表示

十进制	二进制	八进制	十六进制	十进制	二进制	八进制	十六进制
0	0	0	0	6	110	6	6
1	1	1	1	7	111	7	7
2	10	2	2	8	1000	10	8
3	11	3	3	9	1001	11	9
4	100	4	4	10	1010	12	A
5	101	5	5	11	1011	13	B

十进制	二进制	八进制	十六进制	十进制	二进制	八进制	十六进制
12	1100	14	C	14	1110	16	E
13	1101	15	D	15	1111	17	F

6. 不同进制数的表示方法

为了区分不同的进制数，通常采用下列两种表示方法。

（1）下标表示法

用下标 r 来表示不同的 R 进制数。例如，$(111)_{10}$ 表示十进制的 111，$(111)_2$ 表示二进制的 111。通常情况下，十进制数的下标也可以省略不写。

（2）字母表示法

可以在进制数的右端加上各进制的字母标识。十进制用"D"表示，二进制用"B"表示，八进制用"O"表示，十六进制用"H"表示。例如，1010B 表示二进制数，1010H 表示十六进制数。

1.3.2 不同数制之间的相互转换

1. R 进制数转换成十进制数

（1）二进制数转换成十进制数

转换方法：将二进制数按权展开成多项式求和，即得相应结果。

【例 1.1】 将二进制数 10101.011 转换成十进制数。

$$10101.011B = 1 \times 2^4 + 0 \times 2^3 + 1 \times 2^2 + 0 \times 2^1 + 1 \times 2^0 + 0 \times 2^{-1} + 1 \times 2^{-2} + 1 \times 2^{-3}$$
$$= 21.375D$$

（2）八进制数、十六进制数转换成十进制数

转换方法：将八进制数、十六进制数按权展开成多项式求和，即得相应结果。

【例 1.2】 将八进制数 101.1 转换成十进制数。

$$(101.1)_8 = 1 \times 8^2 + 0 \times 8^1 + 1 \times 8^0 + 1 \times 8^{-1} = (65.125)_{10}$$

【例 1.3】 将十六进制数 1101.01 转换成十进制数。

$$1101.01H = 1 \times 16^3 + 1 \times 16^2 + 0 \times 16^1 + 1 \times 16^0 + 0 \times 16^{-1} + 1 \times 16^{-2} = 4353.066D$$

2. 十进制数转换成 R 进制数

（1）十进制数转换成二进制数

整数部分转换采用"除 2 取余法"，即将十进制数的整数部分除以 2，所得的余数作为最低位数，商再除以 2，所得余数作为次低位数，依次反复，直至商为 0。

小数部分转换采用"乘 2 取整法"，即将十进制数的小数部分乘以 2，所得数的整数部分作为第 1 位小数，再将剩余的小数部分乘以 2，所得数的整数部分作为第 2 位小数，如此反复，直至乘积为 0，或者达到要求的精确度。

【例1.4】 将（99.457）$_{10}$转换成二进制数（保留四位小数）。

整数部分　取余数　　　　　　　小数部分　取整数

```
2 | 99
2 | 49    余1  ← 最低位
2 | 24    余1
2 | 12    余0
2 |  6    余0
2 |  3    余0
2 |  1    余1
    0     余1  ← 最高位
```

```
         0.457
       ×     2
         0.914 ------- 0  ← 最高位
       ×     2
         0.828 ------- 1
       ×     2
         0.656 ------- 1
       ×     2
         0.312 ------- 1  ← 最低位
```

整数部分转换结果从下往上写就是：　　　小数部分转换结果从上往下写就是：

（99）$_{10}$＝（1100011）$_2$　　　　　　（0.457）$_{10}$＝（0.0111）$_2$

因此，（99.457）$_{10}$＝（1100011.0111）$_2$

（2）十进制数转换成八进制数、十六进制数

整数部分转换采用"除8取余法"或"除16取余法"，即将十进制数的整数部分除以8或16，所得的余数作为最低位数，商再除以8或16，所得余数作为次低位数，依次反复，直至商为0。

小数部分转换采用"乘8取整法"或"乘16取整法"，即将十进制数的小数部分乘以8或16，所得数的整数部分作为第1位小数，再将剩余的小数部分乘以8或16，所得数的整数部分作为第2位小数，如此反复，直至乘积为0，或者达到要求的精确度。

【例1.5】 将（38.45）$_{10}$转换成八进制数、十六进制数（取到小数点后两位）。

整数部分　取余数　　　　　　　小数部分　取整数

```
8 | 38
8 |  4    余6  ← 最低位
    0     余2  ← 最高位
```

```
         0.45
       ×    8
         0.6 ------- 3  ← 最高位
       ×    8
         0.8 ------- 4  ← 最低位
```

因此，（38.45）$_{10}$＝（26.34）$_8$

整数部分　取余数　　　　　　　小数部分　取整数

```
16 | 38
16 |  2    余6  ← 最低位
     0     余2  ← 最高位
```

```
         0.45
       ×   16
         0.2 ------- 7  ← 最高位
       ×   16
         0.2 ------- 3  ← 最低位
```

因此，（38.45）$_{10}$＝（26.73）$_{16}$

1.3.3　计算机中数据的表示和存储方式

计算机中常用数据单位有三种：位、字节和字长。

（1）位（bit）

计算机科学中的"位"是指"二进制数据位"，是计算机能够处理或存储的最小数据单位。bit 是 binary digit 的缩写，音译为"比特"。1bit 可以简写为 1b。

（2）字节（Byte）

字节是指一组相邻的二进制数据位，通常是 8 位组成一个字节，即 1B=8bit。字节是计算机数据处理的基本单位。1 字节可以简写为 1B。计算机的存储容量通常以字节作为计量单位。

在计算机内部采用二进制数，$2^{10}=1024$，与十进制的 1000 近似，因此在计算机科学中有如下约定：

千字节　1KB＝1024B；

兆字节　1MB＝1024KB；

吉字节　1GB＝1024MB；

太字节　1TB＝1024GB。

（3）字长（Word Length）

计算机在存储、传送和处理数据时，作为一个单元的一组二进制数称为字（Word），一个字中二进制数的位数称为字长。常用的字长有 8 位、16 位、32 位、64 位等。字长的大小反映了计算机处理数据的能力。一般而言，字长越长，计算机处理数据的精度就越高。如今，微型机的字长已经从 8 位、16 位、32 位发展到 64 位，大中型机的字长一般是 64 位或 128 位。

1.3.4　字符数据的编码——ASCII

在计算机内部用以表示字符的二进制编码称为字符编码。在多种字符编码中，使用最广泛的是美国信息交换标准代码（American Standard Code for Information Interchange，ASCII）。

ASCII 采用 7 位二进制数据来表示 2^7 即 128 个字符。一般字符的 ASCII 见表 1.2。

从 ASCII 表中可以看出，十进制码值 0～32 和 127（即 NUL～SP 和 DEL）共 34 个字符，称为非图形字符，又称为控制字符；其余字符称为图形字符，又称为普通字符。这些字符是从 0～9、A～Z、a～z 依次排列的，并且小写字母的 ASCII 值比其相对应的大写字母的 ASCII 值大 32，这样只要记住字母"A"和"a"及数字"0"的 ASCII，就能容易地推算出所有英文大小写字母和数字的 ASCII 值。

表 1.2　一般字符的 ASCII 表

高位 低位	000	001	010	011	100	101	110	111
0000	NUL	DEL	SP	0	@	P	、	p
0001	SOH	DCI	！	1	A	Q	a	q
0010	STX	DC2	"	2	B	R	b	r
0011	ETX	DC3	#	3	C	S	c	s

续表

低位＼高位	000	001	010	011	100	101	110	111
0100	EOT	DC4	$	4	D	T	d	t
0101	ENQ	NAK	%	5	E	U	e	u
0110	ACK	SYN	&	6	F	V	f	v
0111	BEL	ETB	'	7	G	W	g	w
1000	BS	CAN	(	8	H	X	h	x
1001	HT	EM	)	9	I	Y	i	y
1010	LF	SUB	*	:	J	Z	j	z
1011	VT	ESC	+	;	K	[	k	{
1100	FF	FS	,	<	L	\	l	|
1101	CR	GS	-	=	M	]	m	}
1110	SO	RS	。	>	N	^	n	~
1111	SI	US	/	?	O	-	o	DEL

1.4　计算机病毒与防治

计算机病毒是一组人为设计的程序，这些程序隐藏在计算机系统中，通过自我复制来传播，满足一定条件即被激活，从而给计算机系统造成一定损害，甚至严重破坏。计算机病毒不仅是一个计算机学术问题，还是一个严重的社会问题。

1.4.1　病毒的定义

《中华人民共和国计算机信息系统安全保护条例》对计算机病毒的定义：编制或者在计算机程序中插入的破坏计算机功能或者毁坏数据，影响计算机使用，并能自我复制的一组计算机指令或程序代码。

1.4.2　计算机病毒的发展

计算机病毒的发展历史可以划分为 4 个阶段。

（1）第一代病毒

第一代病毒产生于 20 世纪 80～90 年代，这一时期出现的病毒可以称为传统病毒，是计算机病毒的萌芽和滋生时期。由于当时计算机网络几乎没有应用，大多是单机运行环境，应用软件较少，因此病毒没有大规模流行，病毒的种类也很有限，病毒的清除工作相对而言较为容易。

（2）第二代病毒

第二代病毒又称为混合型病毒，产生于 20 世纪 90 年代初，这一时期的计算机病毒由简单发展到复杂，由单纯走向成熟。计算机局域网开始应用与普及，应用软件开始转向网络环境。由于网络系统尚未有安全防护的意识，对于网络环境下计算机病毒防御的思想准备与方法对策都很缺乏，因此给计算机病毒带来了第一次流行高峰。

（3）第三代病毒

第三代病毒产生于 1992～1995 年，此类病毒称为"多态性"病毒或"自我变形"病毒，是新型的计算机病毒。"多态性"或"自我变形"是指此类病毒在传染目标时，放入宿主程序中的病毒程序大部分是可变的，即在搜集到同一种病毒的多个样本中，病毒程序的代码绝大多数是不同的。由于这一特点，传统的利用特征码的方法不能检测出此类病毒。

（4）第四代病毒

第四代病毒产生于 20 世纪 90 年代后期，随着远程网、远程访问服务的开通，病毒的流行范围更加广阔。病毒的流行迅速突破地域的限制，即首先通过远程网传播至局域网，再在局域网内传播扩散。1996 年下半年以后，随着国内 Internet 的大量普及和 E-mail 的使用，夹杂于 E-mail 内的 Word 宏病毒成为当时病毒的主流。由于宏病毒编写简单、清除复杂，给病毒清除工作带来了诸多不便。这一时期的病毒的最大特点是利用 Internet 作为其主要传播途径，因而病毒传播快、隐蔽性强、破坏性大。

1.4.3 计算机感染病毒的几种常见形式

计算机病毒发作时出现的异常现象列举如下。

1）屏幕上出现的异常现象。例如，屏幕上出现异常的提示信息、特殊字符、闪亮的光斑和异常的画面等。

2）系统运行时出现的异常现象。

① 系统启动时速度变慢，或者系统运行时速度变慢。

② 在进行磁盘文件读写时速度变慢。

③ 系统上的设备无故不能使用。例如，系统无法识别 C 盘。

④ 系统在运行时无故突然出现死机现象。

⑤ 扬声器无故发出声音。

⑥ 中断向量被无故修改。

⑦ 内存容量异常变小。

3）程序运行时出现的异常现象。

① 原来能够正常执行的程序在执行时出现异常或死机。

② 程序的长度变长。

4）磁盘及磁盘驱动器的异常现象。例如，一些程序或数据莫名其妙地被删除或修改。

5）打印机打印速度变慢或者打印异常字符。

如果发现计算机系统感染了病毒，应当及时清除。首先用检测和诊断病毒的软件确定病毒的类型及其所在的文件和磁盘，然后进一步消除病毒。一般的计算机病毒感染分为两种情况，即感染磁盘引导扇区（ROOT）和感染可执行文件（.exe 和.com 文件）。

1.4.4　计算机病毒的分类

1）按照感染系统原理分类，可分为引导扇区病毒、文件型病毒和混合型病毒。

2）按照危害程度分类，可分为良性计算机病毒、恶性计算机病毒。

3）按照侵入软件系统的途径分类，可分为源码计算机病毒、入侵型计算机病毒、外壳型计算机病毒和操作系统型计算机病毒。

4）按照攻击的机种分类，可分为个人计算机（Personal Computer，PC）的计算机病毒、工作站的计算机病毒和小型机的计算机病毒。

1.4.5　计算机病毒的特点

1）潜伏性。计算机病毒侵入系统后，一般不是立即发作，而是具有一定的潜伏期。发作的条件因病毒而异，有的病毒在固定的时间或日期发作，有的病毒在遇到特定的用户标识符时发作，有的病毒在使用特定文件时发作，或者在某个文件使用若干次时发作。

2）寄生性。病毒程序依附在其他程序体内，当这个程序运行时，病毒通过自我复制而得到繁衍，并一直生存下去。

3）传染性。计算机病毒具有强再生机制。病毒程序一旦加到运行的程序体上，就开始搜索能够进行感染的其他程序，从而使病毒很快地扩散到磁盘存储器和整个计算机系统中。

4）破坏性。病毒的破坏情况表现不一，有的病毒干扰计算机的正常工作，有的病毒占用系统资源，有的病毒则修改或删除文件及数据等。

5）隐蔽性。一方面，病毒传染过程极快，在其传播时多数没有外部表现；另一方面，病毒程序隐蔽在正常程序中。当病毒发作时，病毒实际上已经扩散，计算机系统已经遭到不同程度的破坏。

1.4.6　计算机病毒的防治

（1）加强管理

在管理方面应当做到如下几点。

1）系统启动盘要专用，并且加上写保护，以防病毒侵入。

2）不要使用来历不明的程序或软件，也不要使用非法复制或解密的软件。

3）对外来的机器和软件要先进行病毒检测，确认无毒后才可使用。

4）对于带有硬盘的机器最好专机专用或专人专机，以防病毒侵入硬盘。

5）对于重要的系统盘、数据盘及硬盘上的重要信息要经常备份，以使系统或数据在遭到破坏后能够及时得到恢复。

6）网络计算机用户更要遵守网络软件的使用规定，不能在网络上随意使用外来软件。

（2）注重技术

在技术上应当采取如下措施。

1）在系统启动盘上的自动批处理文件中加入病毒检测程序。该检测程序在系统启动后常驻内存，对磁盘进行病毒检查，并随时监视系统的任何异常举动。例如，中断向量被异常修改，出现异常的磁盘读写操作等。一旦有病毒侵入的迹象就进行报警，以提醒用户及时清除病毒。

2）安装计算机防病毒卡。系统一启动，该部件便进行工作，时刻监视系统的各种异常现象并及时报警，以防病毒的侵入。

3）对于网络环境，可以设置"病毒防火墙"。它是一种"实时过滤"技术，不但可以保护计算机系统不受本地或远程病毒的侵害，也可防止本地的病毒向网络或其他介质扩散。

（3）及时发现计算机病毒

对于一个已经侵入了计算机病毒的系统而言，发现病毒越早越好，以便尽量减少病毒造成的损害。怎样才能及时地发现计算机病毒呢？一般而言，无论何种病毒，一旦侵入系统，都会或多或少、或隐或显地使系统出现一些异常现象，根据这些异常现象可以及早地发现病毒，并采取相应措施。

人工检测和杀毒的操作难度大、技术复杂，要求操作人员具有一定的软件分析能力，并对操作系统有较为深入的了解。而软件检测和杀毒具有操作简单、使用方便的优点，适合于普通计算机用户。由于计算机病毒的种类繁多，新的变种不断出现，因此，杀毒软件是有时效性的，软件杀毒方法不可能清除所有的病毒。

习　　题

一、选择题

1. 微型计算机系统包括_____。
   A. 控制器、运算器、存储器、输入/输出设备
   B. 主机、键盘、鼠标、显示器
   C. 硬件系统和软件系统
   D. CPU、键盘、显示器、打印机

2. 微型计算机硬件系统包括_____。
   A. 控制器、运算器、存储器、输入/输出设备
   B. 主机、键盘、鼠标、显示器
   C. 硬件系统和软件系统
   D. CPU、键盘、显示器、打印机

3. CPU 主要由_____组成。
   A. 运算器、存储器　　　　　　　　　　B. 控制器、运算器
   C. 运算器、控制器、输入/输出设备　　　D. 控制器、存储器、运算器

4. 计算机在工作过程中，若突然停电，其中_____中存储的信息不会丢失。
   A. ROM 和 RAM　　　B. RAM　　　　C. ROM　　　　D. CPU

5. 微型计算机中，控制器的基本功能是_____。
   A. 完成算术运算和逻辑运算　　　　　　B. 存储各种控制信息

C. 完成算术运算   D. 控制机器各个部件协调工作。

6. 微型计算机中，运算器的基本功能是_____。

  A. 完成算术运算和逻辑运算   B. 完成算术运算

  C. 完成逻辑运算   D. 控制机器各个部件协调工作。

7. 下列设备是输入设备的一组是_____。

  A. 扫描仪、打印机、鼠标   B. 键盘、RAM、触摸屏

  C. 光笔、绘图仪、投影仪   D. 键盘、数码相机、扫描仪

8. 下列软件属于系统软件的一组是_____。

  A. Windows、DOS   B. Visual Foxpro、Visual Basic

  C. Photoshop、Word   D. Linux、FrontPage

9. 在冯·诺依曼型体系结构的计算机中引进 2 个重要的概念，它们是_____。

  A. CPU 和内存储器   B. 二进制和存储程序

  C. 机器语言和十六进制   D. ASCII 编码和指令系统

10. 1946 年诞生了世界上第一台电子计算机，它的英文名字是_____。

  A. UNIVAC-I   B. EDVAC   C. ENIAC   D. MARK-II

11. 计算机最早的应用领域是_____。

  A. 辅助工程   B. 过程控制   C. 数据处理   D. 数值计算

12. 英文缩写 CAD 的中文意思是_____。

  A. 计算机辅助设计   B. 计算机辅助制造

  C. 计算机辅助教学   D. 计算机辅助管理

13. 办公自动化（OA）是计算机的一项应用，按计算机应用的分类，它属于_____。

  A. 科学计算   B. 辅助设计   C. 实时控制   D. 数据处理

14. 电子商务的本质是_____。

  A. 计算机技术   B. 电子技术   C. 商务活动   D. 网络技术

15. 国际通用的 ASCII 的码长是_____。

  A. 7   B. 8   C. 12   D. 16

16. 在计算机中，500GB 的硬盘可以存放的汉字个数是_____。

  A. 250×1000×1000B   B. 500×1024MB

  C. 250×1024×1024KB   D. 500×1000×1000KB

17. 计算机中所有信息的存储采用_____。

  A. 十进制   B. 十六进制   C. ASCII   D. 二进制

18. 大写字母 B 的 ASCII 值是_____。

  A. 65   B. 66   C. 41H   D. 97

19. 汉字在计算机内部的传输、处理和存储都使用汉字的_____。

  A. 字形码   B. 输入码   C. 机内码   D. 国标码

20. 存储 24×24 点阵的一个汉字信息，需要的字节数是_____。

  A. 48   B. 72   C. 144   D. 192

21．操作系统对磁盘进行读/写操作的物理单位是_____。

　　A．磁道　　　　　　B．扇区　　　　　C．字节　　　　　D．文件

22．计算机能够直接识别和执行的语言是_____。

　　A．汇编语言　　　　B．自然语言　　　C．机器语言　　　D．高级语言

23．将高级语言源程序翻译成目标程序，完成这种翻译过程的程序是_____。

　　A．编译程序　　　　B．编辑程序　　　C．解释程序　　　D．汇编程序

24．多媒体处理的是_____。

　　A．模拟信号　　　　B．音频信号　　　C．视频信号　　　D．数字信号

25．下列描述中不正确的是_____。

　　A．多媒体技术最主要的 2 个特点是集成性和交互性

　　B．所有计算机的字长是固定不变的，都是 8 位

　　C．计算机的存储容量是计算机的性能指标之一

　　D．各种高级语言的编译系统都属于系统软件

26．计算机病毒是指"能够侵入计算机系统并在计算机系统中潜伏、传播，破坏系统正常工作的一种具有繁殖能力的_____"。

　　A．特殊程序　　　　　　　　　　　B．源程序

　　C．特殊微生物　　　　　　　　　　D．流行性感冒病毒

二、填空题

1．世界上第一台电子计算机采用_____作为主要元器件。

2．微型计算机硬件系统中最核心的部件是_____。

3．计算机的软件系统分为_____和_____。

4．123D=_____O=_____H

5．110010001111B=_____D=_____H

6．1EF2H=_____B=_____O

7．1GB=_____KB

第2章 Windows 7 操作系统

操作系统（Operating System，OS）是一种调度计算机软件和硬件资源的管理控制程序，是能够方便用户使用计算机软件和硬件资源的系统软件。计算机从诞生到今天，无论是个人计算机还是高性能计算机，在用户使用之前都需要安装操作系统，可以说操作系统是用户使用计算机的桥梁，更是计算机发挥强大功能所必备的计算机程序。

本章介绍 Windows 7 操作系统的基本知识和概念，重点介绍 Windows 7 的使用和操作方法。

2.1 Windows 7 概述

计算机操作系统是一套管理、调度计算机硬件和软件资源的计算机程序，也是最接近计算机硬件的系统软件。操作系统是计算机所有应用程序运行的基础，也是用户使用计算机硬件和软件资源的接口，任何其他软件都必须得到操作系统的支持才能顺利运行，因此，操作系统是计算机系统中最重要的组成部分。目前，在桌面操作系统中，Windows 以强大的易用性成为主流操作系统，Windows 7 更是继 Windows XP、Windows Vista 之后的优秀之作，具有更高的性能、更快的启动速度、更强的识别能力等特性。

2.1.1 Windows 7 的基本特征

1. 敏捷的响应速度

由于 Windows 7 在设计之初，就以良好的用户体验为目标，力争使该操作系统具有敏捷的响应速度，因此 Windows 7 自启动之后，就做好了以最快的响应速度来处理用户请求的准备，其使用限制后台以及支持触发启动系统服务的机制，保证了快速响应用户请求所需要的硬件资源。就运行的启动系统服务而言，Windows 7 要比其他操作系统减少很多，无论是系统启动、系统关闭还是应用程序的运行，用户使用起来都会有一触即开的畅爽感。不过由于个人计算机的硬件和软件的配置千差万别，也会使不同的用户会有不同的感受。

2. 超强的兼容性

操作系统的兼容性直接决定了用户是否使用该操作系统，而 Windows 7 在兼容性方面继承并超越了 Windows XP，不仅能够兼容运行 Windows XP、Windows Vista 上的应用程序，还能兼容运行 Windows Server 2008 等服务器版操作系统上的应用程序。除了兼容软件，Windows 7 在硬件方面的兼容性更为强大，数以千计的硬件设备在硬件厂商和微软公司的不懈努力下都获得了 Windows 7 的兼容，能够被 Windows 7 识别并正常运行。

3. 超高的安全可靠性

操作系统的安全可靠性是其能否被用户接受的重要指标，因此，Windows 7 在安全可靠性方面做了很多努力。Windows 7 使用专门的守护进程 Process Reflection 进行监控和故障恢复，一旦发生应用程序崩溃等故障，该守护进程将会获取内存中的程序数据信息，并使用"克隆"功能恢复该失败进程，从而为用户的数据安全及系统可用性方面保驾护航，最大限度地减少中断事件的发生。

4. 超长的电池使用时间

在可移动个人计算机的电池使用时间方面，Windows 7 做了大量改进，以最大可能地节省电量来延长用户的使用时间。例如，自动调整显示屏的亮度、关闭 DVD 设备的自动播放功能，以及尽可能少地使用 CPU 资源。Windows 7 对电量的要求比之前版本的Windows 更低，并且在读取磁盘时更高效。Windows 7 还提供了更明显、更及时、更准确的电池寿命通知，以帮助用户了解耗电情况和剩余电池寿命。

5. 良好的媒体娱乐功能

Windows 系统为用户提供了 Windows Media Player，用来播放本地音视频文件。经过不断升级，Windows 7 可以播放更多类型的音视频文件，避免了用户过多地安装音视频播放软件，既保证了操作系统本身的安全性，更节省了用户宝贵的时间和精力。

Windows 7 中的 Windows Media Player 可以支持多种媒体格式，用户可以使用一个工具来管理和播放媒体文件，并与大量设备进行媒体同步。Windows 7 可以支持播放常见的媒体格式，包括 WMV、WMA、MPEG-4、AAC 和 AVC/H.264 等格式。

6. 更轻松的日常工作

Windows 7 在用户（UI）界面的展示方面集合了更多的审美观念，使其成为 Windows 家族界面中非常漂亮的一款。由于 Windows 7 在符合用户审美观念的同时更具有简单便捷的操作特性，因此成为用户十分喜爱的一款产品。Windows 7 将新技术以全新的方式呈现给用户，无论文件存储在何处，或者何时需要，查找和访问都变得更加简单。

2.1.2 Windows 7 的安装

1. Windows 7 的基本硬件要求

Windows 7 对计算机硬件的要求相对较高，其对硬件的基本配置要求如下。

1）安装 32 位 Windows 7 要求 CPU 主频为 1GHz 及以上，安装 64 位 Windows 7 需要更高 CPU 支持。

2）1GB 以上的内存。

3）安装 32 位 Windows 7 要求 16GB 以上的可用硬盘空间，安装 64 位 Windows 7 要求 20GB 以上的可用硬盘空间。

4）带有 WDDM 1.0 或更高版本驱动程序的 DirectX 9 的显卡，否则 Aero 主题特效可能无法实现。

2．Windows 7 的安装

Windows 7 的安装可以通过全新安装、升级安装及镜像文件安装等多种方式进行，不同的安装情况需要使用不同的安装方式。当计算机为裸机（计算机没有安装任何操作系统）时，适合使用全新安装的方式进行操作系统的安装；当原有操作系统需要更新升级时，适合使用升级安装的方式进行操作系统的安装；当需要快速安装操作系统时，适合使用镜像文件安装的方式进行操作系统的安装。下面以计算机裸机安装操作系统为例，介绍 Windows 7 的安装过程。

1）开机时，按【Delete】键进入 BIOS 设置界面，在 "Advanced BIOS Features" 中将第一启动顺序改为从光盘驱动器启动，然后保存退出，再放入 Windows 7 光盘，重新启动。

2）光盘会自动执行安装程序。

3）当进入安装界面后，首先选择要安装的语言为 "中文（简体）—美式"，然后单击 "下一步" 按钮，最后单击 "现在安装" 按钮。

4）当出现 "阅读许可条款" 时，勾选 "我接受许可条款" 复选框，并单击 "下一步" 按钮。

5）在 "您想将 Windows 安装在何处" 界面中，选择系统的安装分区（一般安装于 C 盘）。

6）重启后的计算机自动进行安装，等待约 40 分钟后，完成系统的安装。

2.1.3　Windows 7 的启动与退出

1．Windows 7 的启动

通过按下主机电源按钮的方式来启动 Windows 7，计算机主机加电后，会经历一系列的硬件自检，当通过自检确认硬件及其配置信息无误后，会自动进入操作系统的登录界面，选择用户名，输入对应的密码，就可以登录 Windows 7 系统。

2．Windows 7 的退出

Windows 7 操作系统的关机菜单分为切换用户、锁定、睡眠、重新启动及关机 5 个选项，如图 2.1 所示。选择 "开始" → "关机" 命令，即可安全地关闭计算机。在 "关机"

图 2.1　"关机" 菜单

菜单中选择"重新启动"命令，将重新启动计算机。在"关机"菜单中选择"睡眠"命令，系统将保持当前的运行状态，并转入低功耗状态，当用户再次使用计算机时，在桌面上移动鼠标即可恢复原来的状态。

2.2　Windows 7 的基本操作

2.2.1　鼠标

鼠标是方便用户使用计算机的一种手持设备，是计算机重要的外部设备。在 Windows 操作系统中，使用鼠标可以完成各种操作，如应用程序的打开、关闭等操作。鼠标的操作主要分为单击、双击、右击、拖动，详见表 2.1。

表 2.1　鼠标操作

类别	操作方法	功能
单击	食指快速点击一次鼠标左键并迅速放开	完成点击操作
双击	食指快速地连续点击两次鼠标左键	完成打开应用程序的操作
右击	中指快速点击一次鼠标右键	完成打开快捷菜单的操作
拖动	按住鼠标左键，将目标移动到指定位置并松开鼠标左键	实现移动指定对象的操作

2.2.2　Windows 7 桌面

当用户成功登录 Windows 7 系统后，最先看到的屏幕上的区域是桌面，如图 2.2 所示。在桌面上放置许多应用程序图标，可以为用户提供一种打开应用程序的快捷方式。由于用户对桌面的设置千差万别，导致桌面展示方面存在差异。

图 2.2　Windows 7 桌面

1. 桌面的组成

在操作系统安装成功后，操作系统的桌面是由桌面图标和任务栏组成的。

（1）桌面图标

桌面图标通常是由图像和图像名称共同构成的，在桌面上以行列方式排列，这些图像自身代表了应用程序、文件，通过双击即可打开其代表的应用程序、文件。桌面图标分为两种：一种是在图像上有向上箭头的快捷方式图标，另一种是应用程序或文件自身的图标。在新安装的操作系统中，桌面最初只有计算机、回收站、网络、Internet Explorer、控制面板及 Administrator 文件夹 6 个图标。

常用图标的说明如下。

1）"计算机"：用于管理计算机的所有资源，包括对硬盘、CD-ROM 驱动器和网络驱动器及其连接到计算机的照相机、扫描仪和其他硬件的管理。

2）"网络"：用于创建和设置网络连接，以及共享数据、设备和打印机等各种网络资源。当用户的计算机连接到网络上时，可以通过单击该图标访问网络上的其他计算机，并可以与其共享网络资源。

3）"回收站"：用于暂时存放硬盘上被删除的文件或文件夹。Windows 在删除文件或文件夹时，并不是直接从磁盘中删除，而是将其放入回收站，当用户还没有清空回收站时，可以从回收站中还原被删除的文件或文件夹。

4）"Internet Explorer"：用于启动 Internet Explorer 浏览器，访问 Internet 网络资源。

（2）任务栏

在默认情况下，任务栏在桌面的底部，由水平的长条状色带构成，由"开始"按钮、快速启动工具栏、任务按钮区、通知区域 4 个部分组成，如图 2.3 所示。

图 2.3　任务栏

1）"开始"按钮：单击该按钮可以打开"开始"菜单，如图 2.4 所示。在默认情况下，"开始"按钮位于状态栏的最左侧，由微软 Logo 的小图像构成。使用"开始"菜单可以很方便地进行关闭计算机、启动安装好的应用程序、打开控制面板等操作。

左窗格：主要用来显示使用频率相对较高的几个应用程序，当应用程序的使用频率发生改变后，该部分的显示内容会自动调整。

右窗格：主要用来显示方便计算机管理的各种文件夹、文件、应用程序等，如图片、计算机、控制面板等。

用户图标：主要用来显示登录系统的用户的头像信息，也是快速设置用户信息的程序入口。

搜索框：主要用来方便快捷地搜索文件或应用程序。

系统关闭工具：其中包括一组工具，可以注销 Windows、关闭或者重新启动计算机，也可以锁定系统或者切换用户，还可以使系统休眠或睡眠。

图 2.4 "开始"菜单

2）快速启动工具栏：主要用来显示一些需要快速打开的应用程序图标，只需要单击其中的图标即可启动该应用程序。

3）任务按钮区：主要用来显示已经打开的应用程序、文件窗口的缩略图。将鼠标指针移向任务栏按钮时，将会出现一个小图片，显示相应窗口的缩略图，如图 2.5 所示。

图 2.5 任务按钮区

4）通知区域：位于任务栏的最右侧，包括一些已经运行的应用程序的图标、输入法、时间和音量图标，以及一些应用程序的"显示桌面"按钮。用户看到的、在通知区域显示的图标集，取决于已经安装的程序或服务。单击通知区域中的图标，将会打开与其相关的程序或设置。常见图标含义如下。

单击显示按钮"▲"，隐藏不活动的图标或显示隐藏的图标。

单击网络图标"⬜"，显示当前的网络状态。

单击输入法图标"⬜"，在弹出的菜单中可以选择语言输入法。

单击音量图标"🔊"，打开"音量控制"对话框，用户可以通过拖动上面的小滑块来调整扬声器的音量。

双击时间指示器 9:55 2017-04-01，打开用于设置时间和日期的"日期和时间属性"对话框。

单击最右端的"显示桌面"图标 █，能够快速地将桌面显露出来。

2. 桌面的基本操作

当用户使用计算机时，可以对桌面自由地进行设置，从而打造富有个性的桌面。对于桌面上的图标，用户可以自行添加、删除、排列和排序等。有关桌面的基本操作如下。

（1）桌面图标的操作

排列图标：Windows 7为用户提供了自动排序方式，桌面图标可以按照名称、大小、项目类型、修改日期等自动排列。

添加、删除图标：用户可以根据自己的需要对桌面上的图标进行添加和删除，即通过安装应用程序、创建快捷方式等操作可以在桌面上添加对应的图标，选定需要删除的图标后使用【Delete】键即可删除该图标。

桌面上的图标实质上是打开各种程序和文件的快捷方式，它并不改变对应文件的位置，因此，删除快捷方式，它对应的文件也不会被删除。用户可以在桌面上创建自己经常使用的应用程序或文件的快捷方式，通常是在需要创建快捷方式的应用程序、文件等对象上右击，从弹出的菜单中选择"发送到"→"桌面快捷方式"命令即可，如图2.6所示。

（2）设置任务栏

对任务栏的操作包括锁定任务栏、改变任务栏大小、自动隐藏任务栏等。

锁定任务栏：用户在使用Windows 7操作系统的时候，往往会将任务栏误移到其他位置，从而导致计算机无法正常使用。为了避免这种情况的发生，Windows 7提供了任务栏锁定功能。

改变任务栏大小：打开过多的应用程序，会将任务栏占满，此时，可以通过改变任务栏大小的方式来解决该问题。在任务栏的空白位置右

图2.6 将快捷方式发送到桌面上

击，在弹出的快捷菜单中清除"锁定任务栏"复选标记，将鼠标指向任务栏的边缘，直到指针变为双箭头时，拖动边框将任务栏调整为所需大小。

自动隐藏任务栏：在任务栏的空白位置右击，在弹出的快捷菜单中选择"属性"命令，打开"任务栏和'开始'菜单属性"对话框，勾选"自动隐藏任务栏"复选框，单

击"确定"按钮即可。

（3）设置 Windows 7 的桌面主题

桌面主题是 Windows 7 的视觉外观，由不同风格的桌面背景、系统图标、配色方案等一系列用户（UI）展示构成。例如，可以通过修改桌面主题来改变桌面窗口的外观、系统的字体及按钮的外观等。在 Windows 7 中设置桌面主题的方法如下：右击桌面空白处，在弹出的快捷菜单中选择"个性化"命令，在打开的"个性化"窗口中选择一个主题即可，如图 2.7 所示。

图 2.7　设置桌面主题

（4）设置桌面背景

用户在使用 Windows 7 时，可以通过修改桌面背景的图片来使桌面更加漂亮美观。右击桌面空白处，在弹出的快捷菜单中选择"个性化"命令，在打开的"个性化"窗口中单击"桌面背景"图标，打开"选择桌面背景"窗口，可以选择喜欢的图片，也可以单击"浏览"按钮，打开"浏览文件夹"对话框，选择 jpg、bmp、gif 等类型文件作为背景，如图 2.8 所示。当最终选定了某个图片并确定了显示方式后，单击"保存修改"按钮使桌面设置生效，此时桌面上出现用户选定的图片。

图 2.8　设置桌面背景

（5）设置屏幕保护程序

当用户在一段时间内没有对计算机进行任何操作时，Windows 7 会自动地将用户的工作界面隐藏，从而实现保护显示器及节省电量的目的。当用户重新开始工作时，只需要按键盘上的任意键或者移动鼠标，屏幕就会恢复到用户刚离开时的状态。

屏幕保护在"个性化"窗口中进行设置。单击"屏幕保护程序"图标，打开"屏幕保护程序设置"对话框，如图 2.9 所示。在"屏幕保护程序"下拉列表框中选择屏幕保护程序，如三维文字，在"等待"数值框中可以设置等待时间，单击"确定"按钮，屏幕保护程序即设置完成。

为了保证用户个人隐私的安全，在设置屏幕保护程序时，建议勾选"在恢复时显示登录屏幕"复选框，那么在从屏幕保护程序回到 Windows 7 时，屏幕会自动出现系统的登录界面，只有经过授权的用户方可进入系统，继续未完成的工作。

（6）设置窗口颜色和外观

在 Windows 7 的个性化设置中，可以使用"窗口颜色和外观"对话框来设置窗口边框、开始菜单和任务栏的颜色。系统为用户提供了 16 种预选颜色，具体的窗口颜色和外观，如图 2.10 所示。

图 2.9　"屏幕保护程序设置"对话框

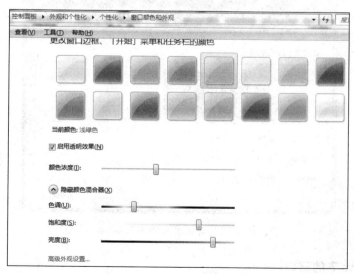

图 2.10　窗口颜色和外观

在"窗口颜色和外观"对话框中，可以"启用透明效果"来使窗口外观更加漂亮美观。另外，可以通过调整所选颜色的色调、饱和度及亮度来使窗口颜色更符合自己的审美观。单击"高级外观设置"链接，打开"窗口颜色和外观"对话框，如图 2.11 所示。其"项目"下拉列表框中列出了可以选择的界面元素，可以选择一种来单独定制。

"颜色"下拉列表框中列出了可以选择的颜色，可以选择一种色彩方案。

"字体"下拉列表框中列出了多种字体，可以选择一种用于当前选定项中显示的字体格式，还可以设置字体大小。

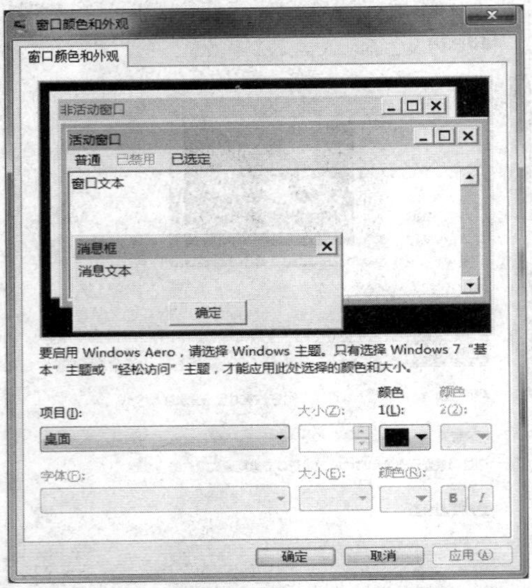

当选择了某一个方案或者进行某项设置时，在对话框上半部的预览框中即可显示该外观的效果，用户可以随时了解自己对窗口外观设置的效果。在设置好屏幕外观选项后，单击"确定"按钮，即可保存并应用当前的设置。

（7）设置屏幕分辨率

屏幕分辨率决定了屏幕上显示内容的多少，通常以水平方向和垂直方向的像素数来衡量。因此，在屏幕尺寸一样的情况下，屏幕分辨率越高，显示效果就越细腻。右击桌面的空白位置，从弹出的快捷菜单中选择"屏幕分辨率"命令，打开"屏幕分辨率"窗口，如图 2.12 所示，从中选择计算机的显示硬件支持的分辨率即可。

图 2.11　"窗口颜色和外观"对话框

图 2.12　"屏幕分辨率"窗口

2.2.3　Windows 7 的窗口

窗口是 Windows 7 操作系统的用户使用界面的重要部分，是用户与产生该窗口的应用程序之间的可视界面。当用户运行一个应用程序时，该应用程序就会自动地产生并显示一个窗口。用户可以通过窗口与应用程序对话。窗口可以进行打开、关闭、移动和缩小等操作。

1. Windows 7 窗口的组成

在 Windows 7 中，一个典型的窗口是由窗口边框、工具栏、控制按钮、地址栏、前进/后退按钮等部分组成的，如图 2.13 所示。

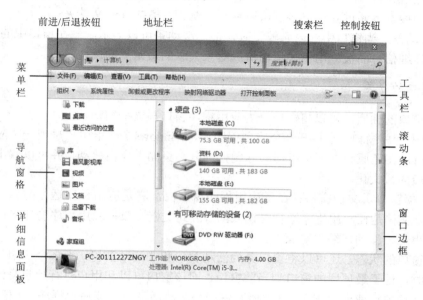

图 2.13　Windows 7 的窗口

1）地址栏：地址栏为用户标明了当前窗口在计算机上所对应的位置，可以通过选择地址栏内的地址信息来定位到计算机中指定的位置。

2）搜索栏：搜索栏主要用来在地址栏所在的文件夹内搜索指定内容的文件或文件夹，搜索的结果将显示在文件列表中。

3）"前进"按钮和"后退"按钮：使用"前进"按钮 和"后退"按钮 可以导航到曾经打开的其他文件夹，而无须关闭当前窗口。这些按钮可以与地址栏配合使用。例如，使用地址栏更改文件夹后，可以使用"后退"按钮返回原来的文件夹。

4）菜单栏：显示应用程序的菜单项，每个菜单项也称为菜单命令，由一个图标和提示文字组成。单击每个菜单项可以打开相应的子菜单，从中可以选择需要的操作命令。单击任意菜单名将显示其下拉菜单，或者在键盘上按住【Alt】键的同时，按下菜单名后面带有下划线的字母所在键，也可以打开相应的下拉菜单，如按【Alt+F】组合键，可以打开窗口中的"文件"菜单。

5）工具栏：提供一些常用的工具按钮，可以直接单击这些按钮来完成相应的操作，以加快操作速度。

6）控制按钮：单击"最小化"按钮 ，可以使应用程序窗口缩小成屏幕下方任务栏上的一个按钮，单击此按钮可以恢复窗口的显示；单击"最大化"按钮 ，可以使应用程序窗口充满整个屏幕。当窗口为最大化窗口时，此按钮便变成"还原"按钮 ，单击此按钮可以使窗口恢复到原来的状态；单击"关闭"按钮 ，可以关闭应用程序窗口。

7）窗口边框：用于标示窗口的边界。用户可以用鼠标拖动窗口边框以调节窗口的大小。

8）导航窗格：用于显示所选对象中包含的可以展开的文件夹列表，以及收藏夹链接和保存的搜索。通过导航窗格，可以直接导航到所需文件的文件夹。

9）滚动条：当窗口中的内容较多时，拖动滚动条可以显示隐藏在窗口中的内容。

10）详细信息面板：用于显示与所选对象关联的最常见的属性。

2. 窗口的分类

根据窗口的性质，可以将窗口分为应用程序窗口与文档窗口。

1）应用程序窗口。当打开一个应用程序后，Windows 7 会给用户呈现一个应用程序窗口，该窗口在还原状态下可以拖动标题栏部分在桌面上自由移动，并可以双击标题栏来实现窗口的最大化。

2）文档窗口。文档窗口存在于应用程序窗口内，它是应用程序运行时调入文档的窗口。由于文档是在应用程序运行时调入的，因此文档窗口在应用程序窗口之内完成最大化、最小化、移动、缩放等操作。

根据窗口的状态，还可以将窗口分为活动窗口和非活动窗口。当多个应用程序窗口同时打开时，处于最顶层的窗口为当前窗口，即该窗口可以和用户进行信息交流，这个窗口称为活动窗口或前台程序。其他所有窗口都是非活动窗口或后台程序。在任务栏中，活动窗口所对应的按钮是高亮状态。

3. 窗口的操作

在 Windows 7 中，可以对窗口进行最大化、最小化等操作。

1）窗口的最大化/还原、最小化、关闭操作。窗口的控制按钮部分，为用户提供了窗口最大化/还原、最小化、关闭操作按钮。

2）改变窗口的大小。当窗口处于还原状态时，用鼠标指向窗口的 4 条边框或 4 个顶角，待其变成双向箭头时，即可通过拖动操作改变窗口的大小。

3）移动窗口。当窗口处于还原状态时，用鼠标直接拖动窗口的标题栏，即可将窗口移动到任意的位置。

4）窗口之间的切换。当用户打开多个窗口时，需要在各个窗口之间进行切换，有三种常用的切换方式：①当窗口处于最小化状态时，用户在任务栏上单击所要操作窗口的按钮，即可完成切换；当窗口处于非最小化状态时，在所选窗口的任意位置单击，也可以切换到对应的窗口。②利用【Alt+Tab】组合键完成切换。在键盘上同时按下【Alt】和【Tab】两个键，屏幕上列出当前正在运行的窗口，这时按住【Alt】键，然后按【Tab】键，从"切换任务栏"中选择所要打开的窗口，选中后再松开两个键，选择的窗口即可成为当前窗口。③利用【Alt+Esc】组合键完成切换。先按下【Alt】键，然后通过按【Esc】

键来选择所需要打开的窗口，当窗口最小化时，它只能改变激活窗口的顺序，而不能使最小化窗口放大，因此，该方法多用于切换已经打开的多个窗口。

5）多窗口的排列。当 Windows 7 中同时运行多个应用程序时，系统提供了排列窗口的功能，可以将多个窗口在桌面上有序地排列。

① 层叠窗口。在任务栏的空白位置右击，在弹出的快捷菜单中选择"层叠窗口"命令，即可以将打开的应用程序窗口纵向排列且每个窗口的标题栏均可见。

② 平铺窗口。在任务栏的空白位置右击，在弹出的快捷菜单中选择"堆叠显示窗口"或"并排显示窗口"命令，即可以将打开的应用程序窗口均匀地分布在桌面上且均可见。

如果想恢复窗口原状，只需要在任务栏的空白位置右击，在弹出的快捷菜单中选择"撤销层叠""撤销堆叠显示""撤销并排显示"命令即可。

2.2.4　Windows 7 的对话框

在 Windows 7 菜单中，选择带有省略号的命令或者单击工具栏中的某些按钮，可以在屏幕上弹出一个特殊的窗口，在该窗口中列出了该命令所需的各种参数、项目名称、提示信息及参数的可选项，这种窗口称为对话框，如图 2.14 所示。

图 2.14　对话框

Windows 对话框中通常包含文本框、列表框、单选按钮等多种控件，其具体功能如下。

1）文本框（输入框）：主要用来接受用户输入的信息。

2）列表框：Windows 7 的列表框智能化地为用户提供多个可供选择的选项，用户只需要单击操作就可以实现对某个选项的选择。

3）下拉列表框：与列表框相似，右端带有一个指向下的按钮（下拉按钮），单击该下拉按钮会展开一个列表，用户只需要单击操作就可以实现对某个选项的选择。

4）单选按钮：为用户提供一组相关的选项，用户必须选中且只能选中其中的一个选项。

5）复选框：和单选按钮相对应，唯一不同的是，复选框允许用户从一组相关的选项中选择零个、一个甚至是多个选项。

6）微调框（数值框）：一般用来接收数字，可以直接输入数字，也可以通过单击微调按钮来增大数值或者减小数值。

7）按钮：通常是对所设置内容的确认或取消。

对话框是一种特殊的窗口，与普通窗口相比有如下区别：标题栏上没有控制菜单图标、最大化/最小化按钮；对话框的大小不能改变；可以同时打开多个窗口，但是对于一个窗口或应用程序，一次只能打开一个对话框。

2.2.5 Windows 7 的菜单

在 Windows 7 中，用户可以通过菜单向计算机下达各种命令，计算机接收到命令后就能执行相应的操作。Windows 7 中常见的菜单有控制菜单、菜单选项和快捷菜单。

1. 控制菜单

控制菜单如图 2.15 所示，右击标题栏空白处即可打开。

2. 菜单选项

菜单中的主要内容是菜单选项，如图 2.16 所示。每个菜单选项由一个图标和提示文字组成，菜单选项也称为菜单命令。单击任意菜单名将显示其下拉菜单，或者按下【Alt】键的同时，按下拉菜单名后面带有下划线的字母，也可以打开相应的下拉菜单。下拉菜单中列出的是该菜单中的各个菜单选项，同时会看到一些符号标记，通过这些符号可以判断该命令的类别及使用方法。菜单选项的级联菜单如图 2.17 所示。

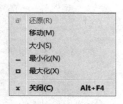

图 2.15　控制菜单

图 2.16　菜单选项

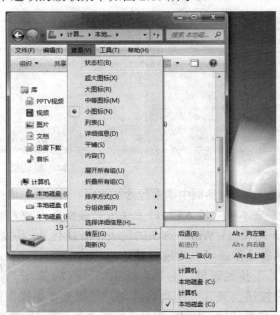

图 2.17　菜单选项的级联菜单

1）"●"标记：表示该选项是单选命令，并且已经被选中。只需选中同命令组中的其他命令，就可以取消该选项。

2）"√"标记：表示该选项是复选菜单命令，并且已经被选中。只需在该标记上单击，就可以取消该选项。

3）"…"标记：表示执行该选项将会打开一个对话框，需要用户进行进一步的设置。

4）"▶"标记：表示该选项还有子菜单，称为级联菜单。只需将鼠标放置在该标记上，就会自动弹出级联菜单。

5）菜单选项名称后的组合键【Ctrl+字母】：表示该菜单选项的键盘快捷键，这种方式可以方便用户直接执行该组合键所对应的命令，而不需要打开菜单找到该菜单命令。

6）灰色的菜单选项：表示该命令在当前的工作状态下不可用。

7）分隔线：主要用来对菜单选项进行分组。

3. 快捷菜单

只需在对象上右击，就可以打开该对象所能使用的快捷菜单。右击任务栏空白处弹出的快捷菜单如图 2.18 所示。

2.2.6　应用程序的启动和退出

在 Windows 7 中，启动和退出应用程序是使用操作系统的基本技能，下面介绍几种常用的启动和退出应用程序的方法。

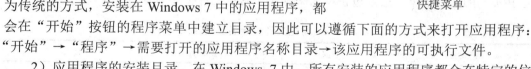

图 2.18　右击任务栏空白处弹出的快捷菜单

1. 启动应用程序

1）"开始"按钮。"开始"按钮是启动应用程序最为传统的方式，安装在 Windows 7 中的应用程序，都会在"开始"按钮的程序菜单中建立目录，因此可以遵循下面的方式来打开应用程序："开始"→"程序"→需要打开的应用程序名称目录→该应用程序的可执行文件。

2）应用程序的安装目录。在 Windows 7 中，所有安装的应用程序都会在特定的位置创建文件及文件夹，因此可以通过应用程序的安装路径找到该应用程序的可执行文件，双击即可启动该可执行文件。

3）桌面快捷方式。在 Windows 7 中，所有安装的应用程序默认会在桌面创建一个快捷方式图标，只要找到该快捷方式图标，双击就可以直接启动对应的应用程序。

4）"快速启动工具栏"。在 Windows 7 中，所有安装的应用程序默认会在快速启动工具栏放置程序图标，可以单击该图标启动应用程序。

2. 应用程序的退出

1）单击应用程序窗口右上角的"关闭"按钮。

2）单击应用程序窗口中的"文件"菜单，从打开的菜单中选择"关闭"或"退出"命令。

3）当应用程序处于活动状态时，使用【Alt＋F4】组合键。

2.3　Windows 7 的文件管理

在操作系统中，存放的音频、视频、文档等资料都是以文件的形式保存在计算机中的，Windows 7 操作系统为计算机的文件管理提供了方便、易用的功能。

2.3.1　文件管理的基本概念

1. 文件

在操作系统中，所有的数据信息都归为文件进行统一管理，可以说，文件是操作系统用来存储和管理数据信息的基本单位。在 Windows 7 操作系统中，为了对不同类型的文件进行区分和管理，需要确定每一个文件的名称和类型，即文件名和扩展名。文件名用来标识该文件，而扩展名用来确定不同的文件类型。在 Windows 7 中，文件名的构成为主文件名[.扩展名]。

例如，文档.docx，其中，"文档"两个字就是主文件名，"docx"就是扩展名。主文件名是由用户自己定义的，而扩展名则是由 Windows 7 操作系统自身作出的规定。文件的扩展名在一个文件名的构成中用方括号和点一起括起来，表示扩展名是可有可无的。如果有扩展名，就必须用一个"."与主文件名分隔开。

2. 文件的类型

计算机中所有的信息都是以文件的形式进行存储的，如程序、文档、图像、声音信息等。由于不同类型的信息有不同的存储格式与要求，因此就会有多种不同的文件类型，这些不同的文件类型一般通过扩展名来标明。常见文件扩展名及其含义见表 2.2。

表 2.2　常见文件扩展名及其含义

扩展名	含义	扩展名	含义
.com	系统命令文件	.exe	可执行文件
.sys	系统文件	.rtf	带格式的文本文件
.doc/.docx	Word 文档	.obj	目标文件
.txt	文本文件	.swf	Flash 动画发布文件
.bas	BASIC 源程序	.zip	ZIP 格式的压缩文件
.c	C 语言源程序	.rar	RAR 格式的压缩文件
.html	网页文件	.cpp	C++语言源程序
.bak	备份文件	.java	Java 语言源程序

3. 文件属性

文件本身所具有的特征是文件属性。在 Windows 7 中，定义了三种类型的文件属性，分别是时间属性、空间属性和操作属性，如图 2.19 所示。

（1）时间属性

文件的时间属性包含了该文件的创建时间、修改时间和访问时间，当文件最初创建时，这 3 个时间是一致的。

文件的创建时间：该属性记录了该文件的创建时间，精确到秒。

文件的修改时间：该属性记录了该文件被修改保存的时间，精确到秒。

文件的访问时间：该属性记录了该文件被访问的时间，精确到秒。

（2）空间属性

文件在创建并保存后，会占用一定的磁盘空间。空间属性保存了文件的位置、大小及所占磁盘空间。

文件的位置：该文件的存放位置，包含了文件的完整路径。

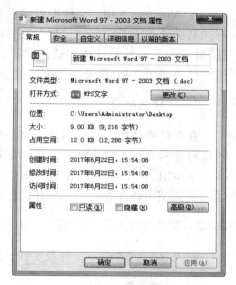

图 2.19　文件属性

文件的大小：该文件的实际大小。

文件所占磁盘空间：该文件实际占用磁盘空间的大小，不等同于文件的实际大小。由于操作系统在磁盘格式化时规定了文件存储以磁盘簇为单位，因此在多数情况下，文件的大小和文件所占磁盘空间这两个属性值是不同的。

（3）操作属性

在 Windows 7 操作系统中，规定了文件的操作属性分别是只读属性、隐藏属性、系统属性和存档属性。

只读属性：该属性的设置，可以有效地防止文件被非法篡改。设置了该属性的文件，只允许浏览，而不允许修改。

隐藏属性：该属性的设置，可以使该文件不在磁盘中显示，可以在一定程度上保护文件不被误删除或被破坏。

系统属性：具有该属性的文件，往往是操作系统的系统文件，用户没有权限对其进行删除等操作。

存档属性：当建立一个新文件或者修改旧文件时，系统会将存档属性赋予这个文件，当备份程序备份文件时，会取消存档属性，这时，若又修改了这个文件，则它又获得了存档属性。因此文件备份程序可以通过文件的存档属性来识别该文件是否备份过或者做过修改。

4. 文件目录/文件夹

在 Windows 7 中，为了便于对文件的统一管理，采用一种称为"树形目录"的结构来管理系统中的文件。之所以是树形目录，是因为自整块磁盘开始到各个目录和子目录共同构成了一颗完整的"倒挂树"。整块磁盘就是树的根，末端的文件就是叶子。整块磁盘称为根目录，根目录到文件会经过一系列的文件夹，这一系列的文件夹就是文件的目录。

在 Windows 7 中，文件夹内可以存放文件及子文件夹，但是同一个文件夹下不允许有同名文件夹或者同名同扩展名文件的存在。从根目录开始记录文件夹的名称一直到末端"叶子"，形成的特殊内容就是路径。例如，"C:\Users\Administrator\Desktop\文档.docx"，该路径表明了文档.docx 放置在 C 盘的 Desktop 文件夹下。

5. 文件通配符

在文件操作中，有时需要一次处理多个文件，当需要成批处理文件时，有两个特殊的符号非常有用，它们就是文件通配符"*"和"？"。"*"在文件操作中用于代表任意多个 ASCII 字符，"？"在文件操作中用于代表任意一个字符。在文件搜索等操作中，通过灵活使用通配符，可以很快匹配出含有某些特征的多个文件。

2.3.2　文件及文件夹的管理

在 Windows 7 中，文件及文件夹的管理包括文件夹的创建、移动、删除和查看。

1. 打开文件夹操作

文件夹窗口可以让用户在一个独立的窗口中对文件夹中的内容进行操作。双击窗口中要操作的磁盘分区的图标，打开对应盘的文件夹窗口。例如，E 盘文件夹窗口，如图 2.20 所示，在该窗口中列出了 E 盘下的所有文件或文件夹图标。

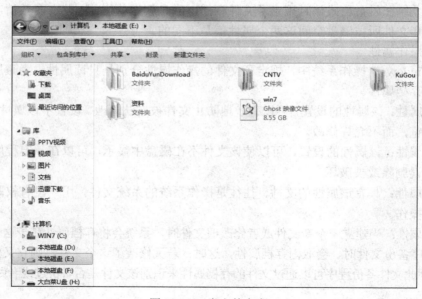

图 2.20　E 盘文件夹窗口

2. 文件及文件夹的显示

Windows 7 为用户提供了多种显示文件或文件夹内容的方式。另外，还可以通过系统设置，采用不同的排列方式来显示文件或文件夹的内容。

（1）文件夹内容的显示方式

平铺：采用该种方式，文件及文件夹的图标将以较合适的方式平铺在窗口中。

图标：这种方式分为小图标、中等图标、大图标、超大图标四种显示方式，可以在不扩大窗口的情况下看到更多的文件和文件夹，文件图标以水平方式顺序排列。

列表：采用该种方式，文件及文件夹的展示同图标方式类似，唯一的不同点就是该类型的文件图标是垂直排列的。

详细信息：采用该种方式，文件及文件夹将显示更多的信息，如文件的大小、类型、建立或编辑的日期和时间等信息。

内容：这种方式除显示名称之外，还会显示部分内容。

上述几种显示方式可以在"计算机"窗口中单击"更改您的视图"下拉按钮，从中选择相应命令来设置，如图2.21所示。

说明：这些命令是单选命令，只能选择其中的一种，即当选择某一种显示方式时，以前的显示方式自动取消。

（2）文件夹内容的排序方式

在Windows 7中，文件夹内容的排序可以按照文件的名称、修改日期、类型和大小进行，这样为文件的管理提供了许多可供选择的方式。

按照名称排序：选择这种排序方式，该文件夹内的文件及文件夹将按照英文字母的顺序进行升序或降序排序。

按照修改日期排序：选择这种排序方式，该文件夹内的文件及文件夹将按照建立或修改的时间进行排序。

按照类型排序：选择这种排序方式，该文件夹内的文件及文件夹将按照文件的扩展名将同类型的文件放在一起显示。

按照大小排序：选择这种排序方式，该文件夹内的文件及文件夹将按照文件的字节大小进行排序。

排序方式是通过右击窗口中的空白处，在弹出的快捷菜单中选择"排序方式"子菜单中的相应命令来设置的，如图2.22所示。当选择某一排序方式后，之前的排序方式将自动取消。

图2.21　更改显示方式

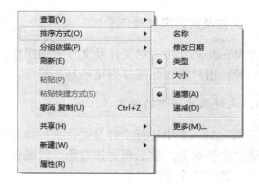

图2.22　排序方式

3．设置文件夹窗口中的显示内容

（1）显示所有文件

在安装完 Windows 7 之后，系统对文件及文件夹的内容显示方面默认是隐藏不显示的，因此，用户看到的文件夹下的内容并不一定是全部的内容。为了使用户可以看到所有的文件，包括隐藏不显示的文件，需要进行如下步骤的操作。

1）在打开的"资源管理器"窗口中打开"工具"菜单，打开"文件夹选项"对话框，如图 2.23 所示。

2）选择"查看"选项卡。

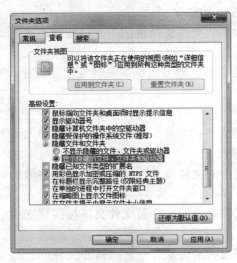

图 2.23　"文件夹选项"对话框

3）在"高级设置"列表框中的"隐藏文件和文件夹"中勾选"显示隐藏的文件、文件夹和驱动器"单选按钮。

说明：上述设置是对整个系统而言的，即如果在任何一个文件夹窗口中进行了上述设置，那么在其他所有文件夹窗口下都能看到所有文件夹。

（2）显示文件的扩展名

在安装完 Windows 7 之后，系统对应文件的扩展名是隐藏不显示的。这是因为 Windows 7 对于已经在注册表中登记的文件，只显示文件名，而不显示扩展名。也就是说，Windows 7 是通过文件的图标来区分不同类型的文件的，只有那些未被登记的文件才能在文件夹窗口中显示其扩展名。

如果想看到所有文件的扩展名，需要进行如下步骤的设置。

1）在打开的"资源管理器"窗口中打开"工具"菜单，打开"文件夹选项"对话框。

2）选择"查看"选项卡。

3）在"高级设置"列表框中取消勾选"隐藏已知文件类型的扩展名"复选框。

说明：该项设置也是对整个系统而言的，而不是仅仅对当前文件夹窗口。

2.3.3　文件及文件夹的操作

在 Windows 7 中，对文件及文件夹的操作主要有文件及文件夹的选定、创建、移动或复制等，用户需要熟练掌握这些基本操作。

1．文件及文件夹的选定

在 Windows 7 中进行文件及文件夹的操作时，需要遵循"先选定后操作"的原则，即先选定文件对象，然后再对该对象进行操作。

（1）选定单个文件对象

要选定某个文件对象，只需要在该文件或文件夹图标上单击即可。

（2）选定不连续的多个文件对象

当选定多个不连续文件或文件夹对象时，首先按住【Ctrl】键，然后依次单击要选定的文件或文件夹图标即可。如果想取消对某一个已经选定的文件或文件夹的选择，只需在按住【Ctrl】键的情况下，单击该文件或文件夹即可。

（3）选定连续的多个文件对象

1）按住鼠标左键，拖动鼠标形成矩形区域，区域内的文件或文件夹均被选定。

2）如果选定的文件连续排列，先单击第一个文件，然后在按住【Shift】键的同时单击最后一个文件，则从第一个文件到最后一个文件之间的所有文件均被选定。

（4）选定几组连续排列的文件或文件夹

利用方法（3）选定第一组，然后在按住【Ctrl】键的同时，单击第二组的第一个文件或文件夹的图标，再按【Ctrl＋Shift】组合键，单击第二组最后一个文件或文件夹；以此类推，直到选定最后一组为止。

（5）选定当前窗口中的全部文件或文件夹

按下【Ctrl+A】组合键，就可以选定当前窗口中的全部文件。

（6）反向选择

如果在某个窗口中需要选择大部分的文件及文件夹，可以利用"反向选择"命令进行快速的选择。首先用上述方法选定不想选定的文件或文件夹，然后选择"编辑"→"反向选择"命令，即可将预先选定的文件或文件夹取消其选定状态，而使其他文件或文件夹被全部选定。

（7）取消选定

在当前窗口的空白位置单击即可。

2. 文件及文件夹的创建

在 Windows 7 的使用过程中，创建文件及文件夹是经常使用的操作。创建文件或文件夹有如下几种方法。

1）在要创建文件或文件夹的窗口空白位置右击，从弹出的快捷菜单中选择"新建"→"文件夹"命令或者选择某一类型的文件。

2）在"文件"菜单中选择"新建"→"文件夹"命令，即可在当前文件夹窗口中创建新文件夹或者选择某一类型的文件。

3. 文件及文件夹的移动或复制

在 Windows 7 操作中，要将某个文件或文件夹移动或复制到其他位置，需要用到移动或复制命令。移动文件或文件夹是将文件或文件夹放到其他位置，执行移动命令后，原位置的文件或文件夹消失，出现在目标位置；复制文件或文件夹是将文件或文件夹复制一份，放到其他位置，执行复制命令后，原位置和目标位置均有该文件或文件夹。

（1）利用鼠标拖放操作

1）鼠标右键拖放。只需在要移动或复制的文件或文件夹图标上按住鼠标右键不放，然后将该文件或文件夹拖动至目的地，释放按键后，会自动弹出菜单询问：复制到当前位置、移动至当前位置、在当前位置创建快捷方式、取消，根据要做的操作，选择其一即可。

2）鼠标左键拖放。只需在要移动或复制的文件或文件夹图标上按住鼠标左键不放，然后将该文件或文件夹直接拖动至目的地即可。

若在同一磁盘拖动，如从 D 盘的一个文件夹拖到 D 盘的另一个文件夹，则为移动；若在不同磁盘拖动，如从 D 盘的一个文件夹拖到 E 盘的一个文件夹，则为复制。

若在拖动的同时按住【Ctrl】键，则为复制；若在拖动的同时按住【Shift】键，则为移动。

如果将一个程序文件从一个文件夹拖动至另一个文件夹或桌面上，Windows 7 会将源文件留在原文件夹中，而在目标文件夹建立该程序的快捷方式。

（2）利用剪贴板的操作

为了在应用程序中直接交换信息，Windows 7 提供了剪贴板。剪贴板是内存中的一个临时数据存储区，在进行剪贴板的操作时，通过"复制"命令或"剪切"命令将选定的对象送入剪贴板，然后在需要接收信息的窗口内通过"粘贴"命令从剪贴板中取出信息。

虽然"复制"命令和"剪切"命令都是将选定的对象送入剪贴板，但是这两个命令是有区别的。"复制"命令是将选定的对象复制到剪贴板，因此执行"复制"命令后，原来的信息仍然保留，同时剪贴板中也有信息；"剪切"命令是将选定的对象移动到剪贴板，执行"剪切"命令后，剪贴板中有信息，而原来的信息将被删除。

若进行多次的"复制"或"剪切"操作，则剪贴板总是保留最后一次操作时送入的内容。但是，一旦向剪贴板中送入信息之后，在下一次"复制"或"剪切"操作之前，剪贴板中的内容将保持不变。这也意味着可以反复使用"粘贴"命令，将剪贴板中的信息送至不同的程序或同一程序的不同位置。

根据剪贴板的上述特性，可以得出利用剪贴板进行文件移动或复制的常规操作步骤如下。

1）选定要移动或复制的文件及文件夹。

2）若是复制，则可以选择"组织"→"复制"命令或选择"编辑"→"复制"命令，或者快捷菜单中的"复制"命令，或者使用【Ctrl+C】组合键；若是移动，则选择"组织"→"剪切"命令或"编辑"→"剪切"命令，或者快捷菜单中的"剪切"命令，或者使用【Ctrl+X】组合键。

3）选定接收文件的位置，即打开目标位置的文件夹窗口。

4）选择"组织"→"粘贴"命令或"编辑"→"粘贴"命令，或者快捷菜单中的"粘贴"命令，或者使用【Ctrl+V】组合键。

（3）菜单向导法

1）选择要进行移动或复制的文件或文件夹。

2）在"编辑"菜单中选择"移动到文件夹"命令或"复制到文件夹"命令。

3）在"移动项目"对话框或"复制项目"对话框中指定移动或复制文件或文件夹到目标文件夹，如图 2.24 所示。

4）单击"移动"或"复制"按钮。

4. 文件或文件夹的重命名

在 Windows 7 中，可以使用以下方法进行文件或文件夹的重命名。

1）先选定要重命名的对象，然后在该对象的图标上单击即可。

2）在要重命名的对象上右击，从弹出的快捷菜单中选择"重命名"命令。

3）先选定要重命名的对象，然后选择"文件"→"重命名"命令。

4）先选定要重命名的对象，然后按【F2】键。

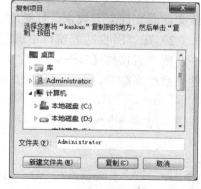

图 2.24　"复制项目"对话框

说明：文件的扩展名一般是默认的，如 Word 2010 的扩展名是.docx，在更改文件名时，只需更改它的文件主名即可，不需要更改扩展名，如将"memo.docx"改为"备注.docx"，只需将"memo"改为"备注"即可。

5. 撤销操作

如果在执行了移动、复制、重命名等操作之后，又改变了主意，可以选择窗口中的"组织"→"撤销"命令或"编辑"→"撤销"命令，还可以按【Ctrl+Z】组合键实现撤销操作。

6. 文件或文件夹的删除

当用户不再需要某个文件或文件夹时，要对该文件或文件夹进行删除操作。当删除对象是一个文件夹时，删除操作会将其内部的所有文件或文件夹一并删除。删除文件或文件夹的常用方法如下。

1）先选定要删除的对象，然后按【Delete】键即可。

2）先选定要删除的对象，选择窗口中的"文件"→"删除"命令，或者右击要删除的对象，在弹出的快捷菜单中选择"删除"命令。

3）直接将待删除的对象拖动到"回收站"中即可。

无论采用上述哪种方法，在进行删除前，系统都会打开"删除文件"对话框，如图 2.25 所示，让用户确认删除。只有在用户确认删除后，系统才能将文件删除。需要说明的是，使用上述方式进行的删除并不是真正的删除，而是将被删除的文件或文件夹暂时放在回收站中。回收站是硬盘中用来暂时存放数据的一块区域，被删除的文件或文件夹只是被暂时存放在这里，如果发现删除有误，可以通过回收站恢复。

永久删除文件或文件夹，可以采用如下方法。

图 2.25　"删除文件"对话框

1）在删除文件或文件夹时，按住【Shift】键的同时按【Delete】键，在确认信息后，该文件或文件夹会被永久性删除，并释放自身占用的磁盘空间。

2）在"回收站"窗口中选定要删除的文件或文件夹，选择"文件"→"删除"命令，或者直接按【Delete】键。删除"回收站"中的文件或文件夹，意味着该文件或文件夹被彻底删除，无法再还原。若要删除"回收站"中的所有文件，则直接选择"文件"→"清空回收站"命令。

图 2.26 "win 7 属性"对话框

另外，需要指出的是，从可移动磁盘（如 U 盘）删除的项目将不被放到"回收站"中，而是被永久删除。

7. 设置文件或文件夹的属性

在 Windows 7 中，文件或文件夹包含三种属性：只读属性、隐藏属性和存档属性。设置文件或文件夹属性的具体步骤如下。

1）在需要设置属性的文件或文件夹上右击。

2）在弹出的快捷菜单中选择"属性"命令，即可打开"win7 属性"对话框，如图 2.26 所示。

3）在文件属性对话框的属性复选框前勾选需要设置的属性即可。

8. 文件或文件夹的查找

用户在使用操作系统时，随着创建的文件不断增多，有些重要的文件会被遗忘，而从众多的文件中找到需要的文件费时费心，因此，Windows 7 为用户提供了文件及文件夹的查找功能。查找文件窗口如图 2.27 所示，具体的操作步骤如下。

图 2.27 查找文件窗口

1）在文件夹窗口的地址栏中选择查找范围，如 C 盘。

2）在搜索栏中输入所要查找文件的文件名，也可以使用文件通配符"*"和"?"（"*"表示任意多个字符，"?"表示任意一个字符）。同时，也可以通过"添加搜索筛选器"来缩小搜索的范围，如可以限定待搜索文件的修改日期和大小。

3）单击"搜索"按钮执行搜索。搜索结束后，在窗口中显示所有满足搜索条件的文件或文件夹，直接双击即可打开。

9. 文件和文件夹的共享

Windows 7 为用户提供了强大的网络功能，可以将自己的文件夹设置为共享文件夹，与同一工作组的其他用户共享。具体的设置步骤如下。

1）在要设置共享的文件夹上右击，在弹出的快捷菜单中选择"属性"命令。

2）选择"属性"对话框中的"共享"选项卡，如图 2.28 所示。

3）单击"高级共享"按钮，打开"高级共享"对话框，如图 2.29 所示，勾选"共享此文件夹"复选框，即可实现文件夹共享功能。

图 2.28 "共享"选项卡

图 2.29 "高级共享"对话框

4）如果要设置共享文件的名称，只需在设置共享名中输入名称即可。

5）单击"应用"按钮和"确定"按钮。

2.4 Windows 7 系统设置和磁盘管理

在 Windows 7 中，用户为了实现工作环境的个性化，可以使用"控制面板"应用程序进行相关的系统设置。"控制面板"为用户提供了系统设置的全部功能，包括设置系统外观、用户账号，添加系统硬件及应用程序管理等功能。

单击状态栏"开始"按钮，在弹出的菜单中选择启动"控制面板"。在打开的"控制面板"窗口中可以选择类别、大图标及小图标三种不同的视图来查看所有项目。分类视图窗口，如图 2.30 所示，单击一个类别的名称，会列出相关的具体设置任务和图标。

小图标视图窗口，如图 2.31 所示。

图 2.30　"控制面板"分类视图窗口

图 2.31　"控制面板"小图标视图窗口

2.4.1　日期和时间的设置

要修改操作系统的日期和时间，具体的步骤如下。

1）在控制面板上单击"日期和时间"链接，即可打开"日期和时间"对话框，如图 2.32 所示。

2）单击"更改日期和时间"按钮，打开"日期和时间设置"对话框，如图 2.33 所示。在"日期"选项组中可以设置准确的年份、月份和日期；在"时间"选项组中的"时间"文本框中可以输入或者调节微调按钮改变时间。

单击图 2.33 中的"更改日历设置"链接，打开"自定义格式"对话框，如图 2.34 所示，在此对话框的"日期"选项卡和"时间"选项卡中可以进一步设置日期和时间的格式。

3）单击图 2.32 中的"更改时区"按钮，打开"时区设置"对话框，如图 2.35 所示，可以从"时区"下拉列表框中选择需要的时区。

图 2.32　"日期和时间"对话框

图 2.33　"日期和时间设置"对话框

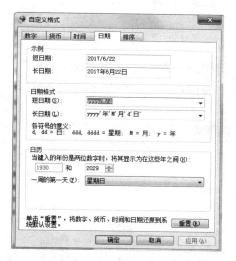

图 2.34　"自定义格式"对话框

图 2.35　"时区设置"对话框

2.4.2　输入法的设置

当安装完 Windows 7 时，系统自动安装智能 ABC 输入法和微软输入法等。如果用户不习惯使用这些输入法，也可以向系统添加输入法，具体操作如下。

1）在控制面板上单击"区域和语言"链接，打开"区域和语言"对话框，选择"键盘和语言"选项卡，单击"更改键盘"按钮，打开"文本服务和输入语言"对话框，如图 2.36 所示。在此对话框中，用户可以设置默认输入语言，对已经安装的输入法进行添加和删除，添加世界各国的语言及设置输入法切换的快捷键等。

2）单击"添加"按钮，打开"添加输入语言"对话框，如图 2.37 所示。在下拉列表中选择要添加的输入法名称，单击"确定"按钮，系统将该输入法添加到输入法列表中。

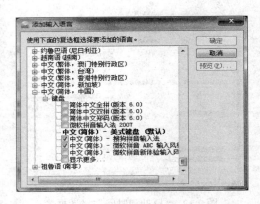

图 2.36 "文本服务和输入语言"对话框　　　图 2.37 "添加输入语言"对话框

2.4.3 应用程序及系统组件的删除

在 Windows 7 的控制面板中,可以很方便地管理系统应用程序。在"控制面板"窗口中单击"程序和功能"链接,打开"程序和功能"窗口,如图 2.38 所示,在该窗口中列出了所有已经安装的程序。

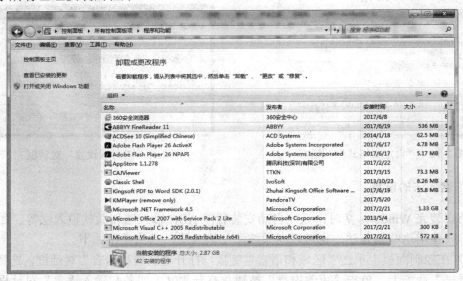

图 2.38 "程序和功能"窗口

1. 卸载/更改已安装的程序

在"程序和功能"窗口的已安装程序列表中,选中要卸载的程序,单击"卸载"按钮或"更改"按钮即可。

2. 卸载更新

如果单击窗口左侧的"查看已安装的更新"链接，窗口右侧列表中会显示本系统中已经安装的所有更新程序。若要卸载更新，则可以从列表中将其选中，然后单击"卸载"按钮即可。

3. 添加/删除 Windows 功能组件

安装 Windows 7 时，用户可以根据需求，有选择地添加或删除 Windows 7 功能组件。在"程序和功能"窗口中，单击"打开或关闭 Windows 功能"链接，打开"Windows 功能"窗口，如图 2.39 所示，其中列出了 Windows 7 操作系统的所有功能组件，选项前加"√"表示已经安装该功能，没有"√"的表示尚未安装，填充的框表示仅安装了该功能的一部分。每个组件包含一个或多个程序，选中某一功能组件，然后单击复选框前方的"+"展开详细信息，进入其子项进行设置。

图 2.39　"Windows 功能"窗口

2.4.4　用户账户的创建和管理

在 Windows 7 的控制面板中，为用户提供了用户管理功能，这些功能包括用户账户的创建、密码的设置和账户的修改等。单击"控制面板"窗口中的"用户账户"链接，就可以启动用户账户管理程序。

1. 新账户的创建

图 2.40　"管理账户"窗口

在"管理账户"窗口（图 2.40）单击"创建一个新账户"链接，然后按照提示单击"下一步"按钮，依次输入新账户的名称，选择账户的类型，即可建立一个新的账户。

在 Windows 7 系统中，将用户账户分为两大类，一类是"管理员"，另一类是"来宾账户"。不同的类别，决定了其具有不同的权限。"管理员"账户的用户，拥有操作计算机系统的全部权力，可以安装、删除应用程序，而"来宾账户"只能修改、浏览计算机上自己创建的文件。因此，在创建新账户时，首先，需要根据账户的使用类型来确定"管理员"账户。Windows 7 操作系统在系统安装成功后，会自动创建管理员权限的用户账户，即 Administrator。

2. 更改账户

Administrator（管理员）权限的用户可以对已创建的用户账户进行一系列的修改如可以进行密码的设置、账户类型的更改、账户的删除等。而"来宾账户"权限的用户，只能修改自己的设置。

在图 2.40 所示窗口中直接单击需要修改的账户，即可进入该账户的更改对话框。

修改账户的主要内容如下。

1）更改账户名称：对账户重新命名。

2）创建密码：为用户账户创建密码后，在登录时必须输入密码。如果已经设置密码，这里将变为"更改密码""删除密码"两个选项。

3）更改图片：为用户账户选择新的图片，这个图片将出现在欢迎屏幕的用户账户的旁边，也可以单击下面的"浏览更多图片"链接来选择自己喜欢的图片，还可以使用自己的照片。

4）更改账户类型：设置为"管理员"类型或"来宾账户"类型。

在欢迎界面上可能还看到一个 Guest 账户，它不需要密码就可以访问计算机，但是只有最小权限，不能更改设置、删除安装程序等。如果不希望其他人通过这个账户进入自己的计算机，可以在"用户账户"窗口中单击 Guest 账户，在下一步操作中，选择"禁用来宾账户"命令，即可关闭 Guest 账户。

3. 更改用户登录或注销的方式

在"用户账户"窗口中单击"更改用户登录或注销的方式"链接，窗口中给出两个复选框，即"使用欢迎屏幕"复选框和"使用快速用户切换"复选框。

2.4.5 Windows 7 的磁盘管理

用户在使用计算机的过程中，计算机系统不断地产生磁盘碎片及大量的临时文件，从而逐渐侵占系统磁盘空间，系统可用空间逐渐减少，最终导致运行缓慢。因此，用户需要定期对磁盘进行管理，以使计算机始终处于较好的运行状态。

1. 磁盘属性的查看

计算机在使用一段时间后，用户需要对磁盘空间的占用情况等信息进行了解，就要使用磁盘属性的查看功能。该功能显示了磁盘的类型、文件系统、磁盘空间的占用情况等信息。具体的操作步骤如下。

1）双击桌面上的"计算机"图标，打开"计算机"窗口。

2）右击要查看属性的磁盘图标，在弹出的快捷菜单中选择"属性"命令。

3）在打开的磁盘属性对话框中，可以看到"常规"选项卡显示的磁盘信息，如该磁盘的类型、文件系统、已用空间及可用空间等信息，如图 2.41 所示。

2. 磁盘错误的检测和修复

用户在经常进行文件的移动、复制、删除及安装程序等操作之后，可能会出现坏的磁盘扇区，这时可执行磁盘查错程序，以修复文件系统的错误、恢复坏扇区等。

1）在磁盘属性对话框中，选择"工具"选项卡，如图 2.42 所示。

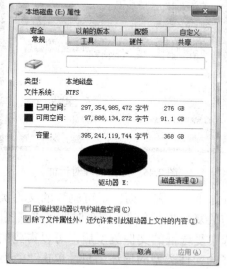

图 2.41　"常规"选项卡

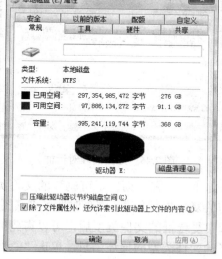

图 2.42　"工具"选项卡

2）在该选项卡中有"查错""碎片整理""备份"3 个选项组。单击"查错"→"开始检查"按钮，打开"检查磁盘"对话框，如图 2.43 所示。

3）在该对话框中，有"自动修复文件系统错误"和"扫描并尝试恢复坏扇区"两个复选框。若勾选这两个复选框，则在检查过程中，系统可以对发现的文件系统错误或坏扇区进行检查。

4）单击"开始"按钮，即可开始对磁盘进行扫描检查。

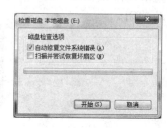

图 2.43　"检查磁盘"对话框

3. 清理磁盘

当用户的磁盘空间不足时，可以使用磁盘清理程序对用户的临时文件、Internet 缓存文件等进行删除操作，从而为用户腾出更多的可用磁盘空间，以提高系统性能。

使用磁盘清理程序的具体步骤如下。

1）在磁盘属性对话框中，单击"磁盘清理"按钮，打开"磁盘清理：驱动器选择"对话框，如图 2.44 所示。

2）选择要进行清理的驱动器，然后单击"确定"按钮打开磁盘清理对话框，如图 2.45 所示。

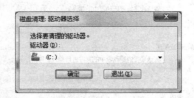

图 2.44　"磁盘清理：驱动器选择"对话框　　　　图 2.45　磁盘清理对话框

3）在"磁盘清理"选项卡中的"要删除的文件"列表中列出了可删除的文件类型及其所占用的磁盘空间大小，勾选某文件类型前的复选框，在进行清理时即可将其删除；在"占用磁盘空间总数"中显示了若删除所有选中复选框的文件类型后，可以得到的磁盘空间总数；在"描述"列表中显示了当前选择的文件类型的描述信息，单击"查看文件"按钮，可以查看该文件类型中包含文件的具体信息。单击"确定"按钮，将打开磁盘清理确认删除对话框，如图 2.46 所示，单击"是"按钮。清理完毕后，该对话框将自动关闭。

图 2.46　磁盘清理确认删除

4. 磁盘碎片的整理

磁盘碎片整理程序的具体操作步骤如下。

1）在磁盘属性对话框中选择"工具"→"碎片整理"选项组，打开"磁盘碎片整理程序"窗口，如图 2.47 所示。

2）在该窗口中会显示磁盘的一些状态和系统信息。选择一个磁盘，然后单击"分析磁盘"按钮，就可以知道该磁盘是否需要进行磁盘整理。

3）若需要进行磁盘整理，则只需单击"磁盘碎片整理"按钮，就可以进行碎片整理，用户可以很直观地看到碎片整理的过程。

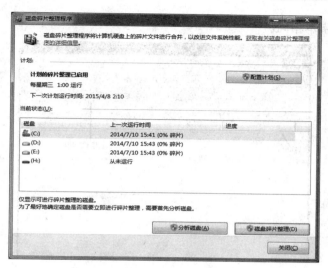

图2.47 "磁盘碎片整理程序"窗口

2.5 常 用 附 件

2.5.1 记事本

Windows 7为用户提供了一种可以编辑纯文本文档的应用程序,即记事本。纯文本文档是指输入、编辑及读取的文本都是无格式的。单击"开始"按钮,在弹出的菜单中选择"程序"→"附件"→"记事本"命令,打开"无标题-记事本"窗口,如图 2.48所示。

当打开记事本时,可以看到一个闪动的光标,该光标的位置就是插入点,是文本输入、修改的参考点。用户文本的输入都是从该插入点开始的。

在默认情况下,记事本中的内容是不会自动换行的,因此,让文档自动换行需要进行设置,可以选择"格式"→"自动换行"命令。输入完成后,选择"文件"→"保存"命令,或者按【Ctrl+S】组合键,保存文档。

图2.48 "无标题-记事本"窗口

2.5.2 写字板

Windows 7为用户提供了一种使用简单但是功能却很强大的字处理程序,即写字板。该字处理程序不仅允许用户对文本进行格式的设置,还可以在文本中进行图文混排,插入声音、图片等多媒体资料。

单击"开始"按钮,在弹出的菜单中选择"程序"→"附件"→"写字板"命令,打开"文档-写字板"窗口,如图 2.49 所示。写字板的许多操作,如输入、编辑文本及文档操作等与记事本相同。

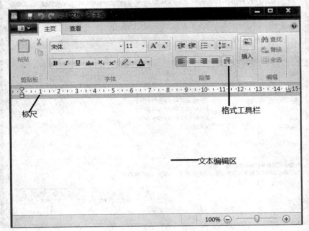

图 2.49　"文档-写字板"窗口

在写字板中进行格式设置的方法简单介绍如下。

1. 字体格式的设置

用户可以直接使用格式工具栏进行字体、字形、字号和字体颜色等字体格式的设置，也可以选择"格式"菜单中的"字体"命令进行设置。

2. 段落格式的设置

在用户设置段落格式时，可以使用格式工具栏，也可以选择"格式"→"段落"命令，设置段落缩进及段落对齐方式。

2.5.3　计算器

Windows 7 为用户提供了一种功能强大的计算器，该计算器不仅能够进行标准的计算，还具有"科学型""程序员""统计信息"等高级功能。另外，还附带了单位转换、日期计算和工作表等功能，使计算器的功能更加强大、更加人性化。"标准型计算器"可以完成简单的加、减、乘、除及开方等算术运算。"科学型计算器"可以完成较为复杂的科学运算，可以通过单击计算器上的按钮来取值，也可以通过键盘输入来操作。

单击"开始"按钮，在弹出的菜单中选择"程序"→"附件"→"计算器"命令，就可以打开该应用程序。

1. 标准型计算器

在日常的工作中，用户可以使用标准型计算器，如图 2.50 所示。

2. 科学型计算器

科学型计算器是为了应对专业的、复杂的科学运算而设计的，可以在标准型计算器状态下选择"查看"→"科学型"命令来打开该应用程序。

科学型计算器（图 2.51）的面板上有两组单行按钮，前一组用于选择进制，系统默认的是十进制，还可以设置为十六进制、八进制、二进制，当用户改变其数制时，单位选项、数字区、运算符区的可选项将发生相应的改变。后一组用于选择操作数的性质，可以是角度、弧度或梯度。在面板上还有一些函数和运算符号按钮，如正弦、余弦、乘方等。

图 2.50 标准型计算器

图 2-51 科学型计算器

3. 程序员计算器

该类型的计算器除了具有标准型计算器所具备的功能之外，还可以进行各种进制之间的转换，甚至还可以进行位移运算和逻辑运算。

4. 日期计算

使用"日期计算"功能可以用来计算两个日期之间相隔的天数。例如，计算从 1949年 10 月 1 日中华人民共和国成立到 2017 年 10 月 1 日之间相隔的天数，具体的步骤如下。

1）在"计算器"窗口中选择"查看"→"日期计算"命令，展开日期计算窗格。

2）分别在"从"和"到"下拉列表框中输入要计算的起始日期和结束日期。

3）输入完成后单击"计算"按钮，即可分别在"差（年、月、周、天）"和 "差（天）"文本框中显示计算结果，如图 2.52 所示。

图 2.52 日期计算

习　题

一、选择题

1. 用鼠标选定几个位置连续的文件/文件夹的方法是_____。
   A. 双击第一个文件/文件夹，然后再双击最后一个文件/文件夹
   B. 单击第一个文件/文件夹后，按住【Shift】键的同时单击最后一个文件/文件夹
   C. 单击第一个文件/文件夹后，按住【Ctrl】键的同时单击最后一个文件/文件夹。
   D. 按住【Shift】键的同时，用鼠标从第一个文件/文件夹开始拖动到最后一个文件/文件夹。

2. 在 Windows 7 中，要将当前活动窗口中的内容复制剪贴板，应按_____键。
   A.【Print Screen】　　　　　　　　　　B.【Alt+ Print Screen】
   C.【Ctrl+ Print Screen】　　　　　　　D.【Ctrl+ P】

3. 在 Windows 7 中，一个文件是否属于某个文件类型取决于该文件的_____。
   A 长度　　　　　　B. 内容　　　　　　C. 扩展名　　　　　D. 属性

4. Windows 7 操作具有_____的特点。
   A. 先选中操作对象，再选择操作项　　B. 先选择操作项，再选中操作对象
   C. 同时选择操作项和操作对象　　　　D. 需要将操作项拖动到操作对象上

5. 记事本与写字板分别属于_____、_____界面。
   A. 多文档、单文档　　　　　　　　　　B. 单文档、多文档
   C. 多文档、多文档　　　　　　　　　　D. 单文档、单文档

6. 在文件管理器中，当删除一个或一组目录时，该目录或目录中的_____被删除。
   A. 所存文件　　　　　　　　　　　　　B. 所有子目录
   C. 部分文件和子目录　　　　　　　　　D. 所有文件和子目录

7. _____不属于 Windows 7 的文件管理窗口。
   A. 回收站　　　　B. 我的音乐　　　　C. 共享文档　　　　D. 控制面板

二、填空题

1. 先按下【_____】键，然后再分别单击多个文件/文件夹，可以选中多个不连续的文件/文件夹。

2. 用户可以在关机前关闭所有程序，然后使用【_____】组合键快速打开"关闭计算机"对话框进行关机。

3. Windows 7 是一个多任务操作系统，用户可以同时打开多个窗口。使用快捷键【_____】，可以在不同的窗口之间进行切换。

4. 在输入要查找的文件/文件夹名称时，"？"代表_____字符，"*"代表_____字符。如果一次要查找多个文件，还可以使用_____、_____等作为文件名称的分隔符。

5．如果要在同一驱动器上复制对象，可以在按下【＿＿＿＿】键的同时，用鼠标左键将对象拖动到目标位置松手即可。

三、简答题

1．简述快捷键【Delete】和【Shift+Delete】组合键的区别。

2．在"Windows 7 资源管理器"中，如何复制、删除、移动文件夹？

3．如何用 Windows 7 自带的"画图"程序绘制一幅图画，并将其设置为桌面背景。

4．如何设置用户账户？

四、操作题

在 D 盘根目录下新建一个考生文件夹，以自己的班级和姓名命名（如 2016 级闫奇）。

1）在考生文件夹下新建名为"实训 A"和"实训 B"的两个文件夹，并在"实训 A"文件夹下新建"LX1.txt"文件。

2）查找 C:\WINDOWS 文件夹（不包含子文件夹）中所有的 BMP 格式的图像文件（*.bmp），并将前 3 个复制到"实训 B"文件夹中。

3）在文件"LX1.txt"中输入内容"界面美观，阅读舒适"，并设置文件仅具有只读、存档属性。

4）在考生文件夹下，创建"实训 A"文件夹的一个副本，并将此副本重命名为"实训 AA"。

第3章　文字处理软件 Word 2010

Word 是全球使用十分广泛的文字处理软件之一，使用它可以方便地进行文本的输入、编辑、排版和打印，实现段落的格式化处理、版面设计和模板套用，以及生成规范的办公文档和可供印刷的出版物。

本章以 Word 2010（中文版）为例，介绍文字处理软件的基本功能和使用方法。

3.1　Word 2010 的工作环境

使用 Word 2010 可以快速、规范地生成公文、信函和报告，完成内容丰富、制作精美的各类文档。要做到这一点，首先需要熟悉 Word 2010 的工作环境。

3.1.1　启动 Word 2010

通常我们按照以下三种方法来启动 Word 2010。

常规启动：选择"开始"→"所有程序"→"Microsoft Office 2010"→"Microsoft Word 2010"命令。

快捷启动：双击桌面上的 Word 2010 快捷方式图标。

通过已有文档进入 Word 2010 启动：在文件夹窗口中，双击需要打开的 Word 文档，就会在启动 Word 2010 的同时打开该文档。

3.1.2　退出 Word 2010

要退出 Word 2010，可以采用以下几种方法。

1）单击 Word 2010 窗口右上角的"关闭"按钮 ⊠ 。

2）切换到"文件"选项卡，在打开的菜单中选择"退出"命令。

3）单击标题栏左侧的 Ⅵ 图标，在下拉菜单中选择"关闭"命令即可。

4）双击标题栏左侧的 Ⅵ 图标，即可退出 Word 2010。

5）按【Alt+F4】组合键。

注意：如果在退出 Word 2010 之前，文档没有存盘，系统会提示用户是否将编辑的文档存盘。

3.1.3　Word 2010 的工作窗口

Word 2010 启动后的工作窗口如图 3.1 所示，主要包括快速访问工具栏、功能区、编辑区等部分。

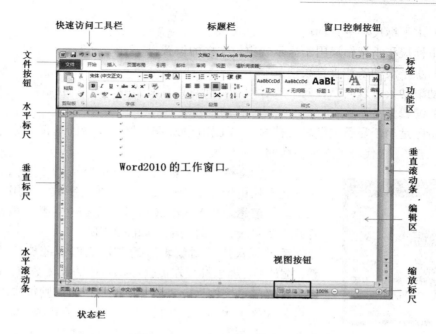

图 3.1　Word 2010 的工作窗口

各部分的作用如下。

（1）快速访问工具栏

快速访问工具栏用于放置一些常用的按钮。在默认情况下，包括"保存""撤销""重复" 3 个按钮，用户可以根据需要进行添加。其中，"撤销"按钮一旦使用后，"重复"按钮会转换为"恢复"按钮。

（2）标题栏

标题栏显示当前文档名和应用程序名。首次进入 Word 2010 时，默认打开的文档名为"文档 1"，其后依次是"文档 2""文档 3"……Word 2010 文档的扩展名是".docx"。

（3）窗口控制按钮

窗口控制按钮包括"最小化""最大化/向下还原""关闭" 3 个按钮，用于对文档窗口的大小进行相应的控制和关闭窗口。

（4）"文件"按钮

"文件"按钮用于打开"文件"菜单，"文件"菜单包括"新建""打开""保存"等命令。

（5）标签和功能区

标签用于功能区的索引，单击标签可以进入相应的功能区。功能区用于放置编辑文档时常用的功能按钮，程序将各功能按钮划分为一个一个的组。

虽然 Word 2010 的大多数功能可以在功能区上找到，但是仍有一些设置项目需要用到对话框。单击功能区某些区域右下角的"对话框启动器"按钮，即可打开该功能区域对应的对话框或任务窗格。

（6）水平标尺和垂直标尺

水平标尺和垂直标尺用于显示或定位文档的位置。

（7）水平滚动条和垂直滚动条

拖动滚动条可以向上、向下或者向左、向右查看文档中未显示的内容。

（8）编辑区

编辑区是用于显示或编辑文档内容的工作区域。编辑区闪烁着的垂直条称为"光标"或"插入点"，它代表了文字当前的插入位置。

图3.2　"字数统计"对话框

（9）状态栏和缩放标尺

状态栏用于显示当前文档的页数、字数、使用语言、输入状态等信息。在 Word 2010 中，单击"字数"按钮，可以打开"字数统计"对话框，如图3.2所示。

缩放标尺用于对编辑区的显示比例和缩放尺寸进行调整，缩放后，缩放标尺左侧会显示缩放的具体数值。单击"视图"→"显示比例"→"显示比例"按钮，则每次以 10%缩小或放大显示比例，如图3.3所示。单击100%按钮将打开"显示比例"对话框，如图3.4所示，从中选择要设置的显示比例。拖动状态栏右侧的滑块可以任意调整显示比例。

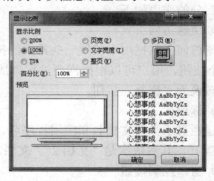

图3.3　"显示比例"选项组　　　　图3.4　"显示比例"对话框

（10）视图按钮

视图按钮用于切换文档视图的查看方式，文档视图包括页面视图、阅读版式视图、Web 版式视图、大纲视图和草稿。在需要时，用户可以在各个视图之间进行切换，如图3.5所示。

1）页面视图：是 Word 默认的视图，也是制作文档时常使用的一种视图。在这种视图下，不但可以显示各种格式化的文本，页眉、页脚、图片和分栏排版等格式化操作的结果也都将出现在合适的位置上，文档在屏幕上的显示效果与文档的打印效果完全相同，真正做到"所见即所得"。

图3.5　"文档视图"选项组

2）阅读版式视图：用于阅读和审阅文档。该视图以书页的形式显示文档。页面被设计为正好填满屏幕，可以在阅读文档的同时标注建议和注释。

3）Web 版式视图：用于显示文档在 Web 浏览器中的外观。在这种视图下，用户可以方便地浏览和制作 Web 网页。

4）大纲视图：在建立一个较大的文档时，人们通常习惯于先建立它的大纲或标题，然后再在每个标题下面插入详细内容。大纲视图提供了这种建立和查看文档的方式。

5）草稿：输入文本和插入图片时常用的显示方式。在这种视图下，文本的显示是经过简化的，只显示基本格式化效果（如字符、段落的排版），不显示复杂的格式内容（如水印、图片、文本框等），因此浏览速度相对较快。另外，在这种视图下，页与页之间采用单虚线分页，节与节之间采用双虚线分节。

3.2　文档的编辑

使用 Word 可以创建多种类型的文档，其基本操作是类似的，主要包括新建文档、输入正文、编辑文档、保存和保护文档，以及打开文档等。这些操作可以通过打开"文件"菜单，在弹出的下拉菜单中选择相应的命令，或者通过单击"开始"选项卡中的"剪贴板"选项组和"编辑"选项组中的相应按钮来实现。

3.2.1　创建文档的操作

1. 新建文档

要对文字进行处理，首先需要输入文字，在哪里输入呢？这就需要新建一个文档，它跟要写字应当先准备好纸是一样的道理。

新建 Word 空白文档有两种常用方法。

1）在快速访问工具栏中添加"新建"按钮后，单击该按钮。

2）选择"文件"→"新建"命令，在"可用模板"选项组中选择"空白文档"，然后在右边预览窗格下单击"创建"按钮。

其中，前一种方法是建立空白文档最快捷的方法，而后一种方法的命令功能要强一些，它可以根据文档模板来建立新文档，包括博客文章、书法字帖、样本模板、Office.com 模板等。

切换到"文件"选项卡，打开 Backstage 视图，选择"新建"命令，右侧的视图中将列出一些新建文件选项，如图 3.6 所示。默认会选择"空白文档"图标，单击文档预览右下角的"创建"按钮即可。另外，通过使用 Backstage 视图中的模板，能够避免从头开始创建文件。

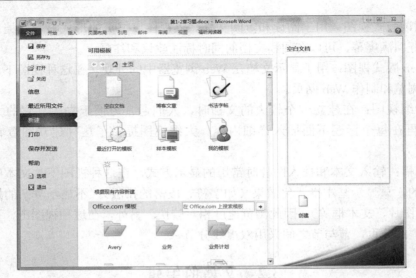

图 3.6　Backstage 视图

2. 打开文档

（1）打开单个文档

在文件夹窗口中双击文件图标，或者将资源管理器中的 Word 2010 文档拖动到 Word 2010 工作区，即可打开该文档。

在 Word 2010 中，可以使用下列方法打开"打开"对话框。

1）按【Ctrl+O】组合键。

2）切换到"文件"选项卡，选择"打开"命令。

3）按【Ctrl+F12】组合键。然后在"查找范围"下拉列表框中指定文档所处的位置，在列表中选择文档名称，最后单击"打开"按钮（或者直接在列表中双击要打开的文档名称）。

（2）同时打开多个文档

若要一次打开多个连续的文档，可以在"打开"对话框中单击第一个文档名称，然后按住【Shift】键，并单击最后一个文档名称，此时这两个文档及它们之间的所有文档被选中，最后单击"打开"按钮。

当要打开的多个文档不连续时，可以按住【Ctrl】键，然后依次单击要打开的文档名称，接着单击"打开"按钮。

另外，切换到"文件"选项卡，选择"最近使用文件"命令时，右侧的列表中会显示用户近期使用过的文档，选择其中之一即可快速地将其打开。

（3）预览文档

当忘记要打开文档的名称时，可以使用"预览"功能查看相关文档，操作方法是：按【Ctrl+O】组合键打开"打开"对话框，单击"预览窗格"按钮，Office 2010 应用程序自动将对话框分为左、右两栏，在左栏中单击要预览的文档，右栏中就会显示该文档的内容。

3．保存文档

创建新文件时，应用程序会给它分配一个临时名称。例如，在 Word 2010 中创建了多个新文件，临时名称为"文档 1""文档 2"。要替换临时文件名，并可靠地将文件中的内容保存到计算机的存储设备上，就需要保存文件。

（1）保存新文件

1）单击快速访问工具栏中的"保存"按钮。

2）按【Ctrl+S】组合键。

3）切换到"文件"选项卡，选择"保存"命令。

4）按【Shift+F12】组合键。

在"另存为"对话框中设置保存路径和文件名称，然后单击"保存"按钮，新创建的 Word 2010 文档将以.docx 为默认扩展名保存，如图 3.7 所示。

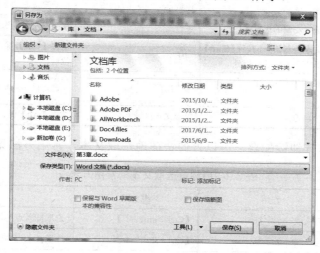

图 3.7　文档保存

（2）保存已存盘的文件

如果对已存盘的文档进行了修改，需要对其再次保存，以使修改后的内容被计算机保存并覆盖原有的内容。可以使用（1）中的前三种方法完成该操作，此时，不会再次打开"另存为"对话框。

（3）将文件另行保存

切换到"文件"选项卡，选择"另存为"命令（或者按【F12】键），在打开的"另存为"对话框中选择不同于当前文档的保存位置、保存类型或文件名称，然后单击"保存"按钮。

3.2.2　文档编辑

1．选定文本

选定文本有两种方法，基本的选定方法和利用选定区的方法。

（1）基本的选定方法

将鼠标指针移到欲选取的段落或文本的开头，同时按住【Shift】键并拖动鼠标指针来选定段落或文本的内容。

（2）利用选定区的方法

在文本区的左边有一垂直的长条形空白区域，称为"选定区"。当鼠标指针移动到选定区时，鼠标指针变为右向箭头"↗"形状，在该区域单击，可以选中鼠标指针所指的一整行文字；双击，可选中鼠标指针所在的段落；三击，整个文档的内容全部被选中。另外，在选定区中拖动鼠标指针，可以选中连续的若干行。

用鼠标选取文本的常用方法见表 3.1。

表 3.1　用鼠标选取文本的常用方法

选取对象	操作	选取对象	操作
字或单词	双击该字或单词	任意字符	拖动要选取的字符
一行文本	单击该行左侧的选定区	多行文本	在字符左侧的选定区中拖动
大块区域	单击文本块起始处，按住【Shift】键再单击文本块的结束处	句子	按住【Ctrl】键，并单击句子中的任意位置
一个段落	双击段落左侧的选定区或者在段落中三击	多个段落	在选定区拖动鼠标
整个文档	三次单击选定区	矩形文本区域	按住【Alt】键，再用鼠标拖动

使用功能键与其他键配合，可以方便快捷地选取文本，常用方法见表 3.2。

表 3.2　用键盘选取文本的常用方法

组合键	作用	组合键	作用
【Shift+ →】	向右选取一个字符	【Ctrl +Shift +↑】	选取插入点与段落开始之间的字符
【Shift+ ←】	向左选取一个字符	【Ctrl +Shift +↓】	选取插入点与段落结束之间的字符
【Shift+ ↑】	向上选取一行	【Ctrl +Shift +Home】	选取插入点与文档开始之间的字符
【Shift+ ↓】	向下选取一行	【Ctrl +Shift +End】	选取插入点与文档结束之间的字符
【Shift +Home】	选取插入点与行首之间的字符	【F8+（↑、↓、→、←）】	选中到文档的指定位置的字符
【Shift +End】	选取插入点与行尾之间的字符	【Ctrl+A】	选中整个文档

在文档的任意位置单击，可以取消对文本的选取操作。

2．编辑文本

要学会使用 Word 编辑文档的方法，首先要掌握如何将内容输入文档。

（1）定位插入点

首先确定光标（闪烁的黑色竖线"|"），又称为插入点的位置，然后切换到适当的输入法，接下来就可以在文档中输入英文、汉字和其他字符了。

选定英文单词或句子，然后反复按【Shift+F3】组合键，这些字符会在首字母大写、全部大写或全部小写三种格式之间转换。

在编辑区单击，可以实现光标的定位。有时使用键盘按键控制光标的位置更加便捷，具体方法见表 3.3。

表 3.3 Word 中键盘按键控制光标的方法

键盘按键	作用	键盘按键	作用
【↑】【↓】【←】【→】	光标上、下、左、右移动	【Shift+F5】	返回到上次编辑的位置
【Home】	光标移至行首	【End】	光标移至行尾
【Page Up】	向上滚过一屏	【Page Down】	向下滚过一屏
【Ctrl+↑】	光标移至上一段落的段首	【Ctrl+↓】	光标移至下一段落的段首
【Ctrl+←】	光标向左移动一个汉字（词语）或英文单词	【Ctrl+→】	光标向右移动一个汉字（词语）或英文单词
【Ctrl+Page Up】	光标移至上页顶端	【Ctrl+Page Down】	光标移至下页顶端
【Ctrl+Home】	光标移至文档起始处	【Ctrl+End】	光标移至文档结尾处

（2）插入

将光标移动到想要插入字符的位置，然后输入字符即可（注意要确保此时的输入状态是插入状态，可以使用编辑区的【Insert】键进行转换）。如果要插入一个空行，只需将光标定位在需要产生空行的行首位置，按【Enter】键即可。

（3）删除

对于单个字符，用【Backspace】键或【Delete】键删除；对于大量文字，可以先选定要删除的内容，然后采用下面任何一种方法删除。

1）按【Backspace】键或【Delete】键。

2）右击，在快捷菜单中选择"剪切"命令，或者单击"开始"→"剪贴板"→"剪切"按钮（快捷键【Ctrl+X】）。

删除段落标记（硬回车符）可以实现合并段落的功能，同样插入段落标记可以实现分段的功能。

要将两个段落合并，可以将光标定位在第一段的段落标记前，然后按【Delete】键，这样两个段落就合并成了一个段落。

（4）移动和复制

在编辑文档时，可能需要将一段文字移动到另外一个位置。这时，可以根据移动距离的远近选择不同的操作方法。

1）短距离移动。可采用拖动鼠标的简捷方法进行短距离移动。选定文本，移动鼠标指针到选定内容上，当鼠标指针形状变成左向箭头时，按住鼠标左键拖动。此时，箭头右下方出现一个虚线小方框，随着箭头的移动又出现一条竖虚线，此虚线表明移动的位置。当竖虚线移动到指定位置时，松开鼠标左键，完成文本的移动。

2）长距离移动（如从一页到另一页，或者在不同文档之间移动）。长距离移动时，可以利用剪贴板进行操作。

选定文本块，右击，在快捷菜单中选择"剪切"命令，或者单击"开始"→"剪贴板"→"剪切"按钮，如图 3.8 所示。然后将光标定位至要插入文本的位置，右击，在快捷菜单中选择"粘贴选项"命令，或者单击"开始"→"剪贴板"→"粘贴"按钮（快捷键【Ctrl+V】）。

执行粘贴操作时，根据所选的内容，Word 2010 提供了三种粘贴方式：保留源格式（默认方式）、合并格式及只保留文本，用户可以根据需要自行选择。"粘贴选项"下拉菜单如图 3.9 所示。

图 3.8　"剪贴板"选项组　　　　　图 3.9　"粘贴选项"下拉菜单

剪贴板是 Windows 操作系统专门在内存中开辟的一块存储区域，作为移动或复制的中转站。它功能强大，不仅可以保存文本信息，也可以保存图形、图像和表格等信息。Word 2010 的剪贴板可以存放多次移动（剪切）或复制的内容。

通过单击"开始"→"剪贴板"选项组中右下角的对话框启动器按钮，打开"剪贴板"任务窗格，可以显示剪贴板的内容。只要不破坏剪贴板上的内容，连续执行粘贴操作可以实现一段文本的多处移动和复制。

复制文本和移动文本的区别在于：移动文本，选定的文本在原处消失；复制文本，选定的文本仍在原处。它们的操作相似，不同的是：在使用鼠标拖曳的方法复制文本时，要同时按下【Ctrl】键；在利用剪贴板进行操作时，应当单击"复制"按钮（或者按快捷键【Ctrl+C】）。

注意：应当灵活使用文档之间的复制功能，Word 的复制功能不仅仅局限于一个 Word 文档或两个 Word 文档之间，用户还可以从其他程序，如 IE 浏览器、其他文本、某些图形软件中直接复制文本或图形到 Word 文档中。

（5）输入符号和特殊符号

一些常见中、英文符号所对应的键位如下："\"（反斜线）对应中文顿号"、"，"^"（乘方符号）对应省略号"……"，"_"（下划线）对应破折号"——"，"< >"（英文书名号）对应中文书名号"《 》"。

对于无法通过键盘上的按键直接输入的符号，可以从 Word 2010 提供的符号集中选择，操作步骤如下。

1）将插入点移至目标位置，切换到"插入"选项卡，在"符号"选项组中单击"符号"下拉按钮，从下拉菜单中选择在文档中已经使用过的符号。

2）如果未发现所需符号，可以选择"其他符号"命令（或者在插入点右击，从弹出的快捷菜单中选择"插入符号"命令），打开"符号"对话框，如图 3.10 所示。

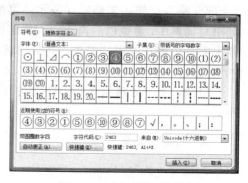

3）在"字体"下拉列表框中选择符号的字体，在"子集"下拉列表框中选择符号的种类。从下方的列表中选择要插入的符号并单击"插入"按钮，最后单击"关闭"按钮。

用户也可以在"符号"对话框的"特殊符号"选项卡中选取要使用的符号，并使用上述方法插入文档中。

图 3.10　"符号"对话框

（6）输入数学公式

利用 Word 提供的插入公式功能，可以在制作工作报告、论文时使用公式，操作方法是：切换到"插入"选项卡，在"符号"选项组中单击"公式"下拉按钮，从"公式"下拉菜单中选择所需公式，如图 3.11 所示。当没有合适公式时，选择"插入新公式"命令，此时 Word 将自动切换到"公式工具"→"设计"选项卡，使用其中的相关命令编辑公式即可，如图 3.12 所示。

图 3.11　"公式"下拉菜单

图 3.12　"公式工具"→"设计"选项卡

（7）检查拼写和语法

在输入文本时，难免会出现一些拼写上的和语法上的错误，Word 2010 提供了自动拼写和语法检查功能，这是由拼写检查器和语法检查器来实现的。

单击"审阅"→"校对"→"拼写和语法"按钮，拼写检查器会使用拼写词典检查文章中的每一个词。如果该词在拼写词典中发现有问题，会加上红色的波浪线来报告错词信息，并根据拼写词典中能够找到的词给出修改建议。如果 Word 2010 指出的错误不是拼写或语法错误时（如人名、公司或专业名称的缩写等），可以单击"忽略"按钮或

"全部忽略"按钮，忽略错误提示，继续文档其余内容的检查工作。也可以将它们添加到拼写词典中，避免以后再出现同样的问题。语法检查器则会根据当前语言的语法结构，指出文章中潜在的语法错误，并给出解决方案供参考，帮助用户校正句子的结构或词语的使用。

目前，文字处理软件对英文的拼写和语法检查的正确率较高，但对中文校对的作用不大。

3．撤销与恢复

在编辑文档的过程中，难免出现错误操作。例如，将不应当删除的文本不小心删掉、文本复制位置错误等。此时，可以对错误操作予以撤销，将文档还原到执行该操作前的状态。

用户可以使用快速访问工具栏中的按钮或快捷键方式撤销和恢复一次操作，具体方法见表 3.4。

表 3.4　撤销和恢复一次操作的方法

操作方式	撤销前一次操作	恢复撤销的操作
工具栏按钮	单击快速访问工具栏中的"撤销"按钮	单击快速访问工具栏中的"恢复"按钮
快捷键	按【Ctrl+Z】组合键	按【Ctrl+Y】组合键

单击"撤销"按钮右侧的下拉按钮，将弹出包含此前每一次操作的列表。其中，最新的操作在最顶端。移动鼠标选定其中的多次连续操作，单击即可将它们一起撤销。

3.2.3　查找与替换文本

Word 2010 提供了强大的查找和替换功能，它既可以处理普通文本、带有固定格式的文本，也可以处理字符格式、段落标记等特定对象，还支持使用通配符进行查找。

1．使用"查找和替换"对话框查找文本

通过"查找和替换"对话框查找文本时，可以对文档内容逐一进行查找，灵活性比较大，操作步骤如下。

1）切换到"开始"选项卡，在"编辑"选项组中单击"查找"下拉按钮，从下拉菜单中选择"高级查找"命令，打开"查找和替换"对话框，如图 3.13 所示。

2）在"查找内容"下拉列表框中输入要查找的文本，如果之前已经进行过查找操作，也可以从"查找内容"下拉列表框中选择。

3）单击"查找下一处"按钮开始查找，找到的文本高亮度显示；若查找的文本不存在，则弹出含有提示文字"Word 已经完成对文档的搜索，未找到搜索项"的对话框。

4）如果要继续查找，再次单击"查找下一处"按钮；若单击"取消"按钮，则关闭"查找和替换"对话框，同时，插入点停留在当前查找到的文本处。

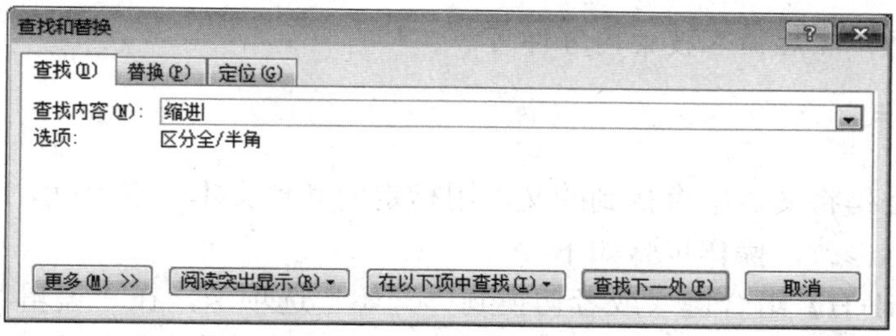

图 3.13 "查找和替换"对话框

5）在关闭"查找和替换"对话框后，使用【Shift+F4】组合键可以重复上一次查找。

除了查找普通文本以外，单击"查找和替换"对话框中的"更多"按钮，可以打开扩展后的对话框，其中多了"搜索选项"和"查找"选项组。"搜索选项"选项组中有"搜索"列表框和多个复选框。勾选"使用通配符"复选框可以在查找内容中使用通配符，以实现模糊查找。

单击"查找"→"格式"下拉按钮，选择所需的菜单命令，可以打开相应的对话框，以设置查找文本的字体、段落、样式等格式。"特殊字符"按钮用于设置特殊的查找对象，如分页符、手动换行符等。"不限定格式"按钮用于取消"查找内容"下拉列表框下方的所有指定格式。

2. 使用导航窗格搜索文本

通过 Word 2010 新增的"导航"窗格，可以查看文档结构，也可以对文档中的某些文本内容进行搜索，搜索到所需的内容后会自动地将其突出显示，操作步骤如下。

1）将光标定位到文档的起始处，切换到"视图"选项卡，勾选"显示"选项组内的"导航窗格"复选框（或者按【Ctrl+F】组合键），打开"导航"窗格。

2）在窗格的文本框中输入要搜索的内容。

3）Word 将在"导航"窗格中列出文档中包含查找文字的段落，同时会自动将搜索到的内容突出显示，如图 3.14 所示。

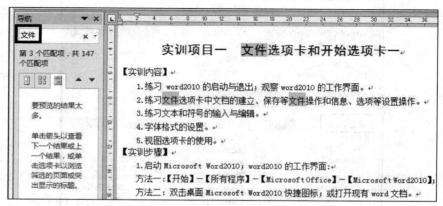

图 3.14 "导航"窗格

注意：当要在文档中的某个段落或区域中搜索时，打开"导航"窗格后，在文档中选中需要的区域，然后输入搜索内容即可。

3. 替换文本

替换功能是指将文档中查找到的文本用指定的其他文本予以替代，或者将查找到的文本的格式进行修改，操作步骤如下。

1）按【Ctrl+H】组合键（或者切换到"开始"选项卡，在"编辑"选项组中单击"替换"按钮），打开"查找和替换"对话框，并显示"替换"选项卡。

2）在"查找内容"下拉列表框中输入或选择被替换的内容，在"替换为"下拉列表框中输入或选择用来替换的新内容。"替换为"下拉列表框中未输入内容时，可以将被替换的内容删除。

3）单击"全部替换"按钮，若查找的文本存在，则它们被进行了替换处理。如果要进行选择性替换，可以先单击"查找下一处"按钮找到被替换的内容，若想替换则单击"替换"按钮；否则继续单击"查找下一处"按钮，如此反复即可。

4）如果要根据某些条件进行替换，可以单击"更多"按钮打开扩展的对话框，在其中设置查找或替换的相关选项，接着按照上述步骤进行操作。例如，使用"特殊字符"列表中的"段落标记"选项，将"查找内容"设置为"^p^p"，然后将"替换为"设置为"^p"，接着单击"替换"按钮，可以删除文档中多余的空行。

当要将文档中不恰当的手动换行符（"↓"：也称为软回车符，是由 Shift+Enter 生成）替换成真正的段落标记（硬回车符是由 Enter 生成）时，可以在"查找内容"下拉列表框中通过"特殊格式"列表选择"手动换行符"(^l)，在"替换为"下拉列表框中选择特殊格式"段落标记"(^p)，再单击"全部替换"按钮来完成。手动换行符替换成段落标记，如图 3.15 所示。

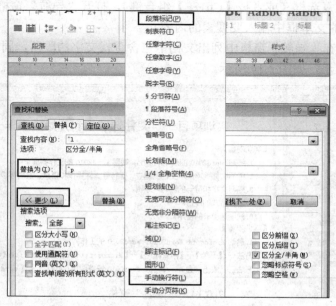

图 3.15　手动换行符替换成段落标记

3.2.4　保存和保护文档

我们输入和编辑的文档是存放在内存中显示到计算机屏幕上的，如果不及时执行存盘操作，一旦死机或断电，所做的工作就会前功尽弃。由于只有外存，也就是磁盘上的文件才能长期保存，因此当完成文档的编辑工作后，应当及时将文档保存在外存中。

（1）保存文档

保存文档常用的方法有两种。

1）单击快速访问工具栏中的保存按钮。

2）选择"文件"→"保存"命令或"另存为"命令。

"保存"命令和"另存为"命令的区别在于："保存"命令是以新替旧，用新编辑的文档覆盖原文档，原文档不再保留；而"另存为"命令则相当于文档复制，它建立了当前文档的一个副本，原文档依然存在，未曾作任何修改，所编辑修改的内容在"另存为"的文档中。

新文档第一次执行保存命令时，会出现"另存为"对话框，此时，需要指定文件保存的三要素，即保存位置、文件名、文件类型。

Word 默认的文件类型是"Word 文档"（*.docx），也可以选择保存为文本文件（*.txt）、PDF 文件或其他文档。

注意：如果希望保存的文档能够被低版本的 Word 打开，保存类型应当选择"Word 97-2003 文档"；如果希望保存为 PDF 文档，则保存类型应当选择"PDF"。

保存文档时，如果文件名与已有文件重名，系统会弹出对话框，提示用户改变文件名。保存文档后，可以继续编辑文档，直到关闭文档。以后再次执行保存命令时将直接保存文档，不再出现"另存为"对话框。对于已经保存过的文档，单击"文件"按钮，在其菜单中选择"另存为"命令，将会打开"另存为"对话框，以供用户将文档保存在其他位置，或者另取一个文件名，或者保存为其他类型。

为了使文档能够及时保存，以避免因为突然断电等情况造成文件丢失，Word 2010设置了自动保存功能。在默认的情况下，Word 2010 每 10min 自动保存一次，如果用户所编辑的文档十分重要，可以缩短文档自动保存的时间间隔。操作方法是：选择"文件"→"选项"命令，打开"word 选项"对话框，再在对话框左侧选择"保存"标签，单击"保存自动恢复信息时间间隔"，单击文本框右侧的下调按钮，设置好需要的数值。需要注意的是，它通常在输入文档内容之前设置，并且只对 Word 文档类型有效。

（2）保护文档

当用户所编辑的文档属于机密性文件时，为了防止其他用户随便查看，可以使用密码将其保护起来。只有知道密码的人，才可以打开文档进行查看或编辑。

文档加密有两种情况，操作方法如下。

在文档的编辑状态下，设置加密。

1）选择"文件"→"信息"命令，打开显示信息界面。

2）单击该界面中的"保护文档"下拉按钮，在弹出的下拉菜单中选择"用密码进行加密"命令，如图 3.16 所示。

3）在打开的"加密文档"与"确认密码"对话框中分别输入所设置的密码，然后单击"确定"按钮。

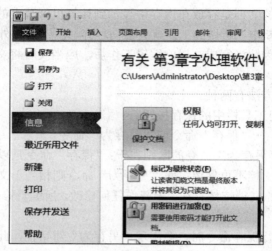

图 3.16　加密文档

文档编辑完成后，设置加密。

1）选择"文件"→"保存"命令，在打开的"另存为"对话框中单击"工具"下拉按钮，从下拉菜单中选择"常规选项"命令，打开"常规选项"对话框。

2）在"打开文件时的密码"文本框中输入密码，如图 3.17 所示，密码字符可以是字母、数字和符号，其中字母区分大小写，然后单击"确定"按钮，打开"确认密码"对话框。

3）在"确认密码"对话框的文本框中再次输入密码，如图 3.18 所示，然后单击"确定"按钮。

图 3.17　设置打开文档的密码

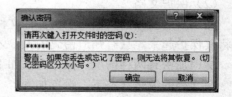

图 3.18　设置确认密码

4）密码经确认后，返回"另存为"对话框，设置保存路径和文件名。

注意：取消密码的操作与设置密码一样，不同的是，在打开"加密文档"对话框后，将文本框中的全部星号"*"删除，然后单击"确定"按钮。

3.2.5　字符排版

在文档编辑完成后，可以按照要求对文本外观进行修饰，使其变得美观易读，这就是排版。

1. 字符格式化

对字符格式化需要先选定文本，否则只对光标处新输入的字符有效。

字符格式化的处理，主要包括以下几个方面。

（1）字体

字体是指文字在屏幕或纸张上呈现的书写形式。字体包括中文字体（如宋体、楷体、黑体等）和英文字体（如 Times New Roman 和 Arial 等）。英文字体只对英文字符起作用，而中文字体则对汉字和英文字符都起作用。字体数量的多少取决于计算机中安装了多少字体软件。

（2）字号

字号是指文字的大小，是以字符在一行中垂直方向上所占用的点（磅值）来表示的。它以 Pt 为单位，1Pt 约为 0.353mm。

字号有汉字数码表示和阿拉伯数字表示两种。其中，汉字数码越小字体越大，阿拉伯数字越小字体越小，用阿拉伯数字表示的字号要多于用汉字数码表示的字号。选择字号时，可以选择这两种字号表示方式中的任何一种，如果需要使用大于"初号"的大字号时，只能使用阿拉伯数字的方式进行设置，其方法是根据需要直接在"字号"下拉列表框内输入表示字号大小的阿拉伯数字。在默认状态下，字体为宋体，字号为五号。

（3）字形

字形是指常规、倾斜、加粗、加粗倾斜、下划线、删除线、上标和下标等形式。

（4）字符颜色

字符颜色是指字符的颜色。

单击"字体"→"字体颜色"下拉按钮，从"字体颜色"下拉菜单中选择适当的命令可以设置文本的字体颜色，如图 3.19 所示。如果对 Word 预设的字体颜色不满意，可以单击下拉列表中的"其他颜色"按钮，打开"颜色"对话框，在其中自定义文本颜色，如图 3.20 所示。

（5）字符缩放

字符缩放是指对字符的横向尺寸进行缩放，以改变字符横向和纵向的比例。

选择"开始"选项卡，在"段落"选项组中单击"中文版式"下拉按钮，从下拉菜单中选择"字符缩放"命令，然后在子菜单中选择适当的比例，即可在保持文本高度不变的情况下设置文本横向伸缩的百分比，如图 3.21 所示。

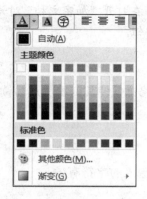

图 3.19 　"字体颜色"下拉菜单

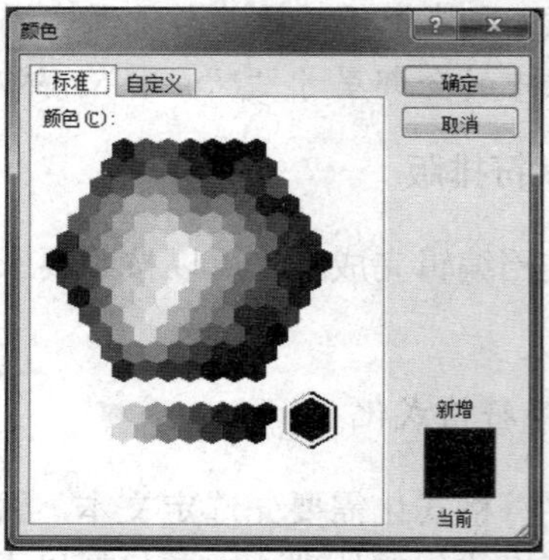

图 3.20 　"颜色"对话框

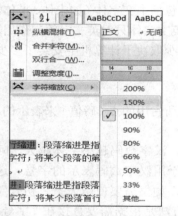

图 3.21 　设置字符缩放的菜单命令

（6）字符间距

字符间距是指两个字符之间的间隔距离，标准的字符间距为 0。在规定了一行的字符数后，可以通过加宽或紧缩字符间距来进行调整，以保证一行能够容纳规定的字符数。

打开"字体"对话框，切换到"高级"选项卡，将"间距"下拉列表框设置为合适的选项，即可设置字符的间距。其中，选择"加宽"选项时，应当在"磅值"框中输入扩展字符间距的磅值；选择"紧缩"时，应当在"磅值"框中输入压缩字符间距的磅值。字符间距加宽后，会导致偏移效果，此时，需要将最右侧字符的间距重新进行调整。

（7）字符位置

字符位置是指字符在垂直方向上的位置，包括字符的提升和降低。

在"字体"对话框的"高级"选项卡中，将"位置"下拉列表框设置为合适的选项，可以设置选定文本相对于基线的位置。其中，选择"提升"选项时，应当在"磅值"微调框中输入相对于基线提升的磅值；选择"降低"选项时，应当在"磅值"微调框中输入相对于基线降低的磅值。

（8）特殊效果

特殊效果是指根据需要进行的多种设置，包括删除线、上下标、文本效果等。其中，文本效果可以为文档中的普通文本应用多彩的艺术字效果，使文本更加多样、美观。在设置时，可以直接使用 Word 2010 中预设的外观效果，也可以从文本的轮廓、阴影、映像和发光效果 4 个方面进行自定义设置。

单击"字体"→"文本效果"下拉按钮，从下拉菜单中选择适当的命令可以设置文本效果，包括文本的轮廓、阴影、映像和发光效果，如图 3.22 所示。如果用户对预设的文本效果不满意，可以打开"设置文本效果格式"对话框，在其中进行自定义设置，如图 3.23 所示。

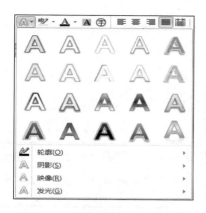

图 3.22　"文本效果"下拉菜单

图 3.23　"设置文本效果格式"对话框

（9）设置字符边框与底纹

在"字体"选项组中反复单击"字符边框"按钮，可以设置或撤销文本的边框。反复单击"字符底纹"按钮，文本的背景在灰色和默认值之间切换。单击"字体"→"突出显示"下拉按钮，从下拉菜单中选择适当的命令可以为文本设置其他的背景颜色，按钮图标中的颜色与当前文本的背景颜色一致；选择其中的"无颜色"命令，可以将选取文本的背景颜色恢复成默认值。

切换到"开始"选项卡，在"段落"选项组中单击"底纹"下拉按钮，如图 3.24 所示。从"底纹"下拉菜单中选择适当的命令可以设置字符的底纹效果，如图 3.25 所示。

图 3.24　"段落"选项组

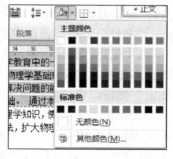

图 3.25　"底纹"下拉菜单

单击"段落"→"边框"下拉按钮，从下拉菜单中选择"边框和底纹"命令，打开"边框和底纹"对话框，如图 3.26 所示。在"边框"选项卡中可以自定义选定文本的边框样式，在"底纹"选项卡中可以进一步设置文本的底纹效果。

字符格式化一般通过"开始"选项卡中的"字体"选项组中的相应按钮（图 3.27），或者"字体"对话框来实现。单击"字体"组右下角的对话框启动器，打开"字体"对话框，其中有"字体"和"高级"两个选项卡，可以根据需要在其中进行设置。

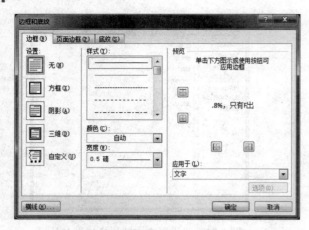

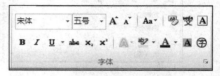

图 3.26　"边框和底纹"对话框　　　　　　　图 3.27　"字体"选项组

2. 使用中文版式

对于中文字符，Word 2010 提供了具有中国审美习惯的特殊版式，如简体字和繁体字的转换、加拼音、加圈、纵横混排、双行合一、合并字符等。

（1）拼音指南

当计算机中安装了微软拼音输入法后，可以在 Word 文档为陌生的文字加上拼音，以便于他人阅读，操作步骤如下。

1）选取要添加拼音的汉字，切换到"开始"选项卡，在"段落"选项组中单击"拼音指南"按钮，打开"拼音指南"对话框（图 3.28），此时 Word 会自动为文字加上拼音。

2）将"对齐方式"下拉列表框设置为"居中"选项，能够让拼音的排列更有次序。

3）在"字号"下拉列表框中将字号的磅值调大，可以更清晰地显示拼音。

4）单击"确定"按钮，返回 Word 工作界面，文字已经被加上了拼音。

选取已添加拼音的文字，再次打开"拼音指南"对话框，依次单击"清除读音"按钮和"确定"按钮，可以将拼音删除。

（2）带圈字符

在编辑 Word 文档时，常常需要输入带圈的数字序列，如①②③等，这些序列在小于或等于 10 的时候，可以利用"插入特殊符号"对话框实现，但是如果大于 10，需要利用"带圈字符"功能进行输入，操作步骤如下。

1）在文档中选取大于 10 的数字（如数字 15），切换到"开始"选项卡，在"字体"选项组中单击"带圈字符"按钮，打开"带圈字符"对话框，如图 3.29 所示。

2）在"样式"选项组中根据需要选择"缩小文字"或"增大圈号"选项，在"圈号"列表中选择圈的形状，然后单击"确定"按钮，设置完成并返回 Word 工作界面。

（3）双行合一

当需要在一行中显示两行文字，然后在相同的行中继续显示单行文字，实现单行、双行文字的混排效果时，可以利用"双行合一"功能实现，操作步骤如下。

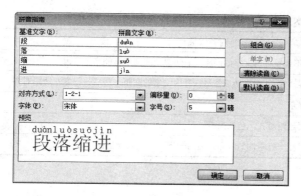

图 3.28　"拼音指南"对话框　　　　　图 3.29　"带圈字符"对话框

1）选取准备在一行中双行显示的文字（注意：被选中的文字只能是同一段落中的部分或全部文字），切换到"开始"选项卡，在"段落"选项组中单击"中文版式"下拉按钮，从下拉菜单中选择"双行合一"命令，打开"双行合一"对话框。

2）此时可以预览双行显示的效果。若勾选"带括号"复选框，则双行文字将在括号内显示，单击"确定"按钮，返回 Word 工作界面。

被设置为双行显示的文字字号将自动减小，以适应当前行的文字大小。用户可以设置双行显示文字的字号，使其更符合实际需要。

另外，切换到"审阅"选项卡，在"中文简繁转换"选项组中单击相应的按钮，可以实现汉字在简体和繁体之间的转换。

注意：若要清除文档中的所有样式、文本效果和字体格式，单击"开始"→"字体"→"清除格式"按钮即可。

3.2.6　段落排版

在完成字符排版后，应当对段落进行排版。段落由一些字符和其他对象组成，段落的最后是段落标记（按【Enter】键产生）。段落标记不仅标识段落结束，而且存储了这个段落的排版格式。

段落的排版是指整个段落的外观，包括对齐方式、段落缩进、段落间距、行距等。同时，还可以根据需要添加项目符号和编号、边框和底纹等。

段落排版一般通过单击"开始"选项卡中的"段落"选项组中的相应按钮，或者单击"段落"选项组右下角的对话框启动器，打开"段落"对话框来完成。

如果只对某一段设置格式，只需将插入点置于段落中间；如果对几个段落进行设置，则首先需要将它们选定。

1．对齐方式

在文档中，对齐文本可以使文本清晰易读，整洁美观。Word 2010 提供了五种水平对齐方式，默认为两端对齐。水平对齐方式及其效果见表 3.5。

表 3.5　水平对齐方式及其效果

水平对齐方式	对齐效果
左对齐	使文本向左对齐，Word 不调整行内文字的间距，右边界处的文字可能产生锯齿
两端对齐	使文本按左、右边距对齐，Word 会自动调整每一行内文字的间距，最后一行靠左边距对齐
居中对齐	段落中的每一行都居中显示
右对齐	使正文的每行文字沿右页边距对齐，包括最后一行
分散对齐	正文沿页面的左、右边距在一行中均匀分布，最后一行也分散充满整行

设置对齐方式的操作方式如下。

（1）使用功能区工具

切换到"开始"选项卡，在"段落"选项组中单击"文本左对齐"按钮、"居中"按钮、"文本右对齐"按钮、"两端对齐"按钮或"分散对齐"按钮。

（2）使用"段落"对话框

1）单击"段落"选项组中的"对话框启动器"按钮。

2）在需要设置格式的段落内右击，从弹出的快捷菜单中选择"段落"命令。

接着，在"缩进和间距"选项卡的"常规"选项组中，将"对齐方式"下拉列表框设置为适当的选项。

2. 段落缩进

文本与页面边界之间的距离称为段落缩进。Word 2010 提供了四种段落缩进方式。

左缩进：段落的左边距离页面左边距的距离。

右缩进：段落的右边距离页面右边距的距离。

首行缩进：段落第一行由左缩进位置向内缩进的距离，中文习惯首行缩进两个汉字宽度。

悬挂缩进：段落中除第一行以外的其余各行由左缩进位置向内缩进的距离。

其设置方法如下。

（1）使用功能区工具

切换到"页面布局"选项卡，通过"段落"选项组的"左"微调框和"右"微调框，可以设置段落左侧的缩进量及右侧的缩进量。

在"开始"选项卡中，单击"段落"选项组内的"增加缩进量"按钮或"减少缩进量"按钮，能够设置段落左侧的缩进量。

（2）使用"段落"对话框

对话框中"缩进"选项组的"左""右"微调框可以设置段落的相应边缘与页面边界的距离。在"特殊格式"下拉列表框中选择"首行缩进"选项或"悬挂缩进"选项，然后在后面的"度量值"微调框指定数值，可以设置在段落缩进的基础上段落的首行或除首行以外的其他行的缩进量。

注意：最好不要用【Tab】键或空格键来设置文本的缩进，这样做可能会使文档对不齐。

段落缩进的效果如图 3.30 所示。

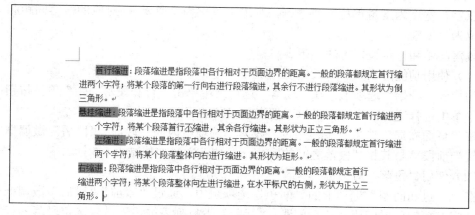

图 3.30 段落缩进的效果

（3）使用水平标尺

单击垂直滚动条上方的"标尺"按钮，或者切换到"视图"选项卡，勾选"显示"选项组中的"标尺"复选框，可以在文档的上方与左侧分别显示水平标尺和垂直标尺。

水平标尺上有"首行缩进""左缩进""右缩进"3 个缩进标记，其作用相当于"段落"对话框"缩进"选项组中对应的选项，如图 3.31 所示。

图 3.31 段落缩进标记

如果在操作水平标尺缩进标记的同时按住【Alt】键，Word 会显示测量尺寸，以便更准确地定位。

3. 段落间距与行距

段落间距是指当前段落与其相邻两个段落之间的距离，即段前距离和段后距离。

行距是指段落中行与行之间的距离，有"单倍行距""1.5 倍行距"等。如果选择其中的"最小值""固定值"和"多倍行距"选项时，可以在"设置值"文本框中选择或输入磅数。固定值行距必须大于 0.7Pt，多倍行距的最小倍数必须大于 0.06。行距用得最多的是"最小值"选项，当文本高度超出该值时，Word 会自动调整高度以容纳较大字体；当行距选择"固定值"选项时，如果文本高度大于设置的固定值，则该行的文本不能完全显示出来。

设置段落缩进和段落间距时，单位有"磅""厘米""字符""英寸"等。可以通过选择"文件"→"选项"命令，打开"Word 选项"对话框，然后单击"高级"标签，在"显示"选项组中进行度量单位的设置。

一般情况下，若度量单位选择"厘米"，而"以字符宽度为度量单位"复选框也被勾选，则默认的缩进单位为"字符"，对应的段落间距和行距的单位为"磅"；若取消勾选"以字符宽度为度量单位"复选框，则缩进单位为"厘米"，对应的段落间距和行距的单位为"行"。

段落间距和行距设置方法如下。

（1）使用功能区工具

切换到"开始"选项卡，在"段落"选项组中单击"行和段落间距"下拉按钮，从下拉菜单中选择适当的命令，可以设置当前段落的行距。

在"页面布局"选项卡中，通过"段落"选项组内的"段前""段后"微调框，可以设置当前段落与其相邻段落之间的距离，每按一次增加或减少 0.5 行。

（2）使用"段落"对话框

在"缩进和间距"选项卡的"间距"选项组中，通过"段前""段后"微调框可以设置选定段落的段前间距和段后间距；"行距"下拉列表框用于设置选定段落的行距，如果选中"固定值"、"多倍行距"或"最小值"选项，可以在"设置值"微调框中输入具体的值。

注意：在"段落"选项组和"段落"对话框中，凡是含有数值及度量单位的微调框，其单位可以为"行""磅"及"厘米"三者之一。如果需要修改，可以直接输入对应的度量单位汉字。

"段落"对话框的"换行和分页"选项卡中，显示了其他段落及格式控制。例如，将段落设置为与下段同页、段中不分页、段前分页等。

另外，如果需要快速交换两个段落，可以将插入点置于要调整位置的段落中，然后按【Shift+Alt+↑】或【Shift+Alt+↓】组合键将其向上或向下移动，进而与另一个段落交换。

4. 项目符号和编号

在文档处理中，为了准确、清楚地表达某些内容之间的并列关系、顺序关系等，经常要用到项目符号和编号。项目符号可以是字符，也可以是图片。编号是连续的数字或字母。Word 具有自动编号功能，当增加或删除段落时，系统会自动调整相关的编号顺序。

创建项目符号和编号的方法是：选择需要添加项目符号或编号的若干段落，然后单击"开始"选项卡中的"段落"选项组中的"项目符号"按钮、"编号"按钮、"多级列表"按钮。

（1）"项目符号"按钮

"项目符号"按钮用于对选中的段落加上合适的项目符号。单击该按钮右边的下拉按钮，弹出项目符号库，可以选择预设的项目符号，也可以自定义新项目符号，如图 3.32 所示。选择其中的"定义新项目符号"命令，打开"定义新项目符号"对话框，如图 3.33 所示，单击"符号"按钮和"图片"按钮来选择项目符号的样式。如果是字符，还可以通过单击"字体"按钮来进行格式化设置，如改变项目符号的大小和颜色、加下划线等。

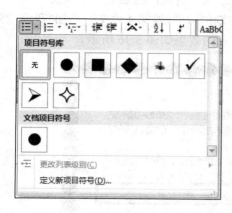

图 3.32　"项目符号"下拉菜单

图 3.33　"定义新项目符号"对话框

（2）"编号"按钮

"编号"按钮用于对选中的段落加上需要的编号样式。单击该按钮右边的下拉按钮，弹出"编号"下拉菜单，如图 3.34 所示，选择需要的编号样式；或者选择"定义新编号格式"命令，打开"定义新编号格式"对话框，在该对话框中，可以设置编号的字体、样式、起始值、对齐方式和位置等。

5. 段落边框和底纹

给段落加上边框和底纹，可以起到强调和美观的作用。

（1）设置段落底纹

设置段落底纹是指为整段文字设置背景颜色，操作方法是：切换到"开始"选项卡，在"段落"选项组中单击"底纹"下拉按钮，从中选择适当的颜色。用户也可以选择"其他颜色"命令，在打开的"颜色"对话框中自定义段落的底纹。

图 3.34　"编号"下拉菜单

（2）设置段落边框

设置段落边框是指为整段文字设置边框。在"段落"选项组中，单击"边框"下拉按钮，从弹出的下拉菜单中选择适当的命令，对段落的边框进行设置。用户也可以通过选择"边框和底纹"命令，在打开的"边框和底纹"对话框中对段落边框和底纹进行详细设置。单击"边框"→"选项"按钮，打开"边框和底纹选项"对话框，能够设置边框与文本之间的距离，如图 3.35 所示。

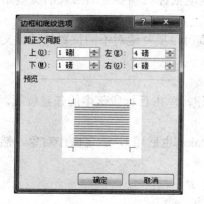

图 3.35　"边框和底纹选项"对话框

另外，可以通过对话框中的"页面边框"选项卡对页面的边框进行设置。

例如，给一封信中的正文第 3 段添加外粗内细的边框，给第 4 段文字添加"灰色-25%"底纹；为页面添加艺术边框。添加边框和底纹后的效果如图 3.36 所示。

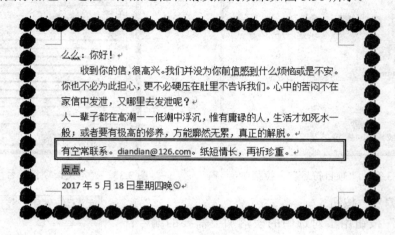

图 3.36　添加边框和底纹后的效果

注意：在设置段落的边框和底纹时，要在"应用于"下拉列表框中选择"段落"；设置文字的边框和底纹时，要在"应用于"下拉列表框中选择"文字"。

6　格式刷

有时候需要对多个段落使用同一格式，利用"开始"选项卡，使用"剪贴板"选项组中的"格式刷"按钮，可以实现文本格式或段落格式的复制，提高效率。格式刷也可以用来实现字符格式的快速复制。格式刷的使用方法有以下几类。

（1）复制文本格式

复制一次文本格式的操作步骤如下。

1）选定已经设置好字符格式的文本，切换到"开始"选项卡，在"剪贴板"选项组中单击"格式刷"按钮。此时，该按钮下沉显示，并且鼠标指针变为一个刷子形状。

2）将鼠标指针移至要复制格式的文本开始处，拖动鼠标直到要复制格式的文本结束处，然后释放鼠标按键。

另外，在第 1）步中双击"格式刷"按钮，格式刷可以反复地对不同位置的目标文本进行格式复制。

（2）复制段落格式

选中设置好格式的段落，然后单击"格式刷"按钮，单击目标段落中的任意位置。这样，已设置的段落格式将复制到该段落中。

另外，在 Word 文档编辑过程中（Excel、PowerPoint 也适用），选定操作对象，然后按【F4】键可以重复上一动作，实现格式复制的效果。

（3）清除格式

格式的清除是指将设置的格式恢复到默认状态，方法如下。

选定要清除格式的文本，切换到"开始"选项卡，在"字体"选项组中单击"清除格式"按钮。

3.3 文 档 排 版

文档排版反映了文档的整体外观和输出效果。文档排版主要包括页面设置、页眉和页脚、脚注和尾注、特殊格式设置（首字下沉、分栏、文档竖排、页面背景）等。

3.3.1 页面设置

Word 2010 提供了丰富的页面设置选项，允许用户根据自己的需要更改页面的大小、设置纸张的方向、调整页边距大小，以满足各种打印输出需求。

1. "纸张"选项卡

Word 2010 以办公最常用的 A4 纸为默认页面。若用户需要将文档打印到 A3、16K 等其他不同大小的纸张上，则需要在编辑文档前，修改页面的大小。

切换到"页面布局"选项卡，在"页面设置"选项组中（图 3.37），单击"纸张大小"下拉按钮，从"纸张大小"下拉菜单中选择需要的纸张大小规范，即可设置页面大小，如图 3.38 所示。

图 3.37 "页面设置"选项组

如果要自定义特殊的纸张大小，可以选择下拉菜单中的"其他页面大小"命令，打开"页面设置"对话框，在"纸张"选项卡的"纸张大小"选项组中进行相应的设置。

2. "页边距"选项卡

在默认情况下，Word 文档页面左、右两边到正文的距离为 3.17 厘米，上、下两边到正文的距离为 2.54 厘米。当这个页边距不符合打印需求时，用户可以自行调整，操作步骤如下。

1）切换到"页面布局"选项卡，在"页面设置"选项组中单击"页边距"下拉按钮，从"页边距"下拉菜单中选择一种页边距大小，如图 3.39 所示。

2）如果要自定义边距，可以选择"自定义边距"命令，打开"页面设置"对话框。切换到"页边距"选项卡，在"上""下""左""右"微调框中，设置页边距的数值。

3）如果打印后要装订，可以在"装订线"微调框中输入装订线的宽度，在"装订位置"下拉列表框中选择

图 3.38 "纸张大小"下拉菜单

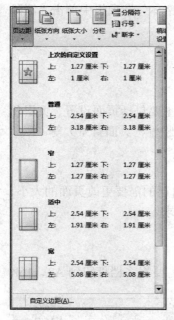

图 3.39　"页边距"下拉菜单

"左"或"上"选项。当文档准备双面打印装订时，还需要在"页码范围"选项组中，将"多页"下拉列表框设置为"对称页边距"选项。

4）选择"纵向"或"横向"选项，决定文档页面的方向。在"应用于"下拉列表框中选择要应用新页边距设置的文档范围。

5）单击"确定"按钮，设置完成。

3. "版式"选项卡

在"页面设置"对话框中，"版式"选项卡用于设置页眉和页脚在文档中的编排，如奇偶页不同、首页不同、距页边界的距离、垂直对齐方式等。

4. "文档网格"选项卡

"文档网格"选项卡主要用于设置每页中的字符行数，每行中的字符个数，文字打印方向，以及行、列网格线是否要打印等。

5. 页眉和页脚

页面纸张的顶部和底部分别称为页眉和页脚，在页眉和页脚位置，可以插入页码、日期、徽标及章节名称等。

使用 Word 编辑文档时，可以在进行版式设计时直接为全部的页面添加页眉和页脚。Word 2010 提供了许多漂亮的页眉、页脚格式，操作步骤如下。

1）切换到"插入"选项卡，在"页眉和页脚"选项组中单击"页眉"下拉按钮，弹出"页眉"下拉菜单，如图 3.40 所示。

2）从下拉菜单中选择所需的格式后，即可在页眉区添加相应的格式，同时功能区中显示"页眉和页脚工具"→"设计"选项卡（以下简称"设计"选项卡）。

3）输入页眉的内容，或者单击"设计"→"插入"选项组中的按钮来插入一些特殊的信息，如图 3.41 所示。

4）单击"导航"→"转至页脚"按钮，切换到页脚区，如图 3.42 所示。页脚的设置方法与页眉相同。

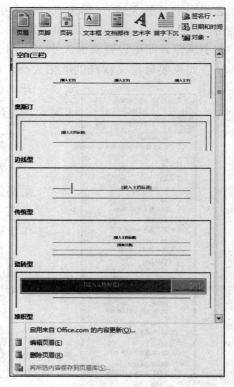

图 3.40　"页眉"下拉菜单

5）单击"设计"→"关闭页眉和页脚"按钮，返回到正文编辑状态。

6．奇偶页不同的页眉和页脚

如果文档要双面打印，通常需要为奇偶页设置不同的页眉和页脚，操作步骤如下。

1）双击文档首页的页眉区或页脚区，进入页眉或页脚的编辑状态。

2）切换到"设计"选项卡，在"选项"选项组内勾选"奇偶页不同"复选框，如图 3.43 所示。此时，页眉区的顶部显示"奇数页页眉"字样，用户可以根据需要创建奇数页的页眉。

图 3.41　"插入"选项组　　　　图 3.42　"导航"选项组　　　　图 3.43　"选项"选项组

3）在"导航"组中单击"下一节"按钮，在页眉的顶部显示"偶数页页眉"字样，根据需要创建偶数页的页眉。

4）如果想创建偶数页的页脚，可以单击"导航"→"转至页脚"按钮，切换到页脚区进行设计。

5）设置完成后，单击"设计"→"关闭页眉和页脚"按钮。

7．修改与删除页眉和页脚

在正文编辑状态下，页眉和页脚区呈灰色状态，表示在正文文档区中不能编辑页眉和页脚的内容。对页眉和页脚内容进行编辑的操作步骤如下。

1）双击页眉区或页脚区，进入页眉或页脚的编辑状态，修改其中的内容，或者进行排版。

2）如果要调整页眉顶端或页脚底端的距离，可以在"位置"选项组中的"页眉顶端距离"或"页脚底端距离"微调框内输入数值，如图 3.44 所示。

3）单击"设计"→"关闭页眉和页脚"按钮，返回正文编辑状态。

图 3.44　"位置"组

当用户不想显示页眉下方的默认横线时，可以参考如下操作步骤进行删除。

首先，切换到"开始"选项卡，单击"样式"→"对话框启动器"按钮，打开"样式"任务窗格。在列表框中右击"页眉"选项，从弹出的快捷菜单中选择"修改"命令，在打开的"修改样式"对话框中单击"格式"下拉按钮，从弹出的列表中选择"边框"命令，打开"边框和底纹"对话框。在"边框"选项卡的"设置"选项组中选择"无"选项，然后单击"确定"按钮，返回"修改样式"对话框。单击"确定"按钮，完成对"页眉"样式的修改。

当文档中不再需要页眉时，可以将其删除，方法如下：双击要删除的页眉区，然后按【Ctrl+A】组合键以选取页眉文本和段落标记，再按【Delete】键。

8．设置页码

当一篇文章由多页组成时，为了便于按照顺序进行排列与查看，可以为文档添加页码，操作步骤如下。

1）切换到"插入"选项卡，在"页眉和页脚"选项组中单击"页码"下拉按钮，从弹出的"页码"下拉菜单中选择页码出现的位置，再从其子菜单中选择一种页码样式，如图3.45所示。

2）如果要设置页码的格式，可以从下拉菜单中选择"页码格式"命令，打开"页码格式"对话框，如图3.46所示。

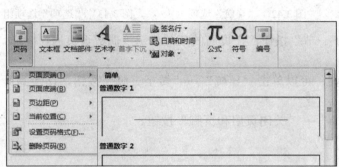

图3.45　"页码"下拉菜单

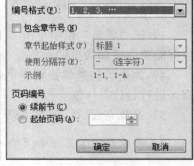

图3.46　"页码格式"对话框

3）在"编号格式"列表框中选择一种页码格式，如"1，2，3，…""i，ii，iii，…"等。

4）如果想设置页码的起始编号，可以选中"起始页码"，在增量框中输入起始数字。

5）单击"确定"按钮，关闭对话框。此时，可以看到修改后的页码。

9．页面背景

在使用Word 2010编辑文档时，用户可以根据需要对页面进行必要的装饰，如添加水印效果、调整页面颜色、设置稿纸等。

（1）水印效果

为了声明版权、强化宣传或美化文档，用户可以在文档中添加水印，操作步骤如下。

1）切换到"页面布局"选项卡，在"页面背景"选项组中单击"水印"下拉按钮，从弹出的"水印"下拉菜单中选择简单水印样式，如图3.47所示。

2）假如需要呈现其他文字或图片水印，选择"自定义水印"命令，在打开的"水印"对话框内勾选"图片水印"单选按钮，如图3.48所示。单击"选择图片"按钮，在打开的"插入图片"对话框中选择要作为水印的图片。

3）单击"插入"按钮，返回"水印"对话框后，单击"确定"按钮。

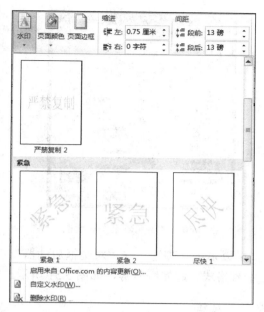

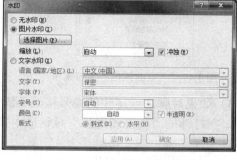

图 3.47　"水印"下拉菜单　　　　　　图 3.48　"水印"对话框

4）若要添加文字水印，可以勾选"文字水印"单选按钮，然后设置文字内容、格式和版式等。

（2）调整页面颜色

当用户对白纸黑字的经典配色产生视觉疲劳时，可以根据需要调整页面颜色。例如，将长篇幅文档的页面颜色调整为橄榄绿，用户在阅读时就感觉舒服多了。调整页面颜色的操作步骤如下。

1）切换到"页面布局"选项卡，在"页面背景"选项组中单击"页面颜色"下拉按钮，从弹出的"页面颜色"下拉菜单中选择一种主题颜色，如图 3.49 所示。

2）如果 Word 提供的现有颜色都不符合自己的需求，可以选择"其他颜色"命令，打开"颜色"对话框，在"自定义"选项卡中手工设置 RGB 颜色值。

3）当编辑非商业文档时，可以选择"填充效果"命令，打开"填充效果"对话框，如图 3.50 所示，在"渐变""纹理""图案""图片"选项卡中设置填充的页面背景。

10. 脚注和尾注

如果要在文档中插入脚注和尾注，可以参照如下步骤进行操作。

1）将插入点移到要插入注释引用标记的位置，然后切换到"引用"选项卡，如果要插入脚注，可以单击"脚注"→"插入脚注"按钮；如果要插入尾注，可以单击"插入尾注"按钮。

2）此时，Word 会将插入点移到脚注区或尾注区，用户可以在其中输入脚注或尾注的文本。

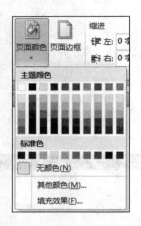

图 3.49　"页面颜色"下拉菜单

图 3.50　"填充效果"对话框

3）如果对脚注或尾注的编号格式不满意，可以单击"脚注"→"对话框启动器"按钮，在打开的"脚注和尾注"对话框中指定编号格式、起始编号等，如图 3.51 所示。

图 3.51　"脚注和尾注"对话框

动尾注引用标记。

11.　编辑脚注和尾注

添加脚注或尾注后，可以在文档编辑区的下方，即在脚注区和尾注区中对脚注和尾注进行编辑。移动某个注释的操作步骤如下。

1）在页面视图的文档窗口中，选定注释引用标记使其泛白显示。

2）将鼠标指针移到该注释引用标记上，按住鼠标左键将注释引用标记拖动到文档中的新位置，然后释放鼠标按键。

用户还可以使用"剪切"命令和"粘贴"命令来移

当复制某个注释时，在文档窗口中选定注释引用标记，然后将鼠标指针移到该注释引用标记上，按住【Ctrl】键不放并拖动鼠标，即可将注释引用标记复制到新的位置，同时在注释区插入注释文本即可。

如果要删除某个注释，在文档中选定相应的注释引用标记，然后按【Delete】键，相应的页面底端的脚注内容或文档结尾的尾注内容将自动被删除。

12.　脚注和尾注之间的相互转换

如果需要，可以将文档中插入的脚注和尾注相互交换，操作步骤如下。

1）切换到"引用"选项卡，单击"脚注"→"对话框启动器"按钮，打开"脚注和尾注"对话框。

2）单击"转换"按钮，打开"转换注释"对话框，如图 3.52 所示，根据需要选择要转换的选项。单击"确定"按钮，即可实现所需的转换。

13. 分栏排版

（1）设置分栏

对整个文档或者其中一部分内容设置分栏排版的方法是：选定要设置分栏的文本，切换到"页面布局"选项卡，在"页面设置"选项组中单击"分栏"下拉按钮，从弹出的"分栏"下拉菜单中选择分栏效果，如图 3.53 所示。

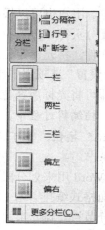

图 3.52 "转换注释"对话框   图 3.53 "分栏"下拉菜单

如果预设的几种分栏格式不符合要求，可以选择"更多分栏"命令，打开"分栏"对话框。在"预设"选项组中单击要使用的分栏格式，在"应用于"下拉列表框中指定分栏格式应用的范围。如果要在栏间设置分隔线，可以勾选"分隔线"复选框。

（2）修改与取消分栏

若要修改已存在的分栏，可以将插入点移到要修改的分栏位置，然后在打开的"分栏"对话框中进行相应的处理，最后单击"确定"按钮。

将插入点置于已设置分栏排版的文本中，在"页面设置"选项组中单击"分栏"下拉按钮，从弹出的下拉菜单中选择"一栏"命令，即可取消对文档的分栏效果。

（3）插入分栏符

如果希望某段文字处于一栏的开始处，可以采用在文档中插入分栏符的方法，使当前插入点以后的文字移至下一栏，操作方法是：将插入点置于需要另起一栏的文本位置，在"页面设置"选项组中单击"分隔符"下拉按钮，从弹出的下拉菜单中选择"分栏符"命令。

（4）创建等长栏

采用分栏排版后，页面上的每一栏文字都续接到下一页，但是在多栏文本结束时，可能会出现最后一栏排不满的情况，此时可以将插入点移至分栏文本的结尾处，在"页面设置"选项组中单击"分隔符"下拉按钮，从弹出的下拉菜单中选择"连续"命令，创建等长栏以解决这个问题。

注意：分栏操作只有在页面视图下才能看到效果。当分栏的段落是文档的最后一个段落时，为使分栏有效，必须在分栏前，在文档最后添加一个空段落（按【Enter】键产生）。

14. 分页与分节

（1）设置分页

当输入的文本或插入的图形满一页时，Word 将自动转到下一页，并且在文档中插入一个软分页符。用户也可以根据需要，在文档中手工分页，此时所插入的分页符称为人工分页符或硬分页符。分页符位于一页的结束，另一页的开始位置。

打开原始文件，将光标定位到要作为下一页的段落的开头，切换到"页面布局"选项卡，在"页面设置"选项组中单击"分隔符"下拉按钮，从弹出的下拉菜单中选择"分页符"命令，即可将光标所在位置后的内容下移一个页面。

提示：在文档编辑过程中，切换到"开始"选项卡，在"段落"选项组中单击"显示/隐藏编辑标记"按钮，即可查看文档中的分页符、段落标记。

（2）设置分节符

"节"是指 Word 用来划分段落的一种方式。对于新建立的文档，整个文档就是一节，只能用一种版面格式编排。为了对文档的多个部分使用不同的格式，就要将文档分成若干节，即插入分节符。每一节可以单独设置页眉、页脚、页码的格式，从而使文档的编辑更加灵活。

切换到"页面布局"选项卡，在"页面设置"选项组中单击"分隔符"下拉按钮，从下拉菜单中选择一种分节符命令，即可插入相应的分节符。

1）下一页：Word 文档会强制分页，在下一页开始新节。可以在不同的页面上分别应用不同的页码格式、页眉和页脚文字，以及改变页面的纸张方向等。

2）连续：新的一节从下一行开始。

3）偶数页：新的一节从偶数页开始，若分节符在偶数页上，则下一个奇数页将是空页。

4）奇数页：新的一节从奇数页开始，若分节符在奇数页上，则下一个偶数页将是空页。

如果要取消分节，可以切换到"草稿"视图，将光标置于分节符上，然后按【Delete】键。

3.3.2 插入图片

目前的文字处理软件不仅局限于对文字的处理，还能插入各种各样的媒体对象，使文档的可读性、艺术性大大增强。Word 2010 允许将来自文件的图片或者其内部的剪贴画插入文档中，并对其进行编辑。

1. 图片插入

Word 2010 提供了包括 Web 元素、背景、标志、地点和符号的剪辑库，可以直接插入文档。如果对图片有更高的要求，可以选择插入计算机中保存的图片文件。

在文档中插入剪贴画的操作步骤如下。

1）将插入点置于目标位置，切换到"插入"选项卡，在"插图"选项组中单击"剪贴画"按钮，打开"剪贴画"任务窗格，如图 3.54 所示。

2）在"搜索文字"文本框中输入剪贴画的关键字，如"人物"等，在"结果类型"下拉列表框中进行必要的设置。

3）单击"搜索"按钮，搜索的结果将显示在任务窗格的预览区中，如图 3.55 所示。

图 3.54 "插图"选项组

图 3.55 "剪贴画"任务窗格

4）单击所需的剪贴画，即可将其插入文档中。

在文档中插入图片的操作步骤如下：切换到"插入"选项卡，在"插图"选项组中单击"图片"按钮，在打开的"插入图片"对话框中选择要插入的图片文件，然后单击"插入"按钮，即可将图片文件插入文档中。

2. 图片编辑

（1）调整图片

图片插入文档后，用户可以通过 Word 提供的缩放功能控制其大小，还可以旋转图片，操作步骤如下。

1）单击要缩放的图片，其周围出现 8 个句柄，如果要横向或纵向缩放图片，可以将鼠标指针指向图片四边的某个句柄上。

2）如果要沿对角线缩放图片，可以将指针指向图片四角的某个句柄上，按住鼠标左键，沿缩放方向拖动鼠标；用鼠标指针拖动图片上方的绿色旋转按钮，可以任意旋转图片。

3）如果用户要精确设置图片或图形的大小和角度，可以单击图片，切换到"图片工具"→"格式"选项卡（以下简称"格式"选项卡），在"大小"选项组中对"高度""宽度"微调框进行设置，如图 3.56 所示。用户也可以单击"对话框启动器"按钮，打开"布局"对话框，在"大小"选项卡中进行相关的设置。

另外，单击图片，切换到"格式"选项卡，在"排列"选项组中单击"旋转"下拉按钮，从弹出的下拉菜单中选择命令，可以对图片旋转相应的角度，如图 3.57 所示。

（2）裁剪图片

相对于以前的版本，Word 2010 的图片裁剪功能更加强大，不仅能够实现常规的图像裁剪，还可以将图像裁剪为不同的形状。

图 3.56 精确设置图片大小的数值   图 3.57 "旋转"下拉菜单

单击文档中要裁剪的图片，切换到"格式"选项卡，在"大小"选项组中单击"裁剪"按钮，此时图片的四周出现黑色的控点，将鼠标指针指向图片上方的控点，指针变成黑色的倒立"T"形，向下拖动鼠标，即可将鼠标指针经过的部分裁剪掉。采用同样的方法，对图片的其他边进行裁剪，单击文档的任意位置，即可完成图片的裁剪操作。

如果要使图片在文档中显示为其他形状，而不是默认的矩形，可以单击要裁剪的图片，切换到"格式"选项卡，在"大小"选项组中单击"裁剪"下拉按钮，从弹出的下拉菜单中选择"裁剪为形状"命令，在子菜单中选择所需的形状图标。

3．图片格式设置

（1）设置图片的文字环绕效果

单击图片，切换到"格式"选项卡，在"排列"选项组中单击"自行换行"下拉按钮，从弹出的下拉菜单中选择所需的命令，即可设置图片的文字环绕效果。

（2）设置图片样式

单击图片，切换到"格式"选项卡，在"图片样式"选项组中单击列表框中所需的样式，可以在文档中立即预览该样式的效果。单击列表框右侧的"其他"下拉按钮，可以从弹出的列表中选择别的样式。例如，选择"旋转，白色"选项后的效果，如图 3.58 所示。

用户也可以在"图片样式"选项组中单击"图片边框"下拉按钮，从弹出的下拉菜单中选择所需的命令，对图片的边框进行设置，如图 3.59 所示。

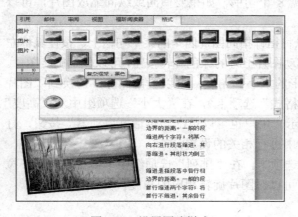

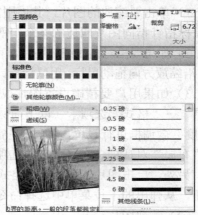

图 3.58 设置图片样式   图 3.59 设置图片边框

单击"图片效果"下拉按钮，从下拉菜单中选择所需的命令，可以将图片设置为相应的效果，如图 3.60 所示。

（3）调整图片亮度和对比度

亮度和对比度可以调整图片的光线及图片中每种颜色的强度。

在 Word 2010 中，为图片设置亮度和对比度的方法是：单击图片，切换到"格式"选项卡，在"调整"选项组中单击"更改"下拉按钮，从弹出的下拉菜单中选择"亮度和对比"区域内的一种预定义命令，如图 3.61 所示。当对这些选项不满意时，可以选择"图片更正选项"命令，打开"设置图片格式"对话框，在"图片更正选项"中进行适当的设置。

图 3.60　设置图片效果

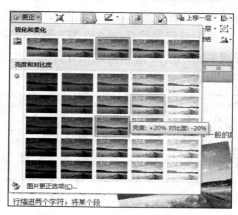

图 3.61　调整图片亮度和对比度

（4）调整图片颜色和饱和度

饱和度是指图片中色彩的浓郁程度，饱和度越高，色彩越鲜艳。对图片的颜色和饱和度调整的方法是：单击图片，切换到"格式"选项卡，在"调整"选项组中单击"颜色"下拉按钮，从弹出的下拉菜单中选择"颜色和饱和度"区域内的一种饱和度。

另外，单击"颜色"下拉按钮，从弹出的下拉菜单中选择"重新着色"区域内的一种着色样式，可以为图片重新着色，包括灰度、冲蚀、黑白等效果。

（5）设置图片的艺术效果

Word 2010 中的艺术效果是指图片的不同风格，其中预设了标记、铅笔灰度、铅笔素描等效果，设置方法是：单击图片，切换到"格式"选项卡，在"调整"选项组中单击"艺术效果"下拉按钮，从弹出的下拉菜单中选择一种艺术效果，如图 3.62 所示。如果需要，可以选择"艺术效果选项"命令，打开"设置图片格式"对话框，在"艺术效果"选项卡中适当调整参数。

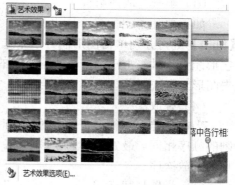

图 3.62　设置图片的艺术效果

3.3.3 插入图形对象

在 Word 2010 中，图形对象包括形状、SmartArt 图形和艺术字等。

1. 插入形状

Word 2010 中的形状包括线条、矩形、基本形状、箭头总汇、公式形状、流程图、星与旗帜、标注八种类型，每种类型又包含若干图形样式。插入的形状中可以添加文字，以及设置阴影、发光、三维旋转等特殊效果。

插入形状是通过单击"插入"→"插图"→"形状"下拉按钮来完成的。在形状库中单击需要的图标，然后在文本区拖动鼠标指针从而形成所需要的图形。需要编辑和格式化时，先选中形状，然后在"绘图工具"选项卡（图 3.63），或者快捷菜单中进行操作。

形状最常用的编辑和格式化操作包括缩放和旋转、添加文字、组合与取消组合、叠放次序、设置形状格式等。

图 3.63 "绘图工具"选项卡

（1）缩放和旋转

单击图形，在图形四周会出现 8 个方向的控制句柄和一个绿色圆点。拖动控制句柄可以进行图形缩放，拖动绿色圆点可以进行图形旋转。

（2）添加文字

在需要添加文字的图形上右击，从快捷菜单中选择"添加文字"命令，这时光标就出现在选定的图形中，输入需要添加的文字内容即可。这些输入的文字会变成图形的一部分，当移动图形时，图形中的文字也跟随移动。

（3）组合与取消组合

如果要使画出的多个图形构成一个整体，以便于同时编辑和移动，可以用先按住【Shift】键再分别单击图形的方法来选定所有图形，然后移动鼠标指针至鼠标指针呈十字形箭头状时右击，选择快捷菜单中的"组合"→"组合"命令。若要取消组合，则右击图形，在快捷菜单选择"组合"→"取消组合"命令即可。

（4）叠放次序

当在文档中绘制多个重叠的图形时，每个重叠的图形有叠放的次序，这个次序与绘制的顺序相同，最先绘制的在最下面。可以利用快捷菜单中的"叠放次序"命令改变图形的叠放次序。

（5）设置形状格式

右击形状，在快捷菜单中选择"设置形状格式"命令，打开"设置形状格式"对话框，在其中完成操作。

当要插入多个图形时，手动绘图最好在画布中进行。在"形状"下拉菜单中选择"新建绘图画布"命令，即可在文档中插入空白画布，接着向其中插入图形，并设置叠放次序并对其进行组合操作。

2.　插入文本框

文本框可以使选定的文本或图形移到页面的任意位置，从而进一步增强图文混排的功能。使用文本框还可以对文档的局部内容进行竖排、添加底纹等特殊形式的排版。

在文档中可以插入横排文本框和竖排文本框，也可以根据需要插入内置的文本框样式。切换到"插入"选项卡，在"文本"选项组中单击"文本框"下拉按钮，从弹出的"文本框"下拉菜单中选择一种文本框样式，即可快速绘制带格式的文本框，如图 3.64 所示。

如果要手工绘制文本框，可以从"文本框"下拉菜单中选择"绘制文本框"命令，按住鼠标左键拖动，当文本框的大小合适后，释放鼠标按键。此时，用户可以在文本框内输入文本或插入图片。

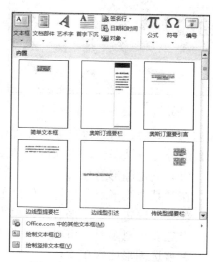

图 3.64　"文本框"下拉菜单

3.　插入 SmartArt 图形

SmartArt 图形是 Word 中预设的形状、文字及样式的集合，包括列表、流程、循环、层次结构、关系、矩阵、棱锥图和图片八种类型，每种类型下有多个图形样式。

在文档中插入 SmartArt 图形的方法是：切换到"插入"选项卡，在"插图"选项组中单击"SmartArt"按钮，在打开的"选择 SmartArt 图形"对话框中选择所需的图形，如图 3.65 所示。此时，用户可以向 SmartArt 图形中输入文字或插入图片。

例如，插入组织结构图，如图 3.66 所示。

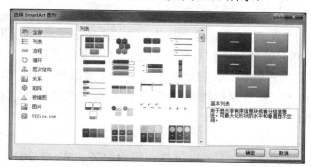

图 3.65　"选择 SmartArt 图形"对话框

图 3.66　组织结构图

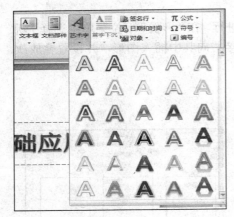

图 3.67 "艺术字"下拉菜单

4. 插入艺术字

Word 2010 提供了大量的艺术字样式，在编辑 Word 文档时，可以套用与文档风格最接近的艺术字，以获得更佳的视觉效果。在文档中插入艺术字的方法是：切换到"插入"选项卡，在"文本"选项组中单击"艺术字"下拉按钮，从弹出的下拉菜单中选择一种艺术字样式，如图 3.67 所示。此时，在光标所处位置的文本输入框中输入内容。

5. 编辑图形对象

对于插入文档中的图形、文本框、SmartArt 和艺术字对象，可以进行编辑和美化处理，使其更符合自己的需要。Word 2010 对这些对象的处理方法类似，下面以处理图形对象为例进行介绍。

（1）选定图形对象

在对某个图形对象进行编辑之前，首先要选定该图形对象，方法如下。

如果要选定一个图形，可以单击该对象。此时，该图形周围出现句柄。

选定多个对象时，可以按住【Shift】键，然后分别单击要选定的图形。

若被选图形比较集中，可以将鼠标指针移到要选定图形对象的左上角，按住鼠标左键向右下角拖动。拖动鼠标时会出现一个虚线方框，当将所有要选定的图形对象全部框住后，释放鼠标按键。

（2）在自选图形中添加文字

右击封闭的自选图形，从弹出的快捷菜单中选择"添加文字"命令，即可在插入点处输入文字。添加的文字可以进行格式设置，这些文字将随图形一起移动。

（3）调整图形对象的大小

选定图形对象之后，在其拐角和矩形边界会出现尺寸句柄，拖动该句柄即可调整对象的大小。如果要保持原图形的比例，在拖动角上的句柄时按住【Shift】键；如果要以图形对象中心为基点进行缩放，在拖动句柄时按住【Ctrl】键。

（4）复制或移动图形对象

在 Word 2010 中，绘制的图形对象出现在图形层，用户可以在文档中任意拖动图形对象。选定图形对象后，可以将鼠标左键移到图形对象的边框上（不要放在句柄上），鼠标指针变成四向箭头形状，按住鼠标左键拖动，拖动时会出现一个虚线框，表明该图形对象将要放置的位置，达到目标位置后释放鼠标按键即可。若在拖动过程中按住【Ctrl】键，则将选定的图形复制到新位置。

（5）对齐图形对象

如果使用鼠标移动图形对象，很难使多个图形对象排列得很整齐。Word 2010 提供了快速对齐图形对象的工具，即选定要对齐的多个图形对象，切换到"绘图工具"→"格式"选项卡（以下简称"格式"选项卡），在"排列"选项组中单击"对齐"下拉按钮，从弹出的"对齐"下拉菜单中选择所需的对齐方式，如图 3.68 所示。

（6）叠放图形对象

在同一区域绘制多个图形时，后来绘制的图形将覆盖前面的图形。改变图形的叠放次序时，选定要移动的图形对象，若该图形被隐藏在其他图形下面，可以按【Tab】键来选定该图形对象，在"排列"选项组中单击"上移一层"或"下移一层"按钮。如果要将图形对象置于正文之后，可以单击"下移一层"右侧的箭头按钮，从弹出的列表中选择"衬于文字下方"选项。

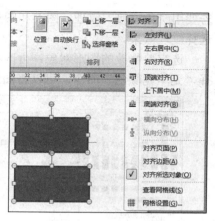

图 3.68　"对齐"下拉菜单

（7）组合多个图形对象

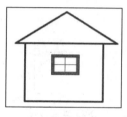

图 3.69　图形组合

可以将绘制完成的多个基本图形组合成一个整体，以便于对它们同步移动或者改变大小。组合多个图形对象的方法如下：依次选定要组合的图形对象：三角形（房顶），正方形（墙体），小正方形（窗户），在"排列"选项组中单击"组合"下拉按钮，从弹出的下拉菜单中选择"组合"命令。图形组合如图 3.69 所示。

单击组合后的图形对象，再次单击"组合"下拉按钮，从弹出的下拉菜单中选择"取消组合"命令，即可将多个图形对象恢复到之前的状态。

6. 美化图形对象

在文档中绘制图形对象后，可以改变图形对象的线型、填充颜色等，即对图形对象进行美化。

（1）设置线型与线条颜色

在 Word 2010 中，设置线型的操作步骤如下。

1）选定图形对象，切换到"格式"选项卡，在"形状样式"选项组中单击"形状轮廓"下拉按钮，从弹出的下拉菜单中选择"粗细"命令，再从子菜单中选择需要的线型，如图 3.70 所示。

2）如果要设置其他的线型，可以选择"其他线条"命令，打开"设置形状格式"对话框，在"线型"选项卡中进行相关的设置，最后单击"确定"按钮。

3）设置线条的颜色时，选定要设置的图形对象，在"形状样式"选项组中单击"形状轮廓"下拉按钮，从弹出的下拉菜单中选择所需的颜色。如果没有满意的颜色，可以选择"其他轮廓颜色"命令，在打开的"颜色"对话框中进行设置。

（2）设置填充颜色

给图形设置填充颜色时，选定要设置的图形对象，在"形状样式"选项组中单击"形状填充"下拉按钮，从弹出的下拉菜单中选择所需的填充颜色，如图 3.71 所示。如果其中没有合适的颜色，可以选择"其他填充颜色"命令，在打开的"颜色"对话框中设置。

若要用颜色过渡、纹理、图案和图片填充图形，则选择如"纹理"命令，再从子菜单中选择纹理效果。

选定要修改的图形对象，再次单击"形状填充"下拉按钮，从弹出的下拉菜单中选择"无填充颜色"命令，可以将图形对象中的填充颜色删除。

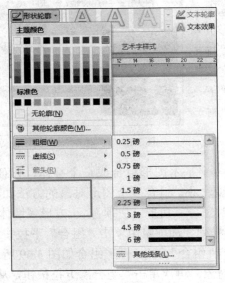

图 3.70 "形状轮廓"下拉菜单

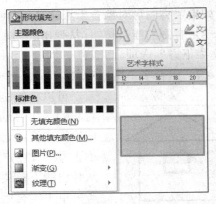

图 3.71 "形状填充"下拉菜单

（3）设置外观效果

若要给图形设置阴影、发光、三维旋转等外观效果，选定要添加外观效果的图形对象，在"形状样式"选项组中单击"形状效果"下拉按钮，从弹出的下拉菜单中选择如"预设"命令，接着在子菜单中选择一种预设样式，如图 3.72所示。

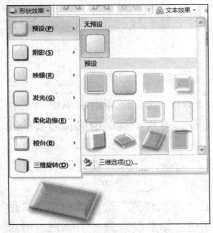

图 3.72 "形状效果"下拉菜单

设置文本框格式时，单击文本框的边框将其选定，此时文本框的四周出现 8 个句柄，按住鼠标左键拖动句柄，可以调整文本框的大小。将鼠标指针指向文本框的边框，鼠标指针变成四向箭头，按住鼠标左键拖动，即可调整文本框的位置。切换到"格式"选项卡，使用"形状样式""排列""大小"选项组中的命令，可以对文本框的格式进行设置。

另外，右击文本框的边框，从弹出的快捷菜单中选择"设置形状格式"命令，打开"设置形状格式"对话框。在"文本框"选项卡的"内部边距"选项组中，通过设置"左""右""上""下"4 个微调框中的数值，可以调整文本框内文字与文本框四周边框之间的距离。

SmartArt 图形插入文档后，通过"SmartArt 工具"→"设计"、"SmartArt 工具"→

"格式"、"图形工具"→"格式"选项卡，可以对图形的整体样式、图形中的形状与文本等进行重新设置。

对插入文档中的艺术字进行设置时，需切换到"格式"选项卡，在相关的选项组中进行操作。

3.3.4 绘图技巧

借助于功能键，可以绘制许多标准图形，也可以对图形进行特殊的编辑处理。

1．绘制特殊角度的直线

切换到"插入"选项卡，在"插图"选项组中单击"形状"下拉按钮，从弹出的下拉菜单中选择"直线"命令，在画布上固定一个端点，然后按住【Shift】键，拖动鼠标可以绘制水平、垂直或 45°的直线。

2．绘制弧线

在"形状"下拉菜单中，单击"基本形状"选项组中的"弧形"按钮，按住【Shift】键，在画布上拖动鼠标可以绘制 45°圆弧，如图 3.73 所示。绘制的同时按住【Ctrl】键可以画出自中间向两侧延伸的圆弧，按住【Ctrl+Shift】组合键可以画出自中间向两侧延伸的 45°圆弧。

3．绘制正方形

在"基本形状"选项组中单击"矩形"按钮，按住【Shift】键，在画布上拖动鼠标绘制的图形为正方形。绘制的同时按住【Ctrl】键可以画出从起点向四周扩张的矩形，按住【Ctrl+ Shift】组合键可以画出从起点向四周扩张的正方形，如图 3.74（a）所示。

4．绘制圆形

在"基本形状"选项组中单击"椭圆"按钮，按住【Shift】键，在画布上拖动鼠标绘制的图形为圆形，如图 3.74（b）所示。绘制的同时按住【Ctrl】键可以画出从起点向四周扩张的椭圆形，按住【Ctrl+Shift】组合键可以画出从起点向四周扩张的圆形。

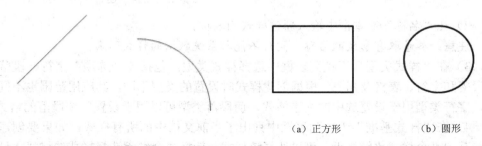

| | （a）正方形 | （b）圆形 |

图 3.73　绘制特殊角度的直线和 45°圆弧　　　　图 3.74　绘制正方形和圆形

5. 水平方向或垂直方向移动或复制图形

在画布上拖动图形的同时按住【Shift】键,可以使其在垂直方向或水平方向移动,按住【Ctrl+Shift】组合键可以在垂直方向或水平方向复制并移动到新的位置。

3.3.5 高效排版

为了提高排版效率,Word 2010 提供了一些高效排版功能,包括样式、自动生成目录等。应用样式可以直接将文字和段落设置成事先定义好的格式,应用模板可以轻松制作精美的信函、商务文书等文件。

1. 创建样式

样式是一组命名的字符和段落排版格式的组合。样式可以应用于一段文本,也可以应用于几个字,所有格式都是一次完成的。系统自带的样式为内置样式,用户无法将其删除,但是可以对其进行修改。用户可以根据需要创建新样式,操作步骤如下。

1)切换到"开始"选项卡,单击"样式"→"对话框启动器"按钮,打开"样式"窗格,如图 3.75 所示。单击"新建样式"按钮,打开"根据格式设置创建新样式"对话框,如图 3.76 所示。

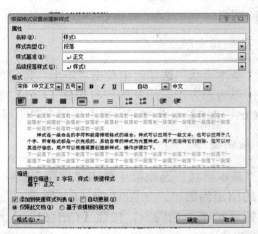

图 3.75 "样式"窗格　　　　图 3.76 "根据格式设置创建新样式"对话框

2)在"名称"文本框中输入新建样式的名称。

注意:尽量取有意义的名称,同时不能与系统默认的样式同名。

3)在"样式类型"下拉列表框中选择样式类型,包括 5 个选项:字符、段落、链接段落和字符、表格及列表。根据创建样式时设置的类型不同,其应用范围也不同。例如,字符类型用于设置选中的文字格式,而段落类型可以用于设置整个段落的格式。

4)在"样式基准"下拉列表框中列出了当前文档中的所有样式。如果要创建的样式与其中某个样式比较接近,可以选择该样式,新样式会继承选择样式的格式,只要稍作修改,就可以创建新的样式。

5）在"后续段落样式"下拉列表框中显示了当前文档中的所有样式，其作用是在编辑文档的过程中按【Enter】键后，转到下移段落时自动套用样式。

6）在"格式"选项组中，可以设置字体、段的常用格式，如字体、字号、字形、字体颜色、段落对齐方式及行间距等。

7）根据实际情况，用户还可以单击"格式"下拉按钮，从弹出的列表中选择要设置的格式类型，然后在打开的对话框中进行详细的设置。

8）单击"确定"按钮，新样式创建完成。

2. 修改与删除样式

对内置样式和自定义样式都可以进行修改。修改样式后，Word 会自动更新整个文档中应用该样式的文本样式。修改样式时，首先通过下列方法打开"修改样式"对话框。

1）在"样式"选项组中，右击快速样式库列表框内要修改的样式，从弹出的修改快速样式库的快捷菜单中选择"修改"命令，如图 3.77 所示。

2）打开"样式"窗格，单击样式名右侧下拉按钮，从列表中选择"修改样式"命令；或者右击样式名，从快捷菜单中选择"修改样式"命令。

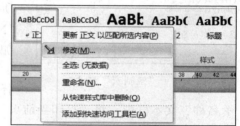

图 3.77　修改快速样式库的快捷菜单

在"修改样式"对话框中，用户可以根据需要重新设置样式，方法与操作"根据格式设置创建新样式"对话框基本类似。

打开"样式"窗格，单击样式名右侧下拉按钮，或者右击样式名，从弹出的快捷菜单中选择如"删除'二级标题'"命令（根据具体样式名不同而各异），即可删除不再使用的样式。

3. 宏

在文字处理时，可能经常要重复某些操作，这时，使用宏来自动执行这些操作会提高工作效率。宏是将一系列的操作命令和指令组合在一起形成一个总的命令，用来达到任务自动执行的效果。创建宏可以通过"视图"选项卡中的"宏"选项组中的按钮来实现。

（1）录制宏

录制宏，即将操作过程像用摄像机摄录一样录制下来。在"视图"选项卡中单击"宏"选项组中的"宏"下拉按钮，在弹出的下拉菜单中选择"录制宏"命令，打开"录制宏"对话框，指定宏名和运行方式（指定到工具栏、键盘），然后记录包含宏在内的操作。

（2）停止录制

停止录制指关闭宏录制。

（3）查看宏

对宏可以进行运行、编辑、创建、删除、管理等操作。

例如，经常需要打印文档的当前页面，可以将该功能录制成一个宏，并将其添加到快速访问工具栏，以提高工作效率。

具体操作如下。

1）单击"视图"→"宏"→"宏"下拉按钮，在弹出下拉菜单中选择"录制宏"命令，打开"录制宏"对话框。

2）在"宏名"文本框中输入宏的名称"打印当前页"，如图 3.78 所示；在"将宏保

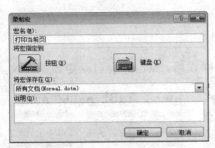

图 3.78 "录制宏"对话框

存在"下拉列表框中，确认选择的是"所有文档（Normal.dotm）"；在"说明"列表框中，可以输入对宏的说明；然后在"将宏指定到"选项组中单击"按钮"图标，打开"Word 选项"对话框，如图 3.79 所示。 在左侧的宏列表框中，选择"Normal.NewMacros.打印当前页"选项，单击"添加"按钮，然后单击下面的"修改"按钮，在打开的"修改按钮"对话框中的"符号"列表框中，选择一个易记的图标，如打印机形状的图标。在"显示名称"文本框中，将"打印当前页"前的"Normal.NewMacros."删除，然后连续单击"确定"按钮。此时鼠标指针变为录制器形状。

3）选择"文件"→"打印"命令，在"设置"选项组中的"打印所有页"下拉列表框中选择"打印当前页"，然后单击"打印"按钮。

4）单击"视图"→"宏"→"宏"下拉按钮，在弹出下拉菜单中选择"停止录制"命令，结束录制。

这时在快速访问工具栏中便出现一个名为"打印当前页"的按钮了，单击该按钮，即可只打印当前文档的当前页，即插入点所在的页面，非常方便。

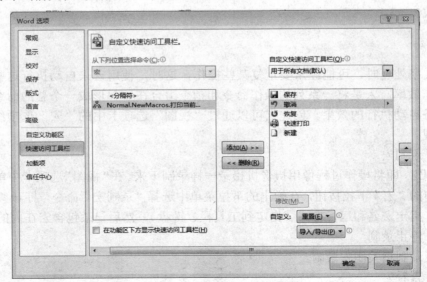

图 3.79 "Word 选项"对话框

3.4　制　作　表　格

在 Word 文档中插入表格，有自动制表和手动制表两种。

3.4.1　插入表格

Word 2010 提供了强大的表格处理功能，包括创建表格、编辑表格、设置表格的格式，以及对表格中的数据进行排序和计算等。

1. 插入规则表格

建立规则表格有两种方法。

1）将插入点置于目标位置，切换到"插入"选项卡，在"表格"选项组中单击"表格"按钮，在出现的示意表格中拖动鼠标，以选择表格的行数和列数，同时在示意表格的上方显示相应的行列数。选定所需行列数后，释放鼠标按键即可。

图 3.80　"插入表格"对话框

2）单击"插入"→"表格"→"表格"下拉按钮，从弹出的下拉菜单中选择"插入表格"命令，打开"插入表格"对话框，如图 3.80 所示。或者直接输入所需的列数和行数，单击"确定"按钮，即可在插入点手工创建表格，还可以调整表格的列宽。

2. 插入不规则表格

将插入点置于目标位置，单击"插入"→"表格"下拉按钮，在弹出的下拉菜单中选择"绘制表格"命令，此时，光标呈铅笔状，可以直接绘制表格外框、行列线和斜线（在线段的起点单击并拖曳至终点释放）。表格绘制完成后，单击"表格工具"→"设计"→"绘制表格"按钮，取消选定状态。在绘制过程中，可以根据需要选择表格线的线型、宽度和颜色等。对多余的线段可以利用"擦除"按钮，用鼠标指针沿表格线拖动或单击即可。

图 3.81　表格处理的"删除"下拉菜单

3. 删除表格

当表格不再需要时，单击表格的任意单元格，切换到"表格工具"→"布局"选项卡（以下简称"布局"选项卡），在"行和列"选项组中单击"删除"下拉按钮，从弹出的下拉菜单中选择"删除表格"命令将其删除，如图 3.81 所示。

另外，将鼠标指针放在表格移动控制点⊞上，当指针变为带双向十字箭头形状时，单击选定整个表格。然后右击任意单元格，从弹出的快捷菜单中选择"删除表格"命令，也可以将表格整体删除。

3.4.2　编辑表格内容

新表格创建后，可以切换到"设计"选项卡，使用"绘图边框"组提供的功能编辑表格。

1. 表格内容选定

表格的编辑操作依然遵循"先选中，后操作"的原则，选取表格的方法见表 3.6。

表 3.6　选取表格的方法

选取对象		方法
单元格	一个单元格	将鼠标指针移至要选定单元格内的左侧，当指针变成↗形状时，单击；或者将插入点置于单元格中，切换到"布局"选项卡，在"表"选项组中单击"选择"下拉按钮，从弹出的下拉菜单中选择"选择单元格"命令；或者右击单元格，从弹出的快捷菜单中选择"选择"→"单元格"命令。后两种方法对选取单行、单列及整个表格也适用
	连续的单元格	选定连续区域左上角第一个单元格后，按住【Shift】键，然后在要选择的连续区域最后一个单元格上单击。或者按住鼠标左键向右拖动，可以选定矩形单元格区域
	不连续的单元格	首先选中要选定的第一个矩形区域，然后按住【Ctrl】键，依次选定其他区域，最后松开【Ctrl】键
行	一行	将鼠标指针移至要选定行边框外的左侧，当指针变成✓形状时，单击
	连续的多行	将鼠标指针移至要选定首行边框外的左侧，然后按住鼠标左键向下拖动，直至选中要选定的最后一行，最后松开按键
	不连续的行	选中要选定的首行，然后按住【Ctrl】键，依次选中其他待选定的行
列	一列	将鼠标指针移至要选定列边框外的上方，当指针变成↓形状时，单击
	连续的多列	将鼠标指针移至要选定首列边框外的上方，然后按住鼠标左键向右拖动，直至选中要选定的最后一列，最后松开按键
	不连续的列	选中要选定的首列，然后按住【Ctrl】键，依次选中其他待选定的列

单击文档的其他位置，即可取消对表格内容的选取。

2. 行、列的复制或移动

如果要复制表格的一整行，可以参照如下步骤进行操作。

1）选定包括行结束符在内的一整行，然后选择"开始"→"剪贴板"→"复制"命令或者按【Ctrl+C】组合键，将该行内容存放到剪贴板中。

2）将插入点置于要插入行的第一个单元格中，然后选择"开始"→"剪贴板"→"粘贴"命令或者按【Ctrl+V】组合键，复制的行被插入当前行的上方，并且不替换其中的内容。

如果要移动表格的一整行，可以参照如下步骤进行操作。

1）选定包括行结束符在内的一整行，然后选择"开始"→"剪贴板"→"移动"命令或者按【Ctrl+X】组合键，将该行内容存放到剪贴板中。

2）将插入点置于要插入行的第一个单元格中，然后选择"开始"→"剪贴板"→

"粘贴"命令或者按【Ctrl+V】组合键，移动的行被插入当前行的上方，并且不替换其中的内容。

复制或移动一整列的方法与复制或移动一整行类似。

3．单元格、行和列的插入与删除

由于很多时候在创建表格初期并不能准确估计表格的行列数量，因此在编辑表格数据的过程中会出现表格的单元格、行列数量不够用或者有剩余的现象，通过添加或删除单元格、行和列即可很好地解决问题。

（1）插入与删除单元格

用户可以根据需要，在表格中插入与删除单元格。插入单元格的操作步骤如下。

1）在插入新单元格位置的左边或上边选定一个或几个单元格，其数目与要插入的单元格数目相同。

2）切换到"布局"选项卡，在"行和列"选项组中单击"对话框启动器"按钮，打开"插入单元格"对话框，如图 3.82 所示。

3）勾选"活动单元格右移"或"活动单元格下移"单选按钮后，单击"确定"按钮。

（2）删除单元格

删除单元格时，右击选定的单元格，从弹出的快捷菜单中选择"删除单元格"命令（或者切换到"布局"选项卡，在"行和列"选项组中单击"删除"按钮，弹出"删除"下拉菜单，如图 3.83 所示），打开"删除单元格"对话框，如图 3.84 所示。根据需要，勾选"右侧单元格左移"或"下方单元格上移"单选按钮后，单击"确定"按钮。

图 3.82　"插入单元格"对话框

图 3.83　"删除"下拉菜单

（3）插入行和列

在表格中插入行和列的方法有以下几种。

1）右击单元格，从弹出的快捷菜单中选择"插入"命令子菜单中相应的命令，如图 3.85 所示。

图 3.84　"删除单元格"对话框

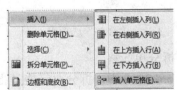

图 3.85　"插入"子菜单

2）单击某个单元格，切换到"布局"选项卡，在"行和列"选项组中单击"在上方插入"或"在下方插入"按钮，可以在当前单元格的上方或下方插入一行。插入列时，只需单击"在左侧插入"或"在右侧插入"按钮即可，如图3.86所示。

3）切换到"布局"选项卡，单击"行和列"→"对话框启动器"按钮，在"插入单元格"对话框中勾选"整行插入"或"整列插入"单选按钮，如图3.87所示。

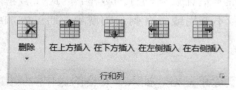

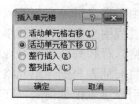

图 3.86　行和列插入　　　　　　　　　图 3.87　"插入单元格"对话框

4）在表格最后一行处增加行。可以将插入点移至表格右下角的单元格中，然后按【Tab】键；或者将插入点置于表格最后一行，外边框的右侧行结束处，然后按【Enter】键。

（4）删除行和列

删除行和列的方法有以下几种。

1）右击选定的行或列，从弹出的快捷菜单中选择"删除行"命令或者"删除列"命令。

2）单击要删除行或列包含的一个单元格，切换到"布局"选项卡，在"行和列"选项组中单击"删除"下拉按钮，从弹出的下拉菜单中选择"删除行"命令或者"删除列"命令。

4. 单元格和表格的合并与拆分

借助于合并和拆分功能，可以使表格变得不规则，以满足用户对复杂表格的设计需求。

（1）合并单元格

在 Word 2010 中，合并单元格是指将矩形区域的多个单元格合并成一个较大的单元格。合并时，先选定要合并的单元格，然后使用下列方法进行操作。

1）切换到"布局"选项卡，在"合并"选项组中单击"合并单元格"按钮，如图3.88所示。

2）右击选定的单元格，从弹出的快捷菜单中选择"合并单元格"命令，如图3.89所示。

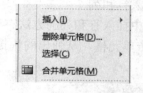

图 3.88　"合并"选项组　　　　　　　　图 3.89　"合并单元格"命令

（2）拆分单元格

在 Word 2010 中，拆分单元格是指将一个单元格拆分为几个较小的单元格，操作方法是：选定要拆分的单元格，切换到"布局"选项卡，在"合并"选项组单击"拆分单

元格"按钮，打开"拆分单元格"对话框，如图 3.90
所示，在其中输入要拆分的行数和列数，然后单击"确
定"按钮。

图 3.90　"拆分单元格"对话框

（3）拆分和合并表格

Word 允许用户将一个表格拆分成两个或多个表格，
然后在表格之间插入文本，操作方法是：将插入点移至
拆分后要成为新表格第一行的任意单元格，切换到"布
局"选项卡，在"合并"选项组中单击"拆分表格"按钮。

删除两个表格之间的换行符，即可将二者合并在一起。

3.4.3　设置表格格式

表格制作完成后，还需要对表格进行各种格式的修饰，从而产生更具专业性的表格。
表格的修饰与文字修饰基本相同，只是操作对象的选择方法不同。

1. 设置文字方向

将插入点置于单元格中，或者选定要设置的多个单元格，切换到"布局"选项卡，
在"对齐方式"选项组中单击"文字方向"按钮，如图 3.91 所示。

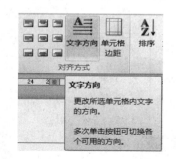

图 3.91　"文字方向"设置按钮

2. 设置单元格边距和间距

在 Word 2010 中，单元格边距是指单元格中的内容
与边框之间的距离；单元格间距是指单元格和单元格之
间的距离。自定义单元格的边距和间距时，先选定整个
表格，切换到"布局"选项卡，在"对齐方式"选项组
中单击"单元格边距"按钮，如图 3.92 所示，在打开的
"表格选项"对话框中对相关选项进行设置，如图 3.93
所示。

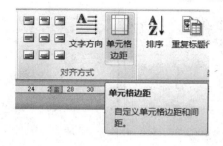

图 3.92　"单元格边距"设置按钮

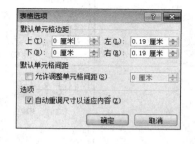

图 3.93　"表格选项"对话框

3. 设置行高和列宽

在默认情况下，Word 会根据表格中输入内容的多少自动调整每行的高度和每列的

宽度，用户也可以根据需要进行调整。调整行高和列宽的方法类似，下面以调整列宽为例说明操作方法。

（1）通过鼠标拖动

将鼠标指针移至两列中间的垂直线上，当指针变成←‖→形状时，按住鼠标左键在水平方向上拖动，当出现的垂直虚线到达新的位置后释放鼠标左键，列宽随之发生改变。

（2）设置指定行高和列宽值

选择要调整的行或列，切换到"布局"选项卡，在"单元格大小"选项组中设置"高度""宽度"微调框的值，如图 3.94 所示。

（3）通过 Word 自动调整功能

切换到"布局"选项卡，在"单元格大小"选项组中单击"自动调整"下拉按钮，从弹出的下拉菜单中选择合适的命令。

另外，将多行的行高或多列的列宽设置为相同时，先选定要调整的多行或多列，切换到"布局"选项卡，在"单元格大小"选项组中单击"分布行"按钮或"分布列"按钮。所选的多行行高或多列列宽的大小，在总的宽度或高度不变的情况下，被平均分配到各行或各列。

选取表格对象后，切换到"布局"选项卡，在"表"选项组中单击"属性"按钮，如图 3.95 所示。可以在打开的"表格属性"对话框中设置选定对象的相关属性，如图 3.96 所示。

图 3.94　"单元格大小"选项组

图 3.95　"表"组

图 3.96　"表格属性"对话框

4. 设置单元格内文本的对齐方式

在表格中不但可以水平对齐文字，而且可以设置垂直方向的对齐效果。选定单元格或整个表格后，可以使用如下两种方法修改文本的对齐方式。

1）切换到"布局"选项卡，在"对齐方式"选项组中单击"对齐"按钮，如图 3.97 所示。

2）右击选定的表格对象，从弹出的快捷菜单中选择"单元格对齐方式"命令子菜单中的命令，如图 3.98 所示。

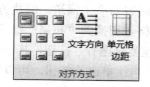

图 3.97 "对齐方式"组

图 3.98 右键"对齐方式"子菜单

5. 设置表格的边框和底纹

除了使用前面介绍的表格样式以外，用户还可以对表格的边框和底纹进行设置。
设置表格边框的操作步骤如下。

1）选定整个表格，切换到"设计"选项卡，在"表格样式"选项组中单击"边框"下拉按钮，从弹出的下拉菜单中选择适当的命令，如图 3.99 所示。

2）要自定义边框，可以选择"边框和底纹"命令，打开"边框和底纹"对话框，如图 3.100 所示。

图 3.99 "边框"下拉菜单

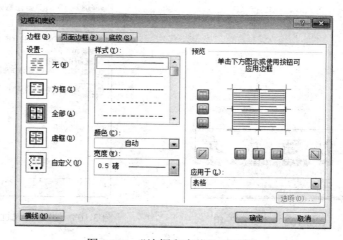

图 3.100 "边框和底纹"对话框

3）在"边框"选项卡中，对"设置""样式""颜色""宽度"等选项进行适当的设置后，单击"确定"按钮。

设置表格底纹的操作。

选定要添加底纹的单元格，切换到"设计"选项卡，在"表格样式"选项组中单击"底纹"下拉按钮，从弹出的下拉菜单中选择所需的颜色，如图 3.101 所示。

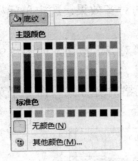

图 3.101　"底纹"下拉菜单

6. 跨页表格自动重复标题行

有时候表格中的统计项目很多，表格过长可能会分在两页甚至多页中显示，然而从第二页开始表格就没有标题行了，导致查看表格中的数据时容易产生混淆。解决方法是：单击表格标题行的任意单元格，切换到"布局"选项卡中，在"数据"选项组中单击"重复标题行"按钮，其他页中续表的首行就会重复表格标题行的内容，如图 3.102 所示。再次单击该按钮，可以取消重复标题行。

7. 防止表格跨页断行

当表格大于一页时，在默认状态下 Word 允许表格中的文字跨页拆分，这可能导致表格中同一行的内容被拆分到上下两个页面中。防止表格跨页断行的操作步骤如下。

1）右击表格的任意单元格，从弹出的快捷菜单中选择"表格属性"命令，打开"表格属性"对话框。

2）切换到"行"选项卡，在"选项"选项组中取消勾选"允许跨页断行"复选框，如图 3.103 所示。

3）单击"确定"按钮，完成设置。

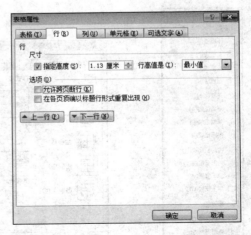

图 3.103　"表格属性"对话框"行"选项卡

图 3.102　"数据"组

8. 表格的快速样式

将鼠标指针移到表格中时，表格左上角和右下角会出现两个控制点，分别是表格移动控制点⊞和表格大小控制点⊐。

表格移动控制点有两个作用：一是将鼠标指针放在该控制点后拖动鼠标时，可以移动表格；二是单击后将选中整个表格。

表格大小控制点的作用是改变整个表格的大小，鼠标指针停在该控制点后，拖动鼠标将按照比例放大或缩小表格。

表格的快速样式是指对表格的字符字体、颜色、底纹、边框等套用 Word 预设的格式。无论是新建的空表，还是已经输入数据的表格，都可以使用表格的快速样式来设置表格的格式，操作步骤如下。

1）将插入点置于表格的单元格中，切换到"表格工具"→"设计"选项卡（以下简称"设计"选项卡），在"表格样式"选项组中选择一种样式，即可在文档中预览此样式的排版效果。

2）在"表格样式选项"选项组中，设置或取消相关的复选框的勾选，以决定特殊样式应用的区域。

3.4.4　表格与文本互换

对于有规律的文本内容，Word 2010 可以将其转换为表格形式。同样，也可以将表格转换成排列整齐的文档。文本与表格相互转换，如图 3.104 所示。

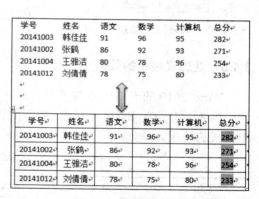

图 3.104　文本与表格相互转换

1. 将文本转换成表格

1）选定要转换的文本，切换到"插入"选项卡，在"表格"选项组中单击"表格"下拉按钮，从弹出的下拉菜单中选择"文本转换为表格"命令，如图 3.105 所示，打开"将文字转换成表格"对话框，如图 3.106 所示。

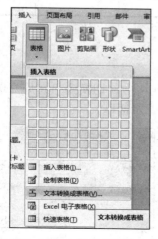

图 3.105　"文本转换成表格"命令

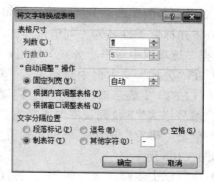

图 3.106　"将文字转换成表格"对话框

2）在"表格尺寸"选项组中设置"列数"微调框中的数值；在"'自动调整'操作"选项组中勾选"根据内容调整表格"单选按钮；在"文字分隔位置"组中选择文字间的分隔形式。

3）单击"确定"按钮，即可看到转换后的表格，接下来根据需要编辑、美化表格即可。

图 3.107 "表格转换成文本"对话框

2. 将表格转换成文本

1）选定要转换的表格，切换到"布局"选项卡，在"数据"选项组中单击"转换为文本"按钮，打开"表格转换成文本"对话框，如图 3.107 所示。

2）在"文字分隔符"组中选择需要的分隔符号，建议使用"制表符"选项。

3）单击"确定"按钮，转换完成。

3.4.5 处理表格中的数据

Word 2010 的表格中自带了对公式的简单应用，若要对数据进行复杂处理，则需要使用第 4 章介绍的 Excel 电子表格。下面以表 3.7 所示的学生成绩表为例介绍 Word 2010 中公式的使用方法。

表 3.7 学生成绩表

学号	姓名	语文	数学	计算机	总分
20141012	刘倩倩	78	75	80	
20141002	张鹤	86	92	93	
20141003	韩佳佳	91	96	95	
20141004	王雅洁	80	78	96	
平均分					

1. 求和

计算学生各门课程总分的操作步骤如下。

1）将光标置于姓名为"刘倩倩"的"总分"单元格中，切换到"布局"选项卡，在"数据"选项组中单击"公式"按钮，打开"公式"对话框。

2）在"公式"文本框中自动填入了默认公式"=SUM（LEFT）"，表示对该行左侧三门课程求和，可以在"编号格式"下拉列表框中选择需要的格式。

3）单击"确定"按钮，求出"刘倩倩"的总分，如图 3.108 所示。

4）重复以上步骤，在"张鹤""韩佳佳""王雅洁"的总分列相应单元格中，使用相同的公式，

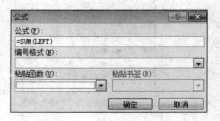

图 3.108 "公式"对话框

计算他们的总分。

说明：公式中的字符需要在英文半角状态下输入，并且字母不分大小写；公式前面的"="不能遗漏。

2. 求平均值

计算学生考试成绩平均分的操作步骤如下。

1）将光标置于"语文"列的"平均分"单元格中，打开"公式"对话框。

2）"公式"文本框中默认的公式为"=SUM(ABOVE)"，将"="后的函数名"SUM"删除，并将光标置于"="后，选择"粘贴函数"下拉列表框中的函数名"AVERAGE"，如图 3.109 所示。"公式"文本框中显示"=AVERAGE()(ABOVE)"，将函数名"AVERAGE"后多余的括号删除，"公式"文本框中显示"=AVERAGE(ABOVE)"，表示对该列上方 4 个单元格求平均值。"编号格式"设置为"0.00"，最后单击"确定"按钮，计算得出"语文"列的平均分，如图 3.110 所示。

图 3.109　"粘贴函数"下拉菜单　　　　　图 3.110　"公式"对话框

3）重复以上步骤，使用 AVERAGE 函数，在对应的单元格中，分别求出"数学""计算机"课程的平均分。

事实上，Word 2010 是以域的形式将计算结果插入选中单元格的。如果所引用的单元格数据发生了更改，可以将光标置于计算结果的单元格中，然后按【F9】键对结果进行更新。

3. 排序

Word 2010 提供对表格中的数据排序的功能，用户可以依据拼音、笔画、日期或数字等对表格内容以升序或降序进行排序，操作步骤如下。

1）将插入点置于表格中，切换到"布局"选项卡，在"数据"选项组中单击"排序"按钮，打开"排序"对话框，如图 3.111 所示。

2）在"主要关键字"下拉列表框中选择排序首先依据的列，如"总分"。在右边的"类型"下拉列表框中选择数据的类型。勾选"升序"单选按钮或"降序"单选按钮，以表示按照该列的升序排列或降序排列。

3）分别在"次要关键字"和"第三关键字"下拉列表框中选择排序的次要依据和第三依据的列名，如"语文"和"数学"。如果"主要关键字"总分相同，则排序可以依据"次要关键字";如果"次要关键字"也相同,则排序可以依据"第三关键字"。

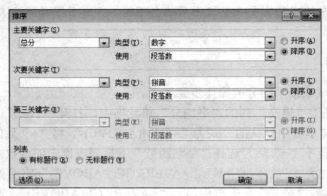

图 3.111 "排序"对话框

4)在"列表"选项组中,勾选"有标题行"单选按钮,可以防止对表格中的标题行进行排序。若没有标题行,则勾选"无标题行"单选按钮。

5)单击"确定"按钮,进行排序。

注意:对数值大小排序,"升序"即从小到大排序,"降序"即从大到小排序。对字母排序即按字母排列的顺序,"升序"即从前往后排序,"降序"即从后往前排序。

如果要对表格的部分单元格排序,首先选定这些单元格,然后按照上述步骤操作即可。

3.5 插入和引用

文字、图片和表格三大基本应用是 Word 2010 文档处理的核心能力。Word 2010 提供的插入和引用的相关内容,极大地提高工作效率,充分展现了 Word 2010 的自动化处理功能。

3.5.1 文档导航

1. 使用大纲视图

编辑 Word 文档过程中,可以为文档中的段落指定大纲级别。在指定了大纲级别后,即可在大纲视图或"导航"窗格中处理文档。设置大纲级别的操作步骤如下。

1)切换到"视图"选项卡,在"文档视图"选项组中单击"大纲视图"按钮,打开文档的大纲视图方式,在"大纲级别"下拉列表框中可以看到文本的大纲级别。

2)单击每一个标题的任意位置,在"大纲工具"选项组中,从"大纲级别"下拉列表框中选择所需的选项,可以将该标题设置为相应的大纲级别。

3)大纲级别设置完成后,从"显示级别"下拉列表框中选择合适的选项,即可显示文档的大纲视图效果,如图 3.112 所示。

4)在大纲视图方式下,将光标定位于某段落中,单击"大纲工具"选项组中的"上移"或"下移"按钮,可以将该段落内容向相应的方向进行移动。

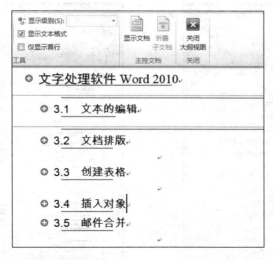

图 3.112　级别设置为"2 级"的"大纲视图"

单击"关闭"组中的"关闭大纲视图"按钮，可以从大纲视图退出，返回页面视图方式。

2. 使用"导航"窗格

用 Word 2010 编辑长文档时，Word 2010 新增的"导航"窗格可以方便地查看整个文档的内容，为用户提供精确导航。

切换到"视图"选项卡，在"显示"选项组内勾选"导航窗格"复选框，如图 3.113 所示。即可在 Word 2010 编辑区的左侧打开"导航"窗格，如图 3.114 所示。除了前面介绍的关键字导航以外，Word 2010 还提供了文档标题导航、文档页面导航和特定对象导航。

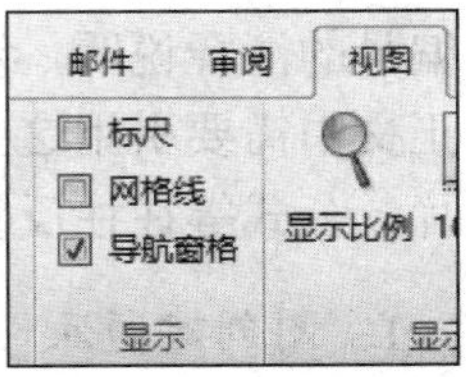

图 3.113　"显示"选项组

（1）文档标题导航

当对超长文档事先设置了标题样式后，即可使用文档标题导航方式。打开"导航"窗格后，单击其中的"浏览您的文档中的标题"按钮，切换到文档标题导航方式，Word 2010 会对文档进行智能分析，并将文档标题在"导航"窗格中列出。单击其中的标题，即可自动定位到相关段落。

（2）文档页面导航

用 Word 2010 编辑文档会自动分页，文档页面导航是根据 Word 2010 文档的默认分页进行导航的。单击"导航"窗格中的"浏览您的文档中的页面"按钮，将切换到文档页面导航，Word 2010 会在"导航"窗格中以缩略图形式列出文档分页，如图 3.115 所示。只要单击分页缩略图，即可定位到相应页面查阅。

（3）特定对象导航

单击搜索框右侧的"选项"下拉按钮，从弹出的下拉菜单中选择所需的命令，可以快速查找文档中的图形、表格、公式等特定对象。

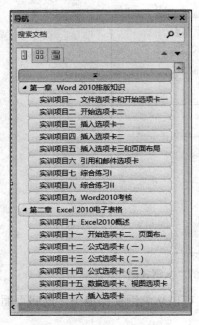
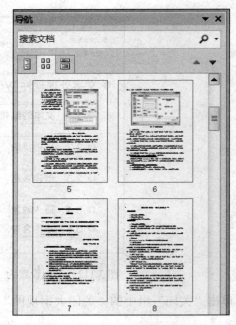

图 3.114　"导航"窗格　　　　　　图 3.115　文档页面导航窗格

3.5.2　插入题注和交叉引用

题注通常是对论文或报告中的表格、图片、图形和公式等对象的下方或上方添加的带编号的注释说明，编号通常按照所在章节的顺序分章编号。例如，图1.1、表2-1等。当正文中需要引用这些图表或公式时，使用交叉引用即可。在论文的编辑过程中，表格、图片、公式等往往反复地修改，题注和交叉引用可以随之变化，不需要再专门编辑。

1. 图创建题注

使用 Word 2010 提供的题注功能，可以对图片和表格自动进行编号，从而节约手动输入编号的时间。下面以设置图片的题注为例，说明操作步骤。

1）选择插入的第1张图片，单击"引用"→"题注"→"插入题注"按钮，如图3.116所示，打开"题注"对话框，如图3.117所示。

图 3.116　"题注"选项组

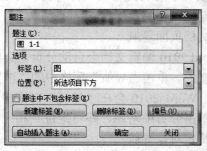

图 3.117　"题注"对话框

2）在"标签"下拉列表框中选择所需的标签，如"图表""表格""公式"。如果所提供的标签不能满足要求，可以单击"新建标签"按钮，打开"新建标签"对话框，如图 3.118 所示。在"标签"文本框中输入自定义的标签名，如"图"，然后单击"确定"按钮，返回"题注"对话框。此时，新建的标签出现在"标签"列表中。

3）单击"题注"→"编号"按钮，打开"题注编号"对话框，如图 3.121 所示。设置编号格式，勾选"包含章节号"复选框后，设置章节起始样式和分隔符，然后单击"确定"按钮，返回"题注"对话框。此时，"题注"文本框中出现"图 1-1"。单击"确定"按钮，返回文档编辑窗口中。此时，选中的图片下方显示"图 1-1"。

图 3.118　"新建标签"对话框

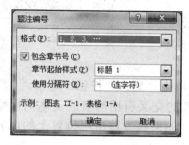

图 3.119　"题注编号"对话框

4）在文档中插入其他图片，然后右击该图片，从弹出的快捷菜单中选择"插入题注"命令，在打开的"题注"对话框中单击"确定"按钮，即可在图片的下方自动插入标签和编号。如果要添加文字说明，只需在该题注的尾部输入文字内容。

选中题注，然后按【Delete】键，即可将该题注清除。清除题注后，Word 自动更新其余题注的编号。

注意：如果要设置"题注编号"，文章的章节标题必须先应用带有"多级列表"编号的标题样式。

表的题注与图的题注相类似，只是在步骤 2）中将图设置为表或者新建为表即可。

2. 交叉引用

交叉引用可以将文档插图、表格等内容与相关正文的说明文字建立对应关系，从而实现编号的自动更新。如果要创建交叉引用，操作步骤如下。

1）在文档中输入需要插入交叉引用的介绍文字，如"如 所示"，并将插入点置于插入位置。

2）切换到"引用"选项卡，在"题注"选项组中单击"交叉引用"按钮，打开"交叉引用"对话框，如图 3.120 所示。

3）在"引用类型"下拉列表框中选择所要引用的内容，如选择"图"；在"引用内容"下拉列表框中选择所要引用的内容，如选择"只有标签和编号"；在"引用哪一个题注"列表中选择所要引用的项目。

4）若勾选"插入为超链接"复选框，则引用的内容会以超链接的方式插入文档中，单击它即可跳到引用的内容处。

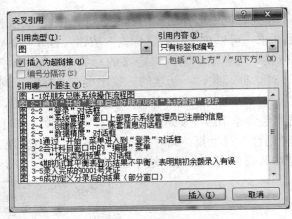

图 3.120　"交叉引用"对话框

5）单击"插入"按钮，即可。

插入的交叉引用与普通文本的区别是，单击插入的文本时，其内容将会显示灰色的底纹。如果修改被引用位置上的内容，返回引用点时按【F9】键，即可更新引用点的内容。

3.5.3　插入目录和索引

书籍或长文档编辑完成后，需要为其制作目录，为方便读者阅读和大概了解文档的层次结构及主要内容。除手工输入目录以外，Word 2010 还提供了自动生成目录的功能。

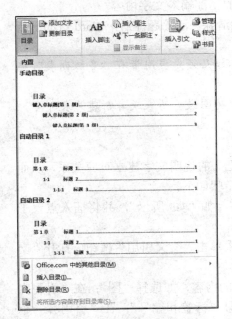

图 3.121　"目录"下拉菜单

1. 自动生成目录

要生成目录，前提是将文档中的每级标题用快速样式库中的标题样式统一格式化。

1）标题样式格式化各级标题。

2）将插入点定位在要插入目录的位置，切换到"引用"选项卡，在"目录"选项组中单击"目录"按钮，弹出"目录"下拉菜单，如图 3.121 所示。

3）单击一种自动目录样式，即可快速生成该文档的目录。

2. 自定义目录

如果要利用自定义样式生成目录，可以参照下述步骤进行操作。

1）将光标移到目标位置，切换到"引用"选项卡，在"目录"选项组中单击"目录"下拉按钮，从弹出的下拉菜单中选择"插入目录"命令，打开"目录"对话框，如图 3.122 所示。

2）在"格式"下拉列表框中选择目录的风格，选择的结果可以通过预览框查看。如果选择"来自模板"选项，表示使用内置的目录样式格式化目录。如果勾选"显示页码"复选框，表示在目录中每个标题后面将显示页码；如果勾选"页码右对齐"复选框，表示让页码右对齐。在"制表符前导符"下拉列表框中指定文字与页码之间的分隔符。在"显示级别"下拉列表框中指定目录中显示的标题层次。

3）如果要从文档的不同样式创建目录，如根据自定义的"一级标题"样式创建目录，可以单击"选项"按钮，打开"目录选项"对话框，如图 3.123 所示。在"有效样式"列表框中找到标题使用的样式，通过"目录级别"文本框指定标题的级别，然后单击"确定"按钮。

4）当要修改生成目录的外观格式时，单击"目录"→"修改"按钮，在打开的"样式"对话框中选择目录级别，如图 3.124 所示。然后单击"修改"按钮，即可打开"修改样式"对话框，修改该目录级别的格式，如图 3.125 所示。

5）单击"确定"按钮，即可在文档中插入目录。

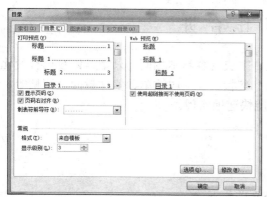

图 3.122　"目录"对话框

图 3.123　"目录选项"对话框

图 3.124　目录"样式"对话框

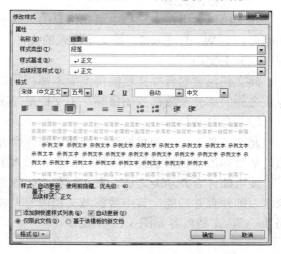

图 3.125　"修改样式"对话框

3. 更新目录

若文字内容在编制目录后发生变化，则 Word 2010 可以很方便地对目录进行更新。操作步骤如下。

1）在目录中单击，目录区左上角会出现"更新目录"按钮（或者右击目录文本，从弹出的快捷菜单中选择"更新目录"命令），打开"更新目录"对话框，如图 3.126 所示。

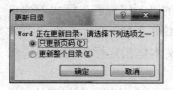

图 3.126　"更新目录"对话框

2）如果只是页码发生改变，可以勾选"只更新页码"单选按钮；如果有标题内容的修改或增减，可以勾选"更新整个目录"单选按钮。

3）单击"确定"按钮，目录更新完毕。

注意：若选中整个目录，然后按【Ctrl+Shift+F9】组合键，则可以中断目录与正文的链接，目录被转换为普通文本。这时，可以像编辑普通文本那样直接编辑目录。

3.6　邮　件　合　并

在日常工作中，如果遇到要处理的文件主要内容基本相同，只是具体数据有变化的情况时，如批量制作证件卡、录取通知书、奖状、学生成绩单、信件封面及请帖等，则可以借用 Word 所提供的"邮件合并"功能快速地实现。

3.6.1　邮件合并的基本过程

1. 邮件合并过程中涉及创建的文档

邮件合并过程涉及创建和打印的 3 个文档如下。

（1）数据源文档

此文档包含用在主文档中填充信息的数据列表。例如，用户姓名、地址等。数据源文档可以是 Word、Excel、纯文本格式的文件。

（2）主文档

此文档包含对合并文档的每个版本都相同的文本和图形。例如，录取通知书除姓名、专业之外的部分及徽标或图像等。主文档是 Word 2010 编辑的文档。

（3）合并文档

此文档是主文档和数据源文档使用邮件合并功能组合生成的新文档，又称为单个文档。从数据源文档信息列表中提取信息，插入主文档指定位置，生成多页的合并文档。

使用邮件合并功能之前，主文档和数据源文档需要提前准备。以制作"请柬"为例来学习邮件合并功能，其中数据源文档内容见表 3.8 所示，主文档文件名为"请柬主文档.docx"，文档内容如图 3.127 所示。

表 3.8 数据源文档内容

姓名	职务	单位	地址	邮编
王选	董事长	方正公司	北京市海淀区中关村 298 号	100085
李鹏	总经理	同方公司	北京市海淀区王庄路 1 号	100083
江汉民	财务总监	万邦达公司	北京市海淀区新街口外大街 19 号	100875

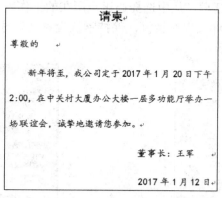

图 3.127 邮件合并主文档

2. 使用邮件合并分步向导

1）打开文件名为"请柬主文档.docx"的主文档，将光标移动到需要插入不同姓名的位置。

2）切换到"邮件"选项卡，在"开始邮件合并"选项组中单击"开始邮件合并"下拉按钮，在弹出的下拉菜单中选择"邮件合并分步向导"命令，如图 3.128 所示，启动"邮件合并"任务窗格。

3）在"邮件合并"任务窗格"选择文档类型"中保持默认选择"信函"，单击"下一步：正在启动文档"超链接，如图 3.129 所示。

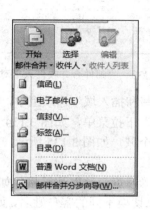

图 3.128 "开始邮件合并"下拉菜单

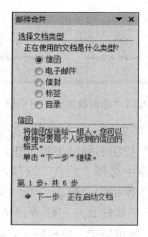

图 3.129 "邮件合并分步向导"第一步

4）在"邮件合并"任务窗格"选择开始文档"中保持默认选择"使用当前文档"，单击"下一步：选取收件人"超链接，如图 3.130 所示。

5）在"邮件合并"任务窗格"选择收件人"中保持默认选择"使用现有列表"，单击"浏览"超链接，如图 3.131 所示。打开"选取数据源"对话框，选择数据源文档"重要客户通讯录.docx"，单击"打开"按钮，如图 3.132 所示。（若数据源为 Excel 工作簿，则会打开"选择表格"对话框，从中选择通讯录所在的工作表后，单击"确定"按钮。）此时会打开"邮件合并收件人"对话框，保持默认设置（勾选所有收件人），单击"确定"按钮，如图 3.133 所示。

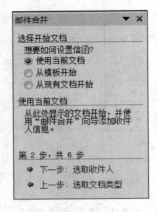

图 3.130　"邮件合并分步向导"第二步

图 3.131　"邮件合并分步向导"第三步

图 3.132　"选取数据源"对话框

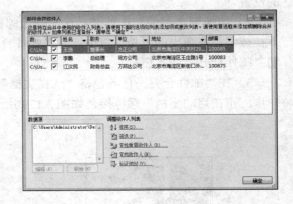

图 3.133　"邮件合并收件人"对话框

6）返回到 Word 文档后，在"邮件"选项卡"编写和插入域"选项组中，单击"插入合并域"按钮右侧的下拉按钮，弹出"插入合并域"下拉菜单，如图 3.134 所示。在展开的列表中选择"姓名"选项，即在光标处插入一个域，如图 3.135 所示。在"邮件合并"任务窗格中，单击"下一步：撰写信函"超链接。

7）在"邮件合并"任务窗格中，单击"下一步：预览信函"超链接，如图 3.136 所示。在"预览信函"选项组中，通过 ⟩⟩、⟨⟨ 按钮可以切换不同的客户姓名，如图 3.137 所示。单击"编辑收件人列表"按钮还可以增加、修改客户姓名。单击"下一步：完成合并"超链接。此时，主文档编辑完成，可以对文件名为"请柬主文档.docx"的主文档进行保存。

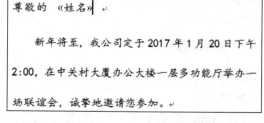

图 3.134　"插入合并域"下拉菜单　　　图 3.135　"插入合并域"后的效果

图 3.136　"邮件合并分步向导"第四步　　图 3.137　"邮件合并分步向导"第五步

8）编辑单个信函。完成邮件合并后，还可以对单个信函进行编辑和保存。在"邮件合并"任务窗格中单击"编辑单个信函"超链接，如图 3.138 所示。或者在 Word 文档的"邮件"选项卡"完成"选项组中，选择"完成并合并"下拉菜单中的"编辑单个文档"选项，都可以启动"合并到新文档"对话框，如图 3.139 所示。

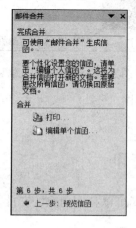

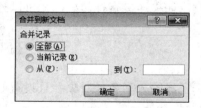

图 3.138　"邮件合并分步向导"第六步　　图 3.139　"合并到新文档"对话框

在"合并到新文档"对话框中勾选"全部"单选按钮，单击"确定"按钮，即可按不同的客户姓名生成一个多页的合并文档，即单个文档。此文档为新文档，因此，保存时会打开"另存为"对话框，可以将合并文档以"请柬单个文档.docx"为文件名进行保存。

邮件合并完成后，可以通过打印机将合并文档打印输出。

3.6.2 中文信封制作向导

在 Word 2010 中批量制作中文信封，必需要有 Excel 格式或文本格式的地址簿文件。制作步骤如下。

1）打开 Word 2010，切换到"邮件"选项卡，单击"创建"→"中文信封"按钮，打开"信封制作向导"对话框（图 3.140），单击"下一步"按钮。

2）选择信封样式，单击"下一步"按钮。

3）在"选择生成信封的方式和数量"中选择"基于地址簿文件，生成批量信封"选项，单击"下一步"按钮。

4）单击"选择地址簿"按钮，打开"打开"对话框，在对话框右下角设置地址簿格式，默认为"Text"格式。选择地址簿文档后，单击"打开"按钮，设置收件人信息后，单击"下一步"按钮，如图 3.141 所示。

5）填写寄件人信息后，单击"下一步"按钮。

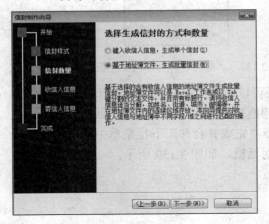

图 3.140 "信封制作向导"对话框

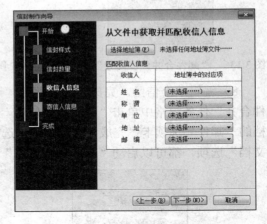

图 3.141 设置收件人信息

6）单击"完成"按钮，生成中文信封，并保存文档。

此时，如果连接有打印机，就可以打印中文信封。

3.7 打印预览与打印

对于已经输入了各种对象并且设置好格式的文档，可以打印出来。在此之前，借助"打印预览"功能，能够在屏幕上显示打印的效果。

3.7.1　打印预览文档

为了保证打印输出的品质及准确性，一般在正式打印之前需要先进入预览状态，以检查文档整体版式布局是否还存在问题，确认无误后才会进行下一步的打印设置及打印输出。打印预览文档的操作步骤如下。

1）单击快速访问工具栏中的"打印预览和打印"按钮，此时在文档窗口中将显示所有与打印有关的命令，在最右侧的窗格中能够预览打印效果。

2）拖动"显示比例"滚动条上的滑块能够调整文档的显示大小。单击"下一页"按钮和"上一页"按钮，能够进行预览的翻页操作。

3）当发现文档中有需要修改的地方时，单击其他选项卡标签，以切换到当前视图中，继续对文档进行编辑处理。

3.7.2　打印文档

对打印的预览效果满意后，即可对文档进行打印，操作步骤如下。

1）切换到"文件"选项卡，选择"打印"命令，在中间窗格内的"份数"文本框中设置打印的份数，然后单击"打印"按钮，即可开始的打印。

2）Word 默认打印文档中的所有页面。选择"打印所有页"命令，可以从子菜单中选择要打印的范围。另外，还可以在"页数"文本框中输入指定页码的内容。

3）在"打印"命令的列表窗格中还提供了常用的打印设置按钮，如果要设置页面的打印顺序、页面的打印方向及设置页边距等，只需单击相应的选项按钮，从子菜单中选择相关的参数即可。

4）当需要在纸张的双面打印文档，但是打印机仅支持单面打印时，单击中间窗格内的"单面打印"下拉按钮，从弹出的下拉菜单中选择"手动双面打印"命令。这样，当所有纸张的第一面都打印完后，系统将提示打印第二面，将打印过的纸张翻转到第二面再继续打印即可。

5）如果想将几页文档缩小打印到一张纸上，可以单击中间窗格内的"每版打印 1 页"下拉按钮，从弹出的下拉菜单中选择每版打印的页数。

习　　题

一、请按照以下要求对 Word 文档进行编辑和排版

文字要求：输入一篇寓言《东郭先生和狼》，至少分成 5 个段落。

1. 将文章正文各段的字体设置为宋体、小四号、两端对齐，各段行距为 1.4 倍。第 2 段首字下沉 3 行，距离正文 1 厘米。

2. 在第 3 段和第 4 段的段前设置项目符号。

3. 在正文中插入一幅剪贴画或图片，设置剪贴画或图片的文字环绕方式为四周型。

4. 页面设置：上、下、左、右的边距均为 2.2 厘米，页眉为 1.6 厘米。

5. 设置页码：页面底端居中。

6. 在文章的最后输入如下公式（单独一段）。

$$Z = xy + \sqrt{\ln A + \frac{x^2}{x^2+y^2}} + \sqrt[3]{\frac{\pi}{2}}$$

二、制作简历表

姓名		出生日期		照片
性别		民族		
毕业学校及专业				
籍贯				
个人简历				
奖惩情况				

三、Word2010 排版高级应用

文章内容如下。

第一章　绪论

1.1　系统开发背景

人力资源管理是一门集管理科学、信息科学、系统科学及计算机科学为一体的新兴的综合性学科，在诸多的企业竞争要素中，人力资源已经逐渐成为企业最主要的资源，现代企业的竞争也越来越直接地反映为人才的竞争。在此背景下，现代企业为适应快速变化的市场，需要更加灵活、快速反应的，具有决策功能的人力资源管理平台和解决方案。

1.2　研究目标和意义

开发和使用人力资源管理系统可以实现人力资源管理信息化，可以给企业带来以下好处。

1）可以提高人力资源管理的效率；

2）可以优化整个人力资源业务流程；

3）可以为员工创造一个更加公平、合理的工作环境。

第二章　系统设计相关原理

2.1　技术准备

Hibernate

Hibernate 是一个开放源代码的关系映射框架，它对 JDBC 进行了非常轻量对象封装，使得 Java 程序员可以随心所欲地使用对象编程思维来管理数据库。

2.2　Struts

Struts 最早是作为 Apache Jakarta 项目的组成部分，项目的创立者通过对该项目的研究，改进和提高 Java Server Pages、标签库及面向对象的技术水准。

2.3　JSP

JSP（Java Server Pages）是由 SUN 公司倡导创建的一种新动态页面技术标准。

2.4　SQL Server

SQL Server 是目前最流行的关系数据库管理系统之一。

第三章　系统分析

3.1　需求分析

包括任务概述、总体目标、遵循原则、运行环境、功能需求等。

3.2　可行性分析

从经济可行性、技术可行性两个方面进行分析。

第四章　系统总体设计

4.1　系统功能结构设计

人力资源管理系统由人事管理、招聘管理、培训管理、薪金管理、奖惩管理 5 部分组成。

4.2 数据库规划与设计

本系统采用 SQL Server 2008 数据库，系统数据库名为人力资源管理，包括培训信息表、奖惩表、应聘信息表、薪金表和用户表 5 个数据表。其中，奖惩表结构见下表。

奖惩表结构

字段名	数据类型	长度	是否主键	描述
ID	Int	4	是	数据库流水号
Name	varchar	2000	否	奖惩名称
Reason	varchar	50	否	奖惩原因
Explain	varchar	50	否	描述
Createtime	datetime	8	否	创建时间

第五章 系统详细设计与实现

5.1 用户登录模块

用户登录模块是用户进入主页面的入口。流程图如下图所示。

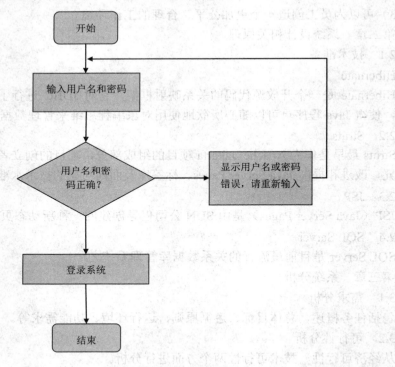

用户登录模块流程图

5.2 人员管理模块

人员管理模块主要包括浏览、添加、修改和删除人员信息。

5.3 招聘管理模块

主要包括应聘人员信息的详细查看、删除及信息入库

5.4　培训管理模块

主要包括浏览培训计划、信息删除和填写培训总结

5.5　奖惩管理模块

主要包括浏览奖惩详细信息、修改和删除奖惩信息

5.6　薪金管理模块

薪金信息的登记、修改、删除和查询

为统计分析薪金，可以采用标准偏差函数，它反映了数值相对于平均值的离散程度。

第六章　总结与展望

6.1　总结

本系统以 JSP 为开发工具，依托于 SQL Server 2008 数据库实现，功能齐全，能够基本满足企业对人力资源规划的需要，并且操作简单，界面友好。

6.2　展望

当然，本系统也存在一定的不足之处，如在薪金管理中，安全措施考虑得不是很周到，存在一定的风险，有待于进一步完善。

操作要求：

1. 对正文进行排版，其中：

1）章名样式"标题 1"，居中显示；编号格式为"第 X 章"，其中 X 为自动排序。

2）小节名使用样式"标题 2"，左对齐；编号格式为多级符号"X.Y"。X 为章数字序号，Y 为节数字序号，如 1.1。

3）新建样式，样式名为"样式"+"1234"。

① 字体：中文字体为"楷体"，西文字体为"Times New Roman"，字号为"小四"。

② 段落：首行缩进 2 字符，段前和段后均为 0.5 行，行距为 1.5 倍。

③ 其余格式：默认格式。

并将样式应用到正文中无编号的文字。

注意：不包括章名、小节名、表文字、表和图的题注。

4）对出现"1.""2."……处，进行自动编号，编号格式不变；对出现"1)"，"2)"……处，进行自动编号，编号格式不变。

5）为正文文字（不包括标题）中首次出现"人力资源管理系统"的地方插入脚注，添加文字"Human Resource　Management　System，简称 HRMS"。

6）对正文中的表添加题注"表"，位于表上方，居中。要求：编号为"章序号"-"表在章中的序号"（如第 1 章中第 1 张表的题注编号为 1-1）；表的说明使用表上一行的文字，格式同表标号；表居中。

7）对正文中出现的"如下表所示"的"下表"，使用交叉引用，改为"如表 X-Y 所示"，其中"X-Y"为表题注的编号。

8）对正文中的图添加题注"图"，位于图下方，居中。要求：编号为"章序号"-"图在章中的序号"（如第 1 章中第 1 张图的题注编号为 1-1）；图的说明使用图下一行的

文字，格式同图标号；图居中。

9）对正文中出现"如下图所示"的"下图"，使用交叉引用，改为"如图 X-Y 所示"，其中"X-Y"为图题注的编号。

2. 分节处理

对正文进行分节处理，每章为单独一节。

3. 生成目录

在正文前按序插入节，使用引用中的目录功能，生成如下内容。

1）第 1 节：目录。

① "目录"使用样式"标题 1"，居中显示。

② "目录"下为目录项。

2）第 2 节：表目录。

① "表目录"使用样式"标题 1"，居中显示。

② "表目录"下为表目录项。

3）第 3 节：图目录。

① "图目录"使用样式"标题 1"，居中显示。

② "图目录"下为图目录项。

4. 添加页脚

使用域，在页脚中插入页码，居中显示。

1）正文前的节，页码采用"I，II，III……"格式，页码连续，居中对齐。

2）正文中的节，页码采用"1，2，3……"格式，页码连续，居中对齐。

3）更新目录、表目录和图目录。

5. 添加页眉

使用域，按照以下要求添加内容，居中显示。

1）对于奇数页，页眉中的文字为"章序号"+"章名"。

2）对于偶数页，页眉中的文字为"节序号"+"节名"。

第4章　电子表格处理软件 Excel 2010

人们在日常生活和工作中经常会遇到各种计算问题，如商业上进行销售统计，会计人员对工资、报表进行分析，教师计算学生成绩，科研人员分析实验数据等。这些都可以通过电子表格软件来实现。

目前流行的电子表格处理软件有 Microsoft Office 2010 办公集成软件中的 Excel 2010 和 WPS Office 2010 金山办公组合软件中的金山电子表格 2010。

本章将以 Excel 2010（中文版）为例，介绍电子表格处理软件的基本功能和使用方法。

4.1　Excel 2010 概述

Microsoft Excel 是微软公司的办公软件 Microsoft office 的组件之一，是微软公司为安装 Windows 操作系统和 Apple Macintosh 操作系统的计算机而编写和运行的一款试算表软件。Excel 是微软办公套装软件的一个重要组成部分，它可以进行各种数据的处理、统计分析和辅助决策操作，广泛地应用于管理、财经、金融等众多领域。

4.1.1　Excel 2010 的基本概念

Excel 2010 主要用于对数据的分析运算，帮助用户完成对数值的处理工作。

1. 工作簿、工作表及单元格

Excel 2010 程序包含的 3 个基本元素分别是工作簿、工作表和单元格。

（1）工作簿

在 Excel 中，用于保存数据信息的文件称为工作簿。在一个工作簿中，可以有多个不同类型的工作表，在默认情况下包含 3 个工作表。Excel 2010 工作簿文件以.xlsx 为默认的扩展名。

（2）工作表

工作表是工作簿的一部分，也称电子表格。使用工作表可以对数据进行组织和分析，可以同时在多张工作表上输入并编辑数据，并且可以对来自不同工作表的数据进行汇总计算。在创建图表之后，既可以将其置于源数据所在的工作表上，也可以将其放置在单独的图表工作表上。

（3）单元格

行与列的交叉部分称为"单元格"，它是存放数据的最小单位，可以拆分和合并，单个数据的输入和修改都是在单元格中进行的。单元格的内容可以是数字、字符、公式、日期、图形或声音文件等。每个单元格都有其固定的地址，用列标和行标唯一标识，如A1 是指第 A 列和第 1 行交叉位置上的单元格。为了区分不同工作表中的单元格，需要在单元格地址前加工作表名称，如 Sheet1！A1 表示 Sheet1 工作表中 A1 单元格。当前正在使用的单元格称为"活动单元格"，有黑框线包围。

2. 工作簿、工作表与单元格的关系

工作簿、工作表与单元格之间是包含与被包含的关系，一个工作簿中可以有若干张工作表，任何一张工作表中都含有多个单元格。

（1）工作簿、工作表与单元格的位置

工作簿中的每张表格即称为工作表，工作表的集合即组成了一个工作簿。而单元格是工作表中的表格单位，用户通过在工作表中编辑单元格来分析处理数据。

（2）工作簿、工作表与单元格的关系

工作簿、工作表与单元格三者的关系是相互依存的关系，它们是 Excel 2010 中的3 个基本元素，三者的关系如图 4.1 所示。

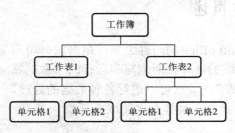

图 4.1　工作簿、工作表与单元格的关系

4.1.2　Excel 2010 的基本功能

用户使用 Excel 2010 可以制作工作中需要的各种表格、计算表格数据、分析数据和制作图表等。下面介绍 Excel 2010 的功能。

1. 表格制作

能够快捷地建立工作簿和工作表，并对其进行数据输入、编辑操作和多种格式化设置，如图 4.2 所示。

2. 强大的数据计算能力

用户可以使用 Excel 2010 中提供的公式输入功能和多种预设函数对表格数据进行各种计算，通过计算，用户可以快速地得到想要的运算结果，方便用户对其数据进行分析，如图 4.3 所示。

	A	B	C	D	E
1	学号	姓名	性别	计算机	生理
2	201603001	谢晓慧	女	86	85
3	201603002	安若琪	女	95	86
4	201603003	张悦	男	82	87
5	201603004	韩璐	女	78	94

图 4.2　制作表格

	A	B	C	D	E
1	学号	姓名	生理	解剖	总分
2	201603001	谢晓慧	85	87	172
3	201603002	安若琪	86	80	166
4	201603003	张悦	87	98	185
5	201603004	韩璐	94	96	190

图 4.3　计算总分

3. 数据分析

用户可以在 Excel 2010 中对表格中的数据进行数据分析，从而生成用户需要的数据

分析结果，如图 4.4 所示。

4. 丰富图表功能

在 Excel 2010 中对分析的数据进行图形化处理，可以简洁直观地展现多种类型的统计图表，并对其外观进行设置，如图 4.5 所示。

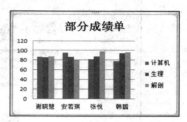

图 4.4　分析数据　　　　　　　　　　图 4.5　图表

4.1.3　Excel 2010 的新功能

1. 支持 Web 电子表格

Excel 2010 的一个重要的改进就是对 Web 功能的支持。用户可以通过浏览器直接创建、编辑和保存 Excel 文件，并通过浏览器共享这些文件。

2. 图片编辑功能

Excel 2010 增强了照片效果的编辑功能，可以更改图片的色调、明暗程度、图像大小等；Excel 2010 还新增了删除图片背景、将图片转换为 SmartArt 图形等功能。用户可以使用 Excel 2010 对图片进行简单的设置。

3. 数据透视图的使用

用户可以直接在数据透视图中显示不同的数据视图，这些视图与数据透视表视图相互独立，是用户在数据分析时最直观描绘的视图，如图 4.6 所示。

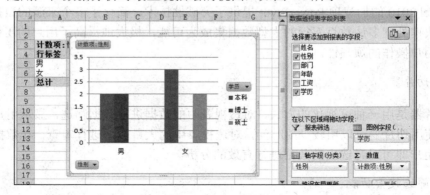

图 4.6　数据透视图

4. 提供更多类型的 SmartArt 图形

Excel 2010 为用户新增了更多类型的 SmartArt 图形，用户可以更加轻松快捷地得到所需要的专业图形效果，如图 4.7 所示。

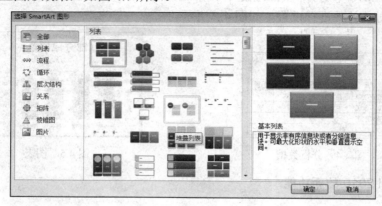

图 4.7　SmartArt 图形

5. 屏幕截图功能

Excel 2010 中新增了屏幕截图功能，用户可以快速地将屏幕中显示的图像以图片的形式插入工作表中，还可以自定义截取屏幕图片。

6. 创建功能更强大的电子表格

Excel 2010 的功能更全面，也更强大。如果用户使用的操作系统运行速度够快，Excel 2010 的数据分析功能会更容易地分析海量数据。Excel 2010 对大型复杂数据集不再有容量大小的限制，用户现在可以分析超过 2GB 的复杂数据集，操作也变得更加轻松快捷。

7. 高效建模和分析所有常见数据

Excel 2010 的加载项 PowerPivot 提供了突破性技术，简化了多个来源的数据集成，使同时快速处理多达数百万行的大型数据集成为可能，极大地提高了用户的工作效率，降低了用户操作的烦琐性。

8. 切片器

切片器是用一种可视化的方式，对透视表中的数据进行数据筛选，显示用户需要的内容。使用切片器可以用较少的时间，对透视表中的大量数据进行审查，在数据筛选完成后，用户即可对筛选出的数据进行有效的分析。

9. 筛选搜索功能

Excel 2010 中增强了数据的筛选功能，在筛选器的搜索框中直接输入关键字，用户即可搜索出所需的数据。

10. 迷你图

迷你图并不是一个对象，它实际上是单元格背景中的一个微型图表。对迷你图的使用，可以使数据更加直观，如图 4.8 所示。用户通过使用迷你图，可以更快速地对数据进行分析与汇总。

某公司部分商品销量表					
产品名称	1月销量	2月销量	3月销量	4月销量	月销量趋势
料理机	95	34	70	98	
电风扇	90	52	70	120	
剃须刀	71	54	93	50	
电饼铛	79	55	81	40	
电饭煲	52	60	70	30	
电火锅	70	60	52	108	

图 4.8　迷你图

4.1.4　Excel 2010 的启动与退出

使用 Excel 2010 对各种数据进行分析处理，首先应当掌握启动与退出 Excel 2010 的操作方法。Excel 2010 有多种启动与退出的方法。

1. 启动 Excel 2010

安装 Office 2010 后，用户可以通过计算机桌面上的快捷方式图标来启动 Excel 2010，也可以通过"开始"菜单中的命令来启动 Excel 2010。

（1）在"开始"菜单中启动 Excel 2010

1）单击"开始"按钮，在弹出的"开始"菜单中选择"所有程序"命令，如图 4.9 所示。

2）打开所有程序列表，选择 Microsoft Office 命令，在弹出的子菜单中选择"Microsoft Excel 2010"命令，如图 4.10 所示。

通过以上操作步骤，即可在"开始"菜单中启动 Excel 2010。

图 4.9　"所有程序"命令

图 4.10　"Microsoft Excel 2010"命令

（2）通过桌面上的快捷方式图标启动 Excel 2010

程序安装完成后，用户可以选择将程序的快捷方式图标显示在桌面上，需要启动 Excel 2010 时，双击该快捷方式图标即可。

2. 退出 Excel 2010

在 Excel 2010 中，当电子表格编辑完成后，用户可以将 Excel 2010 关闭。

1）在 Excel 2010 程序窗口中，单击标题栏右侧控制按钮区域中的"关闭"按钮，即可完成关闭 Excel 2010 文档的操作。

2）在 Excel 2010 程序界面中，在功能区切换到"文件"选项卡，在打开的 Backstage 视图中单击"退出"按钮，即可完成退出 Excel 2010 的操作。

3）在 Excel 2010 工作窗口中，单击快速访问工具栏左侧的 Excel 图标，在弹出的菜单中选择"关闭"命令，即可完成退出 Excel 2010 的操作。

4）在系统桌面右击任务栏中的 Microsoft Excel 2010 缩略图标，在弹出的快捷菜单中选择"关闭窗口"命令，也可以完成退出 Excel 2010 的操作。

4.1.5 Excel 2010 的工作界面

Excel 2010 具有强大的数据运算分析功能，能够帮助用户更快速地分析各种数据，使用户可以总结出工作所需的论据。用户如果准备使用 Excel 2010 进行工作，首先应当了解 Excel 2010 的工作界面。

Excel 2010 的工作界面中包含多种工具，如图 4.11 所示。用户通过使用这些工具菜单或按钮，可以完成多种运算分析工作。通过对 Excel 2010 工作界面的了解，用户可以快速地了解各个工具的功能和操作方式。

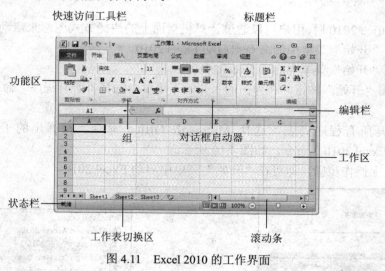

图 4.11　Excel 2010 的工作界面

1. 快速访问工具栏

快速访问工具栏位于 Excel 2010 工作界面的左上方，用于快速执行一些操作。在默认情况下，快速访问工具栏中包括 3 个按钮，分别是"保存"按钮、"撤销输入"按钮和"重复输入"按钮。在 Excel 2010 的使用过程中，用户可以根据工作需要，添加或删除快速访问工具栏中的工具。

2. 标题栏

标题栏位于 Excel 2010 工作界面的最上方，用于显示当前正在编辑的电子表格和程序名称。拖动标题栏可以改变窗口的位置，双击标题栏可以最大化或还原窗口。在标题栏的右侧是"最小化"按钮、"最大化/还原"按钮和"关闭"按钮，用于执行窗口的最小化、最大化/还原和关闭操作。

3. 功能区

功能区位于标题栏的下方，在默认情况下由 8 个选项卡组成，分别为"文件""开始""插入""页面布局""公式""数据""审阅""视图"。每个选项卡中包含不同的功能区，功能区由若干个选项组组成，每个选项组又由若干功能相似的按钮和下拉列表组成，如图 4.12 所示。

图 4.12　功能区

（1）选项组

Excel 2010 程序将很多功能类似的、性质相近的命令按钮集成在一起，命名为选项组。用户可以非常方便地在选项组中选择命令按钮，编辑电子表格。"页面布局"选项卡中的"页面设置"选项组如图 4.13 所示。

（2）"对话框启动器"按钮

为了方便用户使用 Excel 表格运算分析数据，在有些选项组中的右下角还设计了一个"对话框启动器"按钮，单击该按钮后，根据其所在的不同组，会打开不同的命令对话框，用户可以在对话框中设置电子表格的格式或者运算分析数据内容，如图 4.14 所示。

图 4.13　"页面设置"选项组

4. 工作区

工作区位于 Excel 2010 程序窗口的中间，是 Excel 2010 对数据进行对比分析的主要工作区域，用户在此区域可以向表格中输入内容并对内容进行编辑，插入图片、设置格式及效果等。

5. 编辑栏

编辑栏位于工作区的上方，其主要功能是显示或编辑所选单元格中的内容，用户可以在编辑栏中对单元格中的数值进行函数计算等操作。

图 4.14　对话框启动器

6. 状态栏

状态栏位于 Excel 2010 窗口的最下方,在状态栏中可以显示工作表中的单元格状态,还可以通过单击视图切换按钮选择工作表的视图模式。在状态栏的最右侧,可以通过拖动显示比例滑块或者单击"放大"按钮和"缩小"按钮,调整工作表的显示比例。

7. 滚动条

滚动条分为垂直滚动条和水平滚动条,分别位于文档的右侧和右下方,拖动滚动条上的滑块可以调整工作表界面中显示的内容,拖动垂直滚动条可以调整页面上下显示的区域,拖动水平滚动条可以调整页面左右显示的区域。

8. 工作表切换区

工作表切换区位于 Excel 2010 工作表的左下方,包括工作表标签和工作表切换按钮两个部分,如图 4.15 所示。单击工作表切换按钮可以调整工作表标签区域的显示幅度,单击▶按钮或◀按钮,可以显示下一个工作表或上一个工作表,单击▶|按钮或|◀按钮可以显示工作簿中的最后一个工作表或第一个工作表。

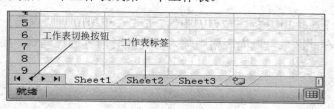

图 4.15　工作表切换

4.1.6　Excel 2010 的文档类型

Excel 的文档根据所保存的内容不同，保存的类型也不同。Excel 2010 兼容改进了文件以前版本的格式，并且比以前的版本安全性更高。Excel 2010 中的文档类型与其对应的扩展名见表 4.1。

表 4.1　Excel 2010 中的文档类型与其对应的扩展名

文档类型	扩展名
Excel 2010 工作簿	.xlsx
Excel 2010 启用宏的工作簿	.xlsm
Excel 2010 二进制工作簿	.xlsb
Excel 2010 模板	.xltx
Excel 2010 启用宏的模板	.xltxm
Excel 97- Excel 2003 工作簿	.xls
Excel 97- Excel 2003 模板	.xlt

4.2　基 本 操 作

Excel 的基本操作包括对工作簿、工作表、单元格及单元格区域等的操作。

4.2.1　工作簿操作

Excel 数据是在工作簿中进行处理的，因此在使用 Excel 制作表格或表单之前，应当先了解如何创建工作簿。

1. 创建工作簿

启动 Excel 2010，系统将会自动创建一个全新的空白工作簿。在默认情况下，Excel 为每个新建的工作簿创建 3 个工作表，其标签名称分别为 Sheet 1、Sheet 2 和 Sheet 3。除了在启动 Excel 时可以新建工作簿之外，还可以使用以下方法来创建工作簿。

1）选择"文件"→"新建"命令，在"可用模板"选项组中单击"空白工作簿"图标，然后在右边预览窗格中单击"创建"按钮，或者按【Ctrl+N】组合键，即可快速新建一个工作簿。

2）在快速访问工具栏中添加"新建"按钮后，单击该按钮。

3）单击"可用模板"选项组中的"根据现有内容新建"图标，打开"根据现有工作簿新建"对话框，从中选择已有的 Excel 文件来新建工作簿。

启动 Excel 后，如果认为默认的 3 个工作表不够用，用户可以改变工作簿中默认的工作表数量，具体操作步骤如下。

1）选择"文件"→"选项"命令。

2）在打开的"Excel 选项"对话框中选择左侧的"常规"选项，然后在右侧的"新建工作簿时"选项组中将"包含的工作表数"设置为所需数值（这里设置为 5）即可。

3）单击"确定"按钮，在新建工作簿时，即自动包含 5 个工作表。

2. 保存工作簿

（1）手动保存工作簿

选择"文件"→"保存"命令，即可保存工作簿。若是首次保存，则会打开"另存为"对话框，选择要保存的路径，然后在"文件名"文本框中输入要保存的工作簿的名称，单击"保存"按钮即可。

（2）自动保存工作簿

选择"文件"→"选项"命令，打开"Excel 选项"对话框，选择左侧的"保存"选项，在右侧的"保存工作簿"选项组中勾选"保存自动恢复信息时间间隔"复选框，并设置间隔时间，然后单击"确定"按钮即可。

（3）设置工作簿保存密码

如果不想让其他人打开工作簿，用户可以为工作簿加密。

1）选择"文件"→"保存"命令或者单击工具栏中的"保存"按钮，在打开的"另存为"对话框中选择"工具"→"常规选项"命令，如图 4.16 所示。在打开的"常规选项"对话框中设置"打开权限密码"和"修改权限密码"，单击"确定"按钮即可，如图 4.17 所示。

要取消工作簿的密码，其操作如下：再次打开"常规选项"对话框，删除之前设置的密码即可。

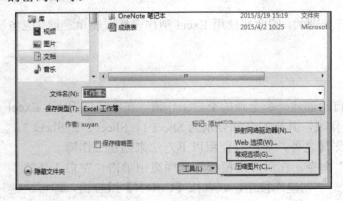

图 4.16　"常规选项"命令

图 4.17　"常规选项"对话框

2）选择"文件"→"信息"命令，单击"保护工作簿"按钮，从弹出的下拉列表中选择"用密码进行加密"命令。

在打开的"加密文档"对话框中设置密码，然后单击"确定"按钮即可，如图 4.18 所示。

要取消该种方法所设置的密码，其操作与前一种取消密码的方法类似，这里不再赘述。

3. 关闭工作簿

同时打开的工作簿越多，所占用的内存空间就越大，会直接影响 CPU 的处理速度。因此，当工作簿操作完成且不再使用时，应当及时将其关闭。关闭工作簿的常用方法如下。

1）选择"文件"选项卡中的"关闭"命令。

2）单击工作簿窗口右上角的"关闭"按钮。

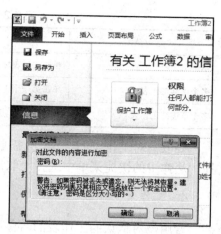

图 4.18　加密文档

4.2.2　工作表操作

1. 工作表插入

一个工作簿默认有 3 张工作表，如果需要更多的工作表，还可以在工作表中根据需要随时插入新的工作表。插入工作表的方法有以下三种。

1）右击工作表标签（这里选择 Sheet 1），从弹出的快捷菜单中选择"插入"命令。在打开的"插入"对话框中单击"工作表"图标，再单击"确定"按钮，即可在该工作表标签的左侧插入一个空白工作表。

2）单击工作表标签右侧的"插入工作表"按钮，即可在所有工作表标签的右侧，插入一个空白工作表。

3）选择"开始"选项卡，在"单元格"选项组中单击"插入"下拉按钮，从弹出的下拉菜单中选择"插入工作表"命令，即可在当前工作表标签的左侧插入一个空白工作表。

2. 工作表删除

若不再需要某个工作表时，则可以将该工作表删除。删除工作表的方法有以下两种。

1）右击要删除的工作表标签，从弹出的快捷菜单中选择"删除"命令，即可将该工作表删除。

2）选择"开始"选项卡，在"单元格"选项组中单击"删除"下拉按钮，从弹出的下拉菜单中选择"删除工作表"命令，即可删除当前工作表。

注意：删除工作表一定要慎重，一旦删除不能恢复。

3. 工作表选定

如果要在工作簿的多个工作表中输入相同的数据，可以将这些工作表选定，再输入数据。工作表常用的选定操作见表 4.2。

表 4.2　工作表常用的选定操作

选取范围	操作
单个工作表	单击工作表标签
多个连续工作表	单击第一个工作表标签，然后按住【Shift】键，单击所要选择的最后一个工作表标签
多个不连续工作表	按住【Ctrl】键，分别单击所要选择的工作表标签

要取消对工作表的选定，只需单击任意一个未选定的工作表标签或者右击工作表标签，从弹出的快捷菜单中选择"取消组合工作表"命令即可。

4．工作表重命名

若用户对默认的工作表的名称不满意，则可以为工作表取一个有意义的、便于识别的名称。重命名工作表的方法有以下两种。

1）右击工作表标签（这里选择 Sheet 1），从弹出的快捷菜单中选择"重命名"命令，此时，该工作表的标签名称呈高亮显示，然后输入新的名称即可。

2）双击工作表标签名称，此时，该工作表的标签名称呈高亮显示，然后输入新的名称即可。

5．工作表标签颜色

设置工作表标签颜色：单击工作表标签颜色，选择相应的颜色。

操作步骤：右击需修改颜色的工作表，从弹出的快捷菜单中选择"工作表标签颜色"命令，单击需要设置的相应颜色即可，如图 4.19 所示。

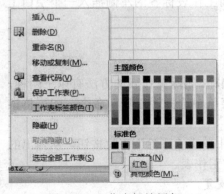

图 4.19　工作表标签颜色

6．工作表移动和复制

利用工作表的移动和复制功能，可以实现在同一个工作簿或不同工作簿之间移动和复制工作表。

（1）在同一个工作簿中移动和复制工作表

移动工作表：将鼠标指针放到要移动的工作表标签上，按住鼠标左键向左或向右拖动，到达目标位置后再释放鼠标按键，即可移动工作表。

复制工作表：按住【Ctrl】键的同时拖动工作表标签，到达目标位置后，先释放鼠标按键，再松开【Ctrl】键，即可复制工作表。此时，复制的工作表与原工作表完全相同，只是在复制的工作表名称后附带一个有括号的标记。

（2）在不同工作簿之间移动和复制工作表

在不同工作簿之间移动或复制工作表的具体操作步骤如下。

1）打开用于接收工作表的工作簿，再切换到要移动或复制工作表的工作簿中。

2）右击要移动或复制的工作表标签，从弹出的快捷菜单中选择"移动或复制"命令，打开"移动或复制工作表"对话框。

3）在"工作簿"下拉列表框中选择用于接收工作表的工作簿名称。

4）在"下列选定工作表之前"下拉列表中选择将要移动或复制的工作表放在接收工作簿中的工作表之前。若要复制工作表，则勾选"建立副本"复选框，否则只是移动工作表。如图 4.20 所示。

5）单击"确定"按钮，即可完成工作表的移动或复制操作。

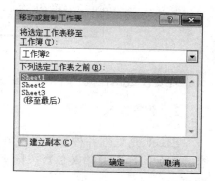

7．工作表显示或隐藏

隐藏工作表能够避免对重要数据和机密数据进行误操作，当需要该工作表时再将其显示出来。隐藏工作表的方法有以下两种。

1）右击要隐藏的工作表标签，从弹出的快捷菜单中选择"隐藏"命令，即可将选择的工作表隐藏。

图 4.20　移动或复制工作表

2）单击要隐藏的工作表标签，选择"开始"选项卡，在"单元格"选项组中单击"格式"下拉按钮，从弹出的下拉菜单中选择"隐藏和取消隐藏"→"隐藏工作表"命令，即可将选择的工作表隐藏起来。

当要取消工作表的隐藏时，右击工作表标签，从弹出的快捷菜单中选择"取消隐藏"命令，打开"取消隐藏"对话框。在"取消隐藏工作表"列表框中选择要取消隐藏的工作表，再单击"确定"按钮，即可将隐藏的工作表重新显示。

4.2.3　工作表数据的一般输入

在 Excel 2010 中，常见的数据类型有文本型、数字型、货币型、会计专用格式、日期和时间型及特殊符号等。

1．文本输入

任何输入的数据，只要没有指定它是数值或逻辑值，系统就默认它是文本型数据。文本型是 Excel 中常用的一种数据类型，如表格的标题、行标题和列标题等。

输入文本的具体操作步骤如下。

1）选择 A1 单元格，输入"2016 级 1 班成绩表"。输入完成后，按【Enter】键确认，或者单击编辑栏中的"输入"按钮✔。

2）选择 A3 单元格，输入"学号"。输入完成后，可以选择活动单元格。操作方法是按【Tab】键选择右侧的单元格作为活动单元格；按【Enter】键选择下方的单元格作为活动单元格；按方向键可以自由选择其他单元格作为活动单元格。

3）重复步骤 2）的操作，在其他单元格中输入相应数据。

输入完成的文本如图 4.21 所示。

用户输入的文本超出单元格宽度时，若右侧相邻的单元格中没有任何数据，则超出的文本会延伸到右侧单元格中；若右侧相邻的单元格中已有数据，则超出的文本被隐藏起来。此时，只要增大或者以自动换行的方式格式化单元格后，就可以看到全部的文本内容。

2016级1班成绩表						
学号	姓名	性别	计算机	生理	解剖	英语
201603001	谢晓慧	女	86	85	87	87
201603002	安若琪	女	95	86	80	85
201603003	张悦	男	82	87	98	89
201603004	韩璐	女	78	94	96	97
201603005	董晓芬	女	68	68	94	92

图 4.21　输入文本

若要使数据在同一个单元格中强行转换到下一行，则按【Alt+Enter】组合键即可。

2. 数字输入

Excel 是处理各种数据最有利的工具，因此在日常操作中会经常输入大量的数字内容。例如，如果要输入负数，只要在数字前加一个负号（-），或者将数字放在圆括号内即可。

输入数字的方法为直接输入，但必须是对一个数值的正确表示。单击要输入数字的单元格，输入数字后按【Enter】键确认。输入第一个数字后，用户可以继续在其他单元格中输入相应的数字。

当输入一个较长的数字时，在单元格中就会显示为科学记数法（2.15E+18），以表示该单元格的列宽太小不能将该数字完全显示。

3. 日期和时间输入

在使用 Excel 进行各种报表的编辑和统计中，经常需要输入日期和时间。输入日期时，一般使用"/"（斜杠）或"-"（半字线）来分隔日期的年、月、日。年份通常用两位数来表示，若输入时省略了年份，则 Excel 2010 会以当前的年份作为默认值。输入时间时，可以使用":"（冒号）将时、分、秒隔开。

例如，要输入 2012 年 02 月 25 日和 24 小时制的 16 点 38 分，具体操作步骤如下。

1）单击要输入日期的单元格 A1，然后输入"2012-2-25"，按【Tab】键，将光标定位到 B1 单元格，此时，A1 单元格中的内容变为"2012/2/25"。

2）在 B1 单元格中输入"16:38"，按【Enter】键确认，再次单击输入时间的单元格，即可在编辑栏中看到完整的时间格式。

若要在同一单元格中输入日期和时间，则在它们之间用空格隔开。

用户可以使用 12 小时制或 24 小时制来显示时间。若使用 12 小时制格式，则在时间后加上一个空格，然后输入 AM 或 A（表示上午）、PM 或 P（表示下午）；若使用 24 小时格式，则不必使用 AM 或 PM。

注意: 常用的输入小技巧

（1）分数的输入

如果直接输入"5/6"，系统会将其变为"5 月 6 日"。

输入步骤：先输入"0"，然后输入空格，再输入分数"5/6"。

（2）序列"01"的输入

如果直接输入"01"，系统会自动判断 01 为数据 1。

输入步骤：首先输入"'"（西文单引号），然后输入"001"。

或者将要输入的单元格区域设置为文本格式也可以。

（3）身份证号的输入

如果直接输入"410823199508018888"，系统会自动判断 410823199508018888 为数值型数据，并且使用科学计数法表示为"4.10823E+17"。

输入步骤：右击要输入数据的单元格（或单元格区域），选择"设置单元格格式"→"数字"→"分类"→"文本"命令即可。

4．特殊符号输入

在实际应用中，一些特殊符号如"℃""☆""‰"等的输入，在 Excel 2010 中可以轻松地完成。下面以输入"℃"符号为例，介绍在单元格中输入特殊符号的方法。

1）单击要输入符号的单元格，选择"插入"选项卡，在"符号"选项组中单击"符号"按钮。

2）打开"符号"对话框，选择"符号"选项卡，在"字体"下拉列表框中选择"普通文本"，然后在符号列表中选择要插入的符号，如图 4.22 所示。

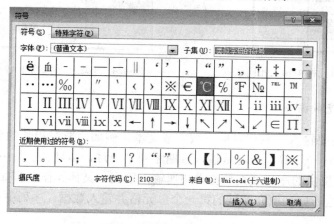

图 4.22　"符号"对话框

3）单击"插入"按钮，即可在选中的单元格中输入该符号。

4.2.4　工作表数据的快速输入

在输入工作表数据的过程中，如果要进行大量的、重复的数据输入，可以将该数据复制到其他单元格中；当需要输入"1、3、5……""甲、乙、丙……"这样有规律的数据时，就要使用 Excel 的序列填充功能，用户还可以根据需要自定义序列进行填充。

1．同时输入相同数据

当遇到需要重复输入的数据时，除了使用复制与粘贴之外，还有一种快捷的方法，具体操作步骤如下。

在多个连续单元格中输入相同数据的操作方法如下。

1）单击 A1 单元格，输入数据"计算机"。

2）将鼠标指针移至该单元格右下角的填充柄上，当其变为小黑十字形状时，按住鼠标左键向下或向右拖动到合适的位置，然后释放鼠标按键，即可在单元格区域中输入相同的数据，如图 4.23 所示。

多个不连续的单元格中输入相同数据的操作方法如下。

1）按住【Ctrl】键，单击要输入相同数据的多个单元格，即选择多个单元格。

2）选择完毕后，在最后选择的单元格中输入文字"计算机"。

3）按【Ctrl+Enter】组合键，即可在所有选择的单元格中同时出现"计算机"字样，如图 4.24 所示。

图 4.23　连续单元格中输入相同数据　　　　图 4.24　不连续单元格中输入相同数据

2．序列填充数据

用户经常需要输入一系列日期、数字或文本。例如，要在相邻的单元格中输入"1班、2 班、3 班……"等，或者是输入日期序列"一月、二月、三月……"等，这时就可以利用 Excel 提供的序列填充功能来快速输入数据，具体操作步骤如下。

1）单击要进行序列填充区域的第一个单元格并输入数据（序列中的初始值），如输入"1"。

2）将鼠标指针移至该单元格右下角的填充柄上，按住【Ctrl】键，当其变为双十字形状时，按住鼠标左键向下或向右拖动到合适的位置，释放鼠标按键后，Excel 将自动完成该区域的填充工作，如图 4.25 所示。

图 4.25　序列填充数据

若输入的初始值为文本型数据（如一月），则直接拖动单元格右下角的填充柄，即可完成序列填充。

注意：若用户输入的数据序列的步长值不为 1，则单击已输入初始值单元格右侧或下方的单元格并输入数据序列中的第二个数值，两个数值之间的差决定数据序列的步长值。然后将这两个单元格同时选中，并将鼠标指针移至单元格区域右下角的填充柄上，当其变为小黑十字形状时，按住鼠标左键向下或向右拖动到目标位置，释放鼠标按键，即可完成序列填充工作。

【例 4.1】 在 A1:F1 单元格区域分别输入数字"2、4、6、8、10、12"。

本例要输入的是一个等差序列，操作步骤如下。

1）在 A1 和 B1 单元格分别输入前两个数字 2 和 4。

2）单击 A1 单元格并拖动到 B1 单元格，这两个单元格被黑框包围。

3）将鼠标指针移动到 B1 单元格右下角的填充柄，此时指针变为细十字形状"+"。

4）拖动"+"到 F1 单元格后释放鼠标按键，这时 C1 到 F1 单元格分别填充了 6、8、10、12。

说明：用鼠标拖动填充柄填充的数字序列，默认是等差序列。若要填充等比序列，则要单击"开始"→"编辑"→"填充"按钮。

【例 4.2】 在 A1:G1 单元格区域分别输入数字"1、2、4、8、16、32、64"。

本例要输入的是一个等比序列，操作步骤如下。

1）在 A1 单元格输入第一个数据 1。

2）选中 A1:G1 单元格区域。

3）单击"开始"→"编辑"→"填充"下拉按钮，在打开的下拉菜单中选择"系列"命令，打开"序列"对话框，如图 4.26 所示。

4）在"序列产生在"选项组中勾选"行"单选按钮；在"类型"选项组中勾选"等比序列"单选按钮；在"步长值"数值框中输入数字"2"；由于在此之前已经选中 A1:G1 单元格区域，因此"终止值"数值框中就不需要输入任何值。

5）单击"确定"按钮，这时，A1:G1 单元格区域分别输入了"1、2、4、8、16、32、64"。

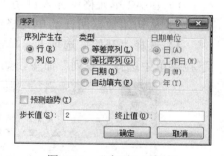

图 4.26 "序列"对话框

【例 4.3】 在 A2:A169 单元格区域输入某班学生的学号"201730702001—201730702168"。

本例操作步骤如下。

1）选中 A 列，右击被选中的阴影块内的任一单元格。

2）弹出快捷菜单，选择"设置单元格格式"命令。

3）打开"设置单元格格式"对话框，如图 4.27 所示，选择"数字"选项卡分类中的"数值"型数据。

4）在示例中将小数位数修改为"0"，单击"确定"按钮。

5）在 A2 单元格中输入"201730702001"。

6）将鼠标指针移动到 A2 单元格右下角的填充柄，此时指针变为细十字形状"+"。

7）拖动"+"到 A169 单元格后释放鼠标按键，这时 A2 到 A169 单元格依次填充了

"201730702001、201730702002······201730702168"。

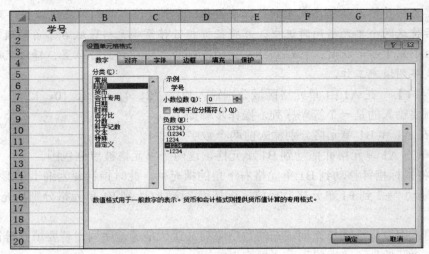

图 4.27　"设置单元格格式"对话框

3. "序列"对话框填充数据

从"序列"对话框中可以了解 Excel 2010 提供的自动填充工具。利用"序列"对话框填充日期时，可以选用不同的日期单位。若选用"工作日"为日期单位，则填充的日期将忽略周末或者其他法定的节假日。具体操作步骤如下。

1）在 A2 单元格中输入日期"2016/6/5"。

2）从初始数据所在的单元格选起，选择需要填充的 A2:A12 单元格区域。

3）选择"开始"选项卡，单击"编辑"选项组中的"填充"下拉按钮，从弹出的下拉菜单中选择"系列"命令，如图 4.28 所示。

图 4.28　"系列"命令

4）打开"序列"对话框，设置序列产生在"列"，类型为"日期"，日期单位为"工作日"，步长值为"1"，如图 4.29 所示。

5）设置完成后，单击"确定"按钮返回工作表中，此时可以看到在选择的单元格区域中所填充的日期忽略了 6/10、6/11、6/17 和 6/18 这 4 个周末，如图 4.30 所示。

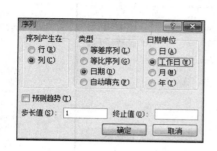

图 4.29　设置步长

图 4.30　结果

4. 自定义序列

在实际工作中，经常要输入单位部门设置、商品名称、课程名称、公司在各大城市的办事处等数据，可以将这些有序数据自定义为序列，从而节省输入工作量，提高工作效率。

1）选择"文件"→"选项"命令，打开"Excel 选项"对话框，如图 4.31 所示，在左侧选择"高级"命令，然后在右侧单击"编辑自定义列表"按钮。

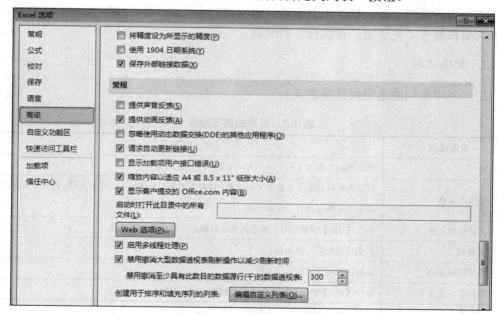

图 4.31　"Excel 选项"对话框

2）打开"自定义序列"对话框，在"输入序列"列表中输入自定义的序列项，在每项末尾按【Enter】键隔开。

3）单击"添加"按钮，新定义的序列将自动出现在"自定义序列"列表中，如图 4.32 所示。

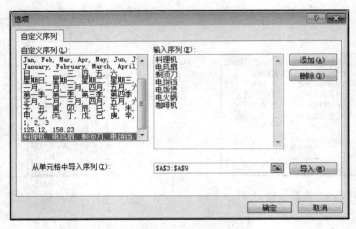

图 4.32 "自定义序列" 对话框

4）设置完成后，单击"确定"按钮，返回工作表。在 A1 单元格中输入自定义序列的第一个数据，再通过拖动填充柄的方法进行填充，释放鼠标按键后，即可完成自定义序列的填充。

4.2.5 工作表编辑

工作表的编辑主要包括工作表中数据的编辑，单元格、行、列的插入与删除等。工作表的编辑遵守"先选定，再执行"的原则。

1. 数据选取

工作表中常用的选定操作见表 4.3。

表 4.3 常用的选定操作

选取范围	操作
单元格	单击或按方向键【←、→、↑、↓】
多个连续单元格	从单元格区域左上角拖曳至右下角；或者单击单元格区域左上角单元格，按住【Shift】键，单击单元格区域右下角单元格
多个不连续单元格	按住【Ctrl】键的同时，单击所要选择的单元格或单元格区域
整行或整列	单击相应的行号或列标
相邻的多行或多列	鼠标拖曳相应的行号或列标
不相邻的多行或多列	按住【Ctrl】键的同时，单击所要选择的行号或列标
整个工作表	按快捷键【Ctrl+A】；或者单击工作表左上角行列交叉的按钮
单个工作表	单击工作表标签
多个连续工作表	单击第一个工作表标签，然后按住【Shift】键，单击所要选择的最后一个工作表标签
多个不连续工作表	按住【Ctrl】键的同时，分别单击所要选择的工作表标签

2. 数据复制

在表格中，通过复制数据的方法可以进行大量重复数据的输入，从而节省时间、提高效率。数据复制的方法有以下几种。

1）选定要复制的单元格，在"开始"→"剪贴板"选项组中单击"复制"按钮。单击要将数据复制到的目标单元格后单击"剪贴板"选项组中的"粘贴"按钮。

2）右击要复制数据的单元格，从弹出的快捷菜单中选择"复制"命令，然后右击目标单元格，从弹出的快捷菜单中选择"粘贴选项"→"粘贴"命令。

3）将鼠标指针移至要复制数据的单元格边框上，当其变为四向箭头时，按住【Ctrl】键，此时四向箭头变为"+"形状，再同时按住鼠标左键并将其拖动至目标位置，释放鼠标按键并松开【Ctrl】键即可。

3. 数据移动

移动数据的方法有以下三种。

1）单击要移动的单元格，在"开始"→"剪贴板"选项组中单击"剪切"按钮。单击目标单元格后单击"剪贴板"选项组中的"粘贴"按钮，即可完成数据的移动。

2）右击要移动数据的单元格，从弹出的快捷菜单中选择"剪切"命令，然后右击目标单元格，从弹出的快捷菜单中选择"粘贴选项"→"粘贴"命令。

3）单击要移动的单元格，将鼠标指针移至单元格的外框上，当其变为四向箭头时，按住鼠标左键向目标单元格拖动，到达目标位置后释放鼠标按键即可。

4. 数据修改

若对当前单元格中的数据进行修改，则可以使用以下两种方法。

1）在单元格中直接修改。双击要修改数据的单元格，或者选择单元格后，按【F2】键将光标定位到该单元格中，再按【Backspace】键或【Delete】键将字符删除，然后再输入新数据，按【Enter】键确认。

2）在编辑栏中修改。单击要修改数据的单元格（该单元格中的内容会显示在编辑栏中），再单击编辑栏，并对其中的内容进行修改即可。当单元格中的数据较多时，利用编辑栏来修改数据更方便。

5. 单元格、行、列的操作

在工作表中输入数据后，难免会出现数据错位或遗漏问题，Excel 2010 允许用户在创建表格后，还能再插入或删除一个单元格、整行或整列，而表格中已有的数据将自动移动。

1）插入行。先单击以选中该行，然后在"开始"→"单元格"选项组中单击"插入"下拉按钮，从弹出的下拉菜单中选择"插入工作表行"命令，即可完成插入行操作。新插入的行将显示在当前选中行的上方。

2）插入列。先单击以选中该列，然后在"开始"→"单元格"选项组中单击"插入"下拉按钮，从弹出的下拉菜单中选择"插入工作表列"命令，即可完成插入列操作。新插入的列将显示在当前选中列的左侧。

3）删除行。选择要删除的行，在"开始"→"单元格"选项组中单击"删除"下拉按钮，从弹出的下拉菜单中选择"删除工作表行"命令，即可将当前选中的行删除。

4）删除列。选择要删除的列，在"开始"→"单元格"选项组中单击"删除"下拉按钮，从弹出的下拉菜单中选择"删除工作表列"命令，即可将当前选中的列删除。

5）插入单元格。先单击以选中要插入的单元格位置，然后在"开始"→"单元格"选项组中单击"插入"下拉按钮，从弹出的下拉菜单中选择"插入单元格"命令，选择活动单元格的移动方式后，即可完成插入单元格。

图 4.33　删除单元格

6）删除单元格。选择要删除的单元格，在"开始"→"单元格"选项组中单击"删除"下拉按钮，从弹出的下拉菜单中选择"删除单元格"命令，再选择单元格的填补方式后，即可将当前选中的单元格删除。

注意：删除单元格、整行或整列时，其中的内容也会被删除。而附近的单元格、行或列将移至删除的位置，以填补空缺。删除单元格，如图 4.33 所示。

6. 数据清除

清除单元格或某个单元格区域，单元格本身仍然保留在原位置，而只是删除单元格或单元格区域中的单元格格式、内容、批注和超链接等中的任何一种，或者是均清除。

操作步骤如下。

1）选中要清除的单元格或某个单元格区域。

2）在"开始"选项卡的"编辑"功能组中单击"清除"下拉按钮，在弹出的下拉菜单中选择"全部清除""清除内容""清除格式"等选项之一，均可实现相应的清除。

注意：按【Delete】键，清除的只是内容。

4.2.6　工作表格式化

1. 单元格格式设置

Excel 2010 工作表的格式化主要包括格式化数据、调整工作表的列宽和行高、设置对齐方式、添加边框和底纹、使用条件格式及自动套用表格格式等。

在对工作表进行格式化之前，首先选择单元格或区域，在"开始"→"数字"选项组中单击"对话框启动器"按钮，打开"设置单元格格式"对话框，如图 4.34 所示。

（1）设置数字格式

在"数字"选项卡中，可以对数据进行常规、数值、货币、会计专用等 12 类格式操作。

1）常规：新建工作簿时，工作表中单元格的默认格式，不具有任何特定格式的数据。

2）货币：在数据前自动加上货币符号。当格式为美元表示时，选择"$"符号，小数点保留 2 位。例如，输入数据 568，显示为 "$568.00"。

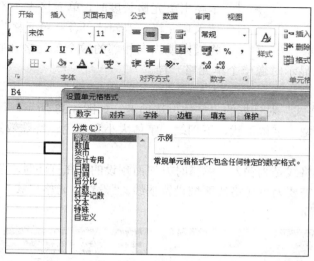

图 4.34 "设置单元格格式"对话框

3）日期：如选择 "*2001 年 3 月 14 日"类型，输入 "17-6-5"，自动转换为 "2017 年 6 月 5 日"。

4）科学记数法：将数字转换为科学记数法显示，若选择小数位为 2 位，输入数字 "123456"，则显示为 "1.23E+05"。

（2）设置对齐方式

在默认情况下，Excel 2010 根据数据类型确定数据是靠左对齐还是靠右对齐。为了使工作表中的数据产生更加丰富的效果，可以通过对齐选项卡中的设置来改变对齐方式。在"对齐"选项卡中可以设置"文本对齐""文本控制"和"方向"等。"文本对齐"分为"水平对齐""垂直对齐"和"缩进"。"水平对齐"的示例如图 4.35 所示，"垂直对齐"的示例如图 4.36 所示。

图 4.35 "水平对齐"的示例

图 4.36 "垂直对齐"的示例

"方向"选项可以将文本和数据按照一定的角度改变其方向。"方向设置"的示例如图 4.37 所示。

"文本控制"选项组中包括"自动换行""缩小字体填充""合并单元格"3 个复选框。如果选中"自动换行"，那么在单元格中输入文本，当文本超出单元格长度时，自动换

图 4.37　"方向设置"的示例

行到下一行。若勾选"缩小字体填充"复选框，则文本超出单元格长度时，单元格大小不变，将字体缩小填入单元格。若勾选"合并单元格"复选框，则可以将横向或纵向相邻的数个单元格合并为一个单元格，合并后的单元格在显示时像一个单元格一样。

（3）设置字体

"设置单元格格式"对话框的"字体"选项卡，如图 4.38 所示，可以通过"字体"选项卡设置字体类型、字体形状、下划线、字体大小和颜色、特殊效果等。

（4）添加边框

工作表中的网格线是为输入、编辑时方便而预设的，在打印时不显示。如果要强调工作表的某部分，需要为单元格或区域设置框线。"设置单元格格式"对话框的"边框"选项卡如图 4.39 所示。

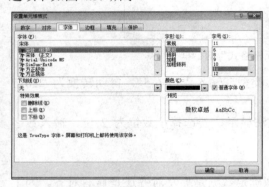

图 4.38　"字体"选项卡

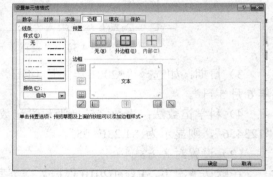

图 4.39　"边框"选项卡

（5）设置底纹

"设置单元格格式"对话框的"填充"选项卡如图 4.40 所示，通过"单元格"对话框的"填充"选项卡可以对单元格或区域加上颜色和底纹，使工作表更为美观。

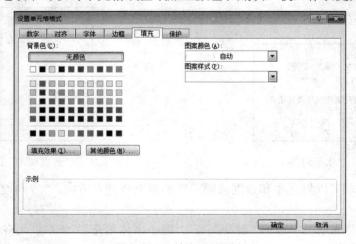

图 4.40　"填充"选项卡

【例 4.4】　工作表格式化。如图 4.41 所示的“学生成绩表”的标题行设置跨列居中，字体设置为楷体、18 磅、加粗、红色、浅黄色底纹；其余数据中部居中，保留两位小数；工作表中的 A2:E8 的数据区域添加外框线为粗实线，内框线为虚线。

操作步骤如下。

1）选中 A1:E1 单元格区域。

2）右击，选择“设置单元格格式”→“对齐”→“水平对齐”下拉列表中选择“跨列居中”命令，在“垂直对齐”下拉列表中选择“居中”命令。选择“字体”选项卡，在“字体”列表框中选择“楷体”选项，在“字形”列表框中选择“加粗”选项，在“字号”列表框中选择“18”选项，设置颜色为“红色”；选择“填充”选项卡，在“背景栏”选项组设置颜色为“浅黄色”。

3）选中 A2:E8 单元格区域。

4）右击，选择“设置单元格格式”→“对齐”→“水平对齐”下拉列表框中选择“居中”命令，在“垂直对齐”下拉列表框中选择“居中”命令。选择“数字”选项卡，在“分类”列表框中选择“数值”命令，在“小数位数”数值框中输入“2”或者调整为“2”；选择“边框”选项卡，在“样式”列表框中选择“实线”命令，然后在“预置”选项组中选择“外边框”命令；在“样式”列表框中选择“虚线”命令，然后在“预置”选项组中选择“内部”命令。最终效果如图 4.42 所示。

	A	B	C	D	E
1	2016级1班成绩表				
2	学号	姓名	计算机	生理	解剖
3	201603001	谢晓慧	86	85	87
4	201603002	安若琪	95	86.5	80
5	201603003	张悦	82	87	98
6	201603004	韩璐	78.5	94	96.6
7	201603005	董晓芬	68	68	94
8	201603006	崔文娟	87	76	86

图 4.41　学生成绩表

	A	B	C	D	E
1	2016级1班成绩表				
2	学号	姓名	计算机	生理	解剖
3	201603001	谢晓慧	86.00	85.00	87.00
4	201603002	安若琪	95.00	86.50	80.00
5	201603003	张悦	82.00	87.00	98.00
6	201603004	韩璐	78.50	94.00	96.60
7	201603005	董晓芬	68.00	68.00	94.00
8	201603006	崔文娟	87.00	76.00	86.00

图 4.42　最终效果

2. 行高和列宽调整

设置每列的宽度和每行的高度是改善工作表外观常用的方法。例如，输入太长的文字内容将会延伸到相邻的单元格中，如果相邻的单元格中已有内容，那么该文字内容就会被截断。

注意：对于数值型数据，若列宽不够，则以一串“####”表示；如果要显示完整，只需调整列宽即可。

（1）鼠标拖动法

移动鼠标指针到要改变列宽的两列列号交界处，当鼠标指针变为双箭头时，拖动鼠标到合适的位置，放开鼠标按键，即可改变列宽。

另外，将鼠标指针放置在列号的交界处，当鼠标指针变为双箭头后，双击列宽的边界，列宽会自动调整宽度。

行高调整与列宽调整类似，鼠标拖动的调整都是相对模糊的调整，美观整洁即可，若对行高或列宽有精确的数值要求，则可以使用菜单命令实现。

（2）精确调整

单击"开始"→"单元格"选项组中的"格式"下拉按钮，在弹出的下拉菜单中选择"列宽"命令，打开"列宽"对话框，可以直接输入列宽磅值。调整行高的操作与调整列宽的操作类似，如图 4.43 所示。

图 4.43　行高

"最适合的列宽"选项，将以最合适的宽度自动调整。选定行或列，选择"隐藏"，可以实现行或列隐藏。

3. 套用表格格式

自动套用表格格式是一组已经定义好的格式组合，包括数字、字体、对齐、边框、行高和列宽、颜色等格式。在 Excel 2010 工作表中提供了许多专业、漂亮的表格自动套用格式，可以快速实现工作表格式化。

选定需套用格式的单元格区域，在"开始"选项卡的"样式"选项组中单击"套用表格格式"下拉按钮，如图 4.44 所示。

当选定了一个单元格区域并应用自动套用表格格式时，Excel 决定该选定区域中汇总项和明细项的级别，并应用相应的格式。

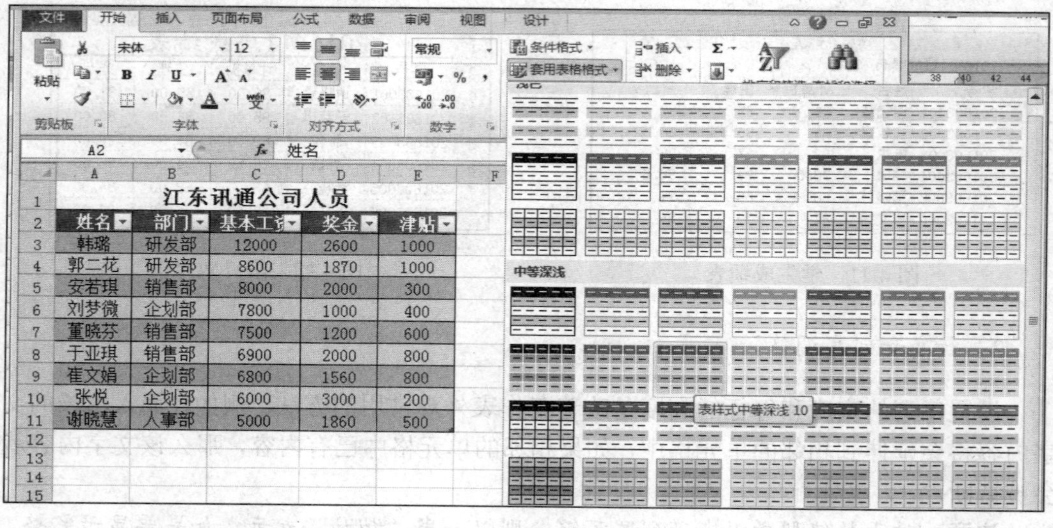

图 4.44　套用表格格式

4. 设置条件格式

Excel 中的条件格式功能，可以使数据在满足不同条件时，显示不同的格式，以起到突出显示的作用。

例如，在图 4.45 所示的江东讯通公司员工概况表中，我们需要快速找出"研发部"所有员工的数据。

首先全选所有数据，然后在“开始”→“样式”选项组中单击“条件格式”下拉按钮，在弹出的下拉菜单中选择“突出显示单元格规则”→“等于”命令，如图 4.46 所示。

	A	B	C	D	E	F
1	江东讯通公司员工概况表					
2	姓名	性别	部门	年龄	工资	学历
3	谢晓慧	女	人事部	35	5000	本科
4	安若琪	男	销售部	26	8000	本科
5	张悦	男	企划部	30	6000	博士
6	韩璐	男	研发部	32	12000	博士
7	董晓芬	女	销售部	26	7500	本科
8	崔文娟	女	企划部	36	6800	硕士
9	郭二花	女	研发部	24	8600	本科
10	于亚琪	男	销售部	27	6900	本科
11	刘梦微	女	企划部	25	7800	硕士

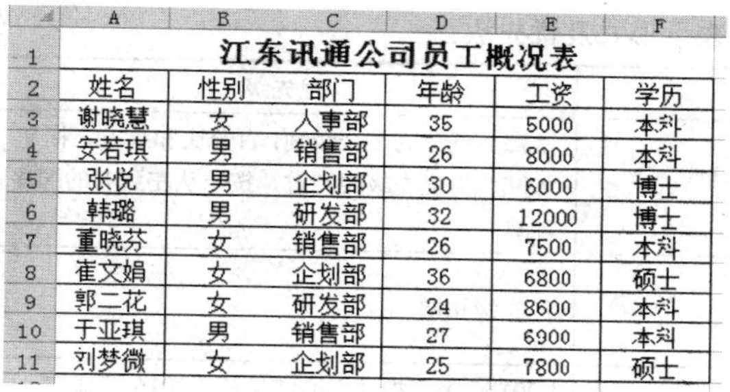

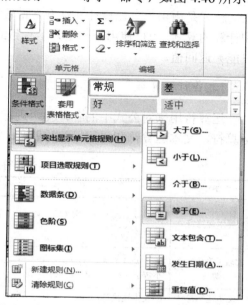

图 4.45　江东讯通公司员工概况表

图 4.46　“条件格式”设置

在弹出的“等于”对话框中输入我们想要查找的“研发部”，然后设置单元格显示样式。例如，让单元格以“浅红填充色深红色文本”显示，如图 4.47 所示，设置完成后，单击“确定”按钮，可以在数据表中以浅红填充色深红色文本显示与研发部相关的所有信息。最终效果如图 4.48 所示。

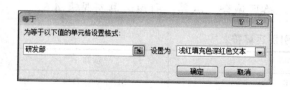

图 4.47　设置参数

	A	B	C	D	E	F
1	江东讯通公司人员					
2	姓名	性别	部门	年龄	工资	学历
3	谢晓慧	女	人事部	35	5000	本科
4	安若琪	男	销售部	26	8000	本科
5	张悦	男	企划部	30	6000	博士
6	韩璐	男	研发部	32	12000	博士
7	董晓芬	女	销售部	26	7500	本科
8	崔文娟	女	企划部	36	6800	硕士
9	郭二花	女	研发部	24	8600	本科
10	于亚琪	男	销售部	27	6900	本科
11	刘梦微	女	企划部	25	7800	硕士

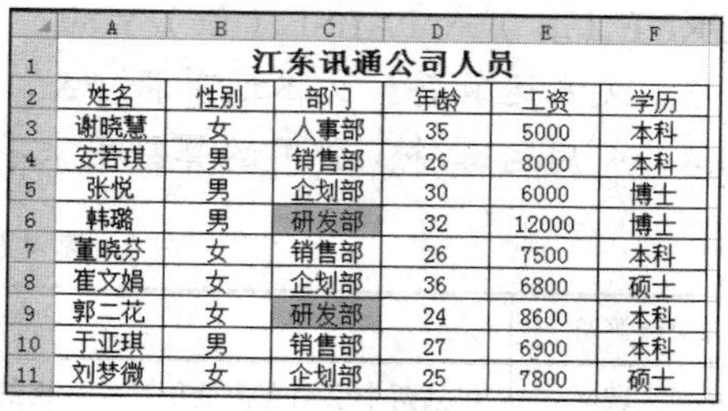

图 4.48　最终效果

4.3　公式与函数

Excel 2010 电子表格的主要功能不在于它能够输入、显示和存储数据，更重要的是它对数据的计算功能。它可以对工作表中某一区域中的数据进行求合、求平均值、计数、求最大值、求最小值，以及其他更为复杂的运算。在 Excel 2010 中，当工作表中数据发生修改后，公式的计算结果会自动更新，这是手工计算无法比拟的。

4.3.1　公式

公式是由用户自己设计并结合常量数据、单元格引用、运算符等元素进行数据处理和计算的算式。用户使用公式是为了有目的地计算结果，因此 Excel 2010 的公式必须（且只能）返回值。

1. 各种运算符

运算符用来对公式中的各种元素进行运算操作。Excel 2010 包含算术运算符、比较运算符、文本运算符和引用运算符四种。运算符的表示形式及优先级见表 4.4。

表 4.4　运算符的表示形式及优先级

类型	表示形式	优先级
算术运算符	加（+）、减（−）、乘（*）、除（/）、百分比（%）、乘方（^）	从高到低分为 3 个级别：百分比和乘方、乘除、加减。当优先级相同时，按照从左到右的顺序计算
比较（关系）运算符	等于（=）、大于（>）、小于（<）、大等于（>=）、小等于（<=）、不等于<>	优先级相同
文本运算符	&(文本连接符)	"2016" & "护理"的结果是"2016 护理"
引用运算符	"："（区域）、"，"（联合）、"空格"（交叉）	从高到低依次为区域、联合、交叉

注意：

1）算术运算符：其功能是完成基本的数学运算。

2）比较运算符：比较运算符用来对两个数值进行比较，其产生的结果为逻辑值，即 TRUE（真）或 FALSE（假）。

3）文本运算符：文本运算符 "&" 用来将两个或多个文本连接成为一个组合文本。

4）引用运算符：引用运算符用来将单元格区域合并运算。引用运算符见表 4.5。

表 4.5　引用运算符

引用运算符	含义	示例
:（区域）	包括两个引用在内的所有单元格的引用	SUM（A1:D8）
,（联合）	多个引用合并为一个引用	SUM（A1，B2）
空格（交叉）	产生同时隶属于两个引用的单元格区域的公共单元格的引用	SUM（A1:C4　B2：D3）

2. 公式格式

在指定的单元格内输入自定义的公式，其格式为 "=公式"。具体操作步骤如下。

1）单击选中要输入公式的单元格。

2）输入 "="。

3）输入所需运算符，选取包含要计算的单元格引用，如图 4.49 所示。

4）按【Enter】键或者单击 "公式编辑" 选项组中的 "√" 按钮。

2016级1班成绩表

学号	姓名	计算机	生理	解剖	总分
201603001	谢晓慧	86	85		=C3+D3+E3
201603002	安若琪	95	86	80	
201603003	张悦	82	87	98	
201603004	韩璐	78	94	96	

图 4.49　输入公式

3. 自动复制公式

如果在某个区域使用相同的计算方法，用户不必逐个编辑公式，这是因为公式具有可复制性。如果希望在连续的区域中使用相同的公式，可以拖动单元格右下角的填充柄进行公式的自动复制。如果公式所在单元格区域并不连续，还可以借助“复制”功能和“粘贴”功能来实现公式的复制。

1）单击已经输入公式的单元格。

2）移动鼠标指针到选定单元格右下角的填充柄，当鼠标指针变为“+”时，拖动鼠标指针至想要填充的最后一个单元格为止（或者双击）。

【例 4.5】 在如图 4.50 所示的成绩表中，计算每个人的各科总分。

操作步骤如下。

1）选定要输入公式的单元格 F3。

2）输入等号和公式“=C3+D3+E3”，这里单元格引用可以直接单击单元格，也可以输入相应的单元格地址。

3）按【Enter】键，或者单击“√”按钮，计算结果出现在 F3 单元格。

4）使用 F3 单元格右下角的复制柄，拖至 F11 单元格，完成公式的复制。最终结果如图 4.51 所示。

2016级1班成绩表

学号	姓名	计算机	生理	解剖	总分
201603001	谢晓慧	86	85	87	
201603002	安若琪	95	86	80	
201603003	张悦	82	87	98	
201603004	韩璐	78	94	96	
201603005	董晓芬	68	68	94	
201603006	崔文娟	87	76	86	
201603007	郭二花	69	89	87	
201603008	于亚琪	86	88	85	
201603009	刘梦微	92	84	79	

图 4.50　成绩表

2016级1班成绩表

学号	姓名	计算机	生理	解剖	总分
201603001	谢晓慧	86	85	87	258
201603002	安若琪	95	86	80	261
201603003	张悦	82	87	98	267
201603004	韩璐	78	94	96	268
201603005	董晓芬	68	68	94	230
201603006	崔文娟	87	76	86	249
201603007	郭二花	69	89	87	245
201603008	于亚琪	86	88	85	259
201603009	刘梦微	92	84	79	255

图 4.51　最终结果

4.3.2　单元格地址引用

1. 相对引用地址

由列标和行号表示，如 B1，B1:D5 等，是 Excel 默认的引用方式。它的特点是在公式复制或移动时，该地址会根据移动的位置自动调节。例如，在例 5 的“2016 级 1 班成绩表”中，将公式从 F3 复制到 F4，列标没变，行号加 1，因此公式从“=C3+D3+E3”自动变成“=C4+D4+E4”。另外，如果将公式从 F3 复制到 G4，列标加 1，行号也加 1，则公式从“=C3+D3+E3”自动变成“= D4+E4 +F4。”

相对引用地址常用来快速实现大量数据的同类运算。如果在一系列计算中不希望某个地址或某些单元格地址引用随着新位置而改变，就需要使用绝对引用。

2. 绝对引用地址

在列标和行号前都加上符号“$”，如“$B$1”，即对 B1 单元格地址绝对引用。它的特点是在公式复制或移动时，该地址始终保持不变。例如，在例 5 的“2016 级 1 班成绩表”中，将 F3 单元格的公式改为“=$C$3+$D$3+$E$3”，再将公式复制到 F4，会发现 F4 的结果和 F3 一样，公式没有变，仍然是“=$C$3+$D$3+$E$3”。符号“$”就像一个钉子，钉住了参加运算的单元格，使用它们不会随着公式位置的变化而变化。

有关绝对引用，须掌握以下 3 个方面。

1）绝对引用后的表现形式。例如，$D$3:$F$5,表示引用的区域是 D3 到 F5 的区域。再如，$A$5、$D$2……表示绝对引用某一个单元格，A5，D2……

2）快速实现绝对引用。选中公式或函数参数中要引用的单元格或单元格区域部分，按下功能键【F4】，则可以在四种状态下转换。

例如，=SUM(A3:D6)，若实现绝对引用，则拖选“A3:D6”，按下【F4】键即可实现。

3）绝对引用的意义。简单而言，就是如果对某些数据设置绝对引用，那么该区域数据就被固定下来，不再发生变化，将本单元格中的公式或函数复制到其他任何单元格中，运算项地址始终为原始引用的单元格区域进行运算。

图 4.52 所示是以“某产品一季度生产情况表”为基础计算“所占比例”的结果。

	A	B	C
1	某产品一季度生产情况		
2	月份	数量	所占比例
3	一月	85	=B3/$B$6
4	二月	86	
5	三月	87	
6	总量	258	

图 4.52 某产品一季度生产情况表

观察计算公式可以看出：

1）相对单元格引用会因行的变化而变化。

2）绝对单元格引用总是引用单元格 B6。

3）B6 单元格是一季度生产总数量。

4）在引用不想在公式被复制时发生变化的单元格时，应当使用绝对引用。

3. 混合引用地址

在列标或行号前加上符号“$”，在这种情况下，它的相对引用地址和绝对引用地址是混合引用。当一个混合引用从一个单元格复制到另一单元格时，其中的相对引用发生改变，而绝对引用不变。如果公式复制或填充只想保留行固定不变或列固定不变，这时可以使用混合引用。

1）列绝对引用：保持单元格引用的列固定不变（列绝对引用），而行是可以变的（行是相对引用）。例如，D3 单元格公式是“=$C3”，将其复制到 H5 单元格则变为“=$C5”。

2）行绝对引用：保持单元格引用的行固定不变，而列是可以变的。例如，F8 单元格公式是“=D$8”，将其复制到 G8 单元格则变为“=E$8”。

4.3.3　函数

虽然使用公式能够完成简单的数据计算，但是对于复杂的运算需要使用函数来完成。函数是 Excel 根据各种需要预先设计好的运算公式，可以让用户节省自行设计公式的时间。函数可以简化和缩短工作表中的公式，尤其是在用公式执行很长或很复杂的计算时。

Excel 函数可分为财务、日期与时间、数学与三角函数、统计、查找与引用、数据库、文本、逻辑和信息函数九大类。

1. 函数的语法格式

$$=函数名(参数 1,参数 2,参数 3,\cdots)$$

注意： 函数要在英文半角下进行编辑；函数必须以等号（=）开头；函数名后的括号()，必须成对出现，并且永远使用圆括号，括号内是函数的参数，以逗号分隔多个参数；参数可以是数值、文本、逻辑值、数组、错误值或单元格引用。

2. 函数的参数

先看以下几个函数：SUM(1,2,3,4)，SUM(x,y,z)，SUM(A2,B2,C2)，SUM(A3+2,B3−1,C3*D3)

函数的参数具有以下特征。

1）参数可以是常量，如"1、2、3、4"等；也可以是变量，如未知数"x、y、z"等；还可以是单元格地址引用，如"A2，B2"、单元格区域"C3:F8"等；或者可以是一个表达式；也可以是一个函数。

2）有的函数不需要参数，有的函数需要多个参数，其中有些参数是可以选择的。

3）参数的类型和位置必须满足函数语法的要求。

3. 使用"自动求和"按钮 $\boxed{\Sigma \text{·}}$ 插入函数

常用的函数有求和函数 SUM、平均值函数 AVERAGE、统计函数 COUNT、最大值函数 MAX、最小值函数 MIN 等。

1）选择需要放置运算结果的单元格
2）"自动求和"按钮 $\boxed{\Sigma \text{·}}$，选择合适的函数
3）调整需要进行运算的单元格区域并确定。

4. 使用"插入函数"按钮插入函数

（1）利用"插入函数"按钮插入函数

下面通过例题说明插入函数对话框的使用方法。

【例 4.6】　在 2016 级 1 班成绩表中计算每个学生的总分，如图 4.53 所示。

操作步骤如下。

1）选定要存放结果的单元格 F3。

2）在"公式"→"函数库"选项组中单击"插入函数"按钮，或者单击编辑栏左

侧的 f_x 按钮，打开"插入函数"对话框，如图 4.54 所示。

		2016级1班成绩表			
学号	姓名	计算机	生理	解剖	总分
201603001	谢晓慧	86	85	87	
201603002	安若琪	95	86	80	
201603003	张悦	82	87	98	
201603004	韩璐	78	94	96	
201603005	董晓芬	68	68	94	
201603006	崔文娟	87	76	86	
201603007	郭二花	69	89	87	
201603008	于亚琪	86	88	85	
201603009	刘梦微	92	84	79	

图 4.53　2016 级 1 班成绩表

图 4.54　"插入函数"对话框

3）在"或选择类别"下拉列表框中选择"常用函数"选项，在"选择函数"列表中选择"SUM"选项，单击"确定"按钮，打开"函数参数"对话框，如图 4.55 所示。

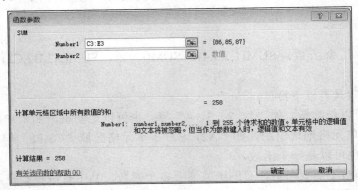

图 4.55　"函数参数"对话框

4）在"Number 1"文本框中输入函数的正确参数，如 C3:E3。在参数"Number 1"文本框后面有一个数据拾取按钮，当用户想用鼠标指针选取单元格区域作为参数时，可以单击此按钮，则"函数参数"对话框缩小成一个横条。这时可以用鼠标指针选取数据区域，然后按【Enter】键或者再次单击拾取按钮，返回"函数参数"对话框，最后单击"确定"按钮。

5）拖动 F3 单元格右下角的复制柄至 F11 单元格，这时在 F3～F11 单元格分别计算出每位学生的总分。

SUM			C	D	E	F
SUM			2016级1班成绩表			
AVERAGE						
IF			计算机	生理	解剖	总分
HYPERLINK		慧	86	85	87	=
COUNT						
MAX		琪	95	86	80	
SIN			82	87	98	
SUMIF						
PMT		格	78	94	96	
STDEV						
其他函数...						

图 4.56　插入函数

（2）利用编辑栏中的公式选项板插入函数

选定要存放结果的单元格 F3，然后输入"="，再单击"名称框"右边的下拉按钮，在打开的下拉列表中选择相应的函数，后面的操作同利用功能按钮插入函数的方式完全相同，如图 4.56 所示。

5. 常用函数介绍

（1）日期和时间函数

1）TODAY 函数。

功能：返回当前日期。

格式：TODAY()。

2）NOW 函数。

功能：返回当前日期和时间。

格式：NOW()。

3）YEAR 函数。

功能：返回某日期对应的年份，返回值为 1900～9999 之间的整数。

格式：YEAR(serial_number)。

说明：serial_number 是一个日期值，也可以是格式为日期格式的单元格名称。

4）MINUTE 函数。

功能：返回时间值中的分钟，返回值为一个介于 00～59 之间的整数。

格式：MINUTE (serial_number)。

说明：serial_number 是一个时间值，也可以是格式为时间格式的单元格名称。

5）HOUR 函数。

功能：返回时间值中的小时数，返回值为一个介于 0～23 之间的整数。

格式：HOUR (serial_number)。

说明：serial_number 是一个时间值，也可以是格式为时间格式的单元格名称。

【例 4.7】 使用日期函数计算"个人信息情况表"（图 4.57）中的"年龄"字段结果。

	A	B	C	D	E	F	G	H
1	姓名	性别	出生年月	年龄	所在院系	原电话号码	升级后号码	是否>=25男性
2	王博雅	女	1998-9-8		护理系	07358659368		
3	张二丽	男	1996-5-7		护理系	07358659369		
4	王左霞	女	1993-11-7		临床系	07358659370		
5	张丹	男	1994-8-23		口腔系	07358659371		
6	张晨	男	1992-12-8		口腔系	07358659372		
7	蔡永春	女	1998-7-8		口腔系	07358659373		

图 4.57　个人信息情况表

操作步骤如下。

① 单击工作表中的 D2 单元格。

② 输入公式"=YEAR(TODAY())-YEAR(C2)"，完成后按【Enter 键】。

③ 拖动 D2 单元格右下角的填充柄至单元格 D7，利用公式的自动填充功能得到所有数据。

（2）逻辑函数

1）AND 函数。

功能：在其参数组中，所有参数逻辑值为 TURE，即返回 TURE。

格式：AND(logical1,logical2,…)，其中 Logical1, logical2 …… 表示待检测的 1 到

30 个条件值。

说明：各个参数必须是逻辑值，或者包含逻辑值的数组或引用，所有参数的逻辑值为真时返回 TRUE，只要一个参数的逻辑值为假即返回 FALSE。

2）OR 函数。

功能：在其参数组中，任一个参数逻辑值为 TURE，即返回 TURE。

格式：OR(logical1,logical2,…)，其中 Logical1, logical2 …… 表示待检测的 1 到 30 个条件值。

说明：各个参数必须是逻辑值，或者包含逻辑值的数组或引用，所有参数的逻辑值中，只要任一个参数的逻辑值为真时，即返回 TRUE。

【例 4.8】 使用逻辑函数判断"个人信息情况表"（图 4.57）中的"是否>=25 男性"字段结果。

操作步骤如下。

① 单击工作表中的 H2 单元格。

② 输入公式"=AND(B2="男",D2>=25)"，完成后按【Enter】键。

③ 拖动 H2 单元格右下角的填充柄至单元格 H7，利用公式的自动填充功能得到所有数据。

3）IF 函数。

功能：执行真假值判断，根据逻辑计算的真假值，返回不同结果。

格式：IF(logical_test,value_if_true,value_if_false)。

说明：Logical_test 表示计算结果为 TRUE 或 FALSE 的任意值或表达式；Value_if_true 是 logical_test 为 TRUE 时返回的值；Value_if_false 是 logical_test 为 FALSE 时返回的值。当对多个条件进行判断时，需要嵌套使用 IF 函数，IF 函数最多可以嵌套 7 层。一般直接在编辑框输入函数表达式。

【例 4.9】 IF 函数的应用，如图 4.58 所示。在 IF 函数的等级列中，将百分制转换成等级制。其规则是：总分大于 260 分为优秀，小于 260 分为合格。

操作步骤如下。

① 单击工作表中的 G3 单元格。

② 输入公式"=IF(F3>260,"优秀","合格")"，完成后按【Enter】键。

③ 拖动 G3 单元格右下角的填充柄至单元格 G8，利用公式的自动填充功能得到所有数据。

	A	B	C	D	E	F	G
1				2016级1班成绩表			
2	学号	姓名	计算机	生理	解剖	总分	等级
3	201603001	谢晓慧	86	85	87	258	
4	201603002	安若琪	95	86	80	261	
5	201603003	张悦	82	87	98	267	
6	201603004	韩璐	78	94	96	268	
7	201603005	董晓芬	68	68	94	230	
8	201603006	崔文娟	87	76	86	249	

图 4.58 IF 函数的应用

（3）算术与统计函数

1）MOD 函数。

功能：返回两数相除的余数。

格式：MOD(number, divisor)。

说明：number 是被除数，divisor 为除数。可以借助身份证号的倒数第 2 位的奇偶来判断个人的性别。

2）MAX 函数。

功能：返回一组值中的最大值。

格式：MAX(number1, number2,…)。

说明：number1, number2……是要从中找出最大值的 1~30 个数字参数。

3）SUMIF 函数。

功能：根据指定条件对若干单元格求和。

格式：SUMIF (range, criteria, sum_range)。

说明：range 为用于条件判断的单元格区域，criteria 为确定哪些单元格将被相加求和的条件，其形式可以是数字、表达式或文本。

4）COUNTIF 函数。

功能：计算单元格区域中满足给定条件的单元格的个数。

格式：COUNTIF (range, criteria)。

说明：range 为需要计算其中满足条件的单元格数目的单元格区域，criteria 为确定哪些单元格将被计算在内的条件，其形式可以是数字、表达式、单元格引用或文本。

【例 4.10】　SUMIF 和 COUNTIF 函数的应用如图 4.59 所示，统计男生和女生的工资总额分别是多少，并且统计不同的工资额段的人数。

	A	B	C	D	E	F	G	H
1	江东讯通公司人员							
2	姓名	部门	性别	工资	学历			
3	谢晓慧	人事部	女	5000	本科			总工资
4	安若琪	销售部	女	8000	本科		男	
5	张悦	企划部	男	6000	博士		女	
6	韩璐	研发部	男	12000	博士			
7	董晓芬	销售部	女	7500	本科			
8	崔文涓	企划部	男	6800	硕士		工资段	人数
9	郭二花	研发部	女	8600	本科		7000以上	
10	于亚琪	销售部	女	6900	本科		5000-7000	
11	刘梦微	企划部	女	7800	硕士			

图 4.59　SUMIF 和 COUNTIF 函数的应用

操作步骤如下。

① 单击工作表中的 H4 单元格。

② 输入公式 "=SUMIF(C3:C11, "男",D2:D11）"，完成后按【Enter】键。

③ 单击工作表中的 H5 单元格。

④ 输入公式 "=SUMIF(C3:C11, "女",D2:D11）"，完成后按【Enter】键。

⑤ 单击工作表中的 H9 单元格。

⑥ 输入公式 "=COUNTIF(D2:D11, ">7000"）"，完成后按【Enter】键。

⑦ 单击工作表中的 H10 单元格。

⑧ 输入公式 "=COUNTIF(D2:D11,">5000")—COUNTIF(D2:D11,">7000")"，完成后按【Enter】键。

（4）文本函数

1）REPLACE 函数。

功能：使用其他文本字符串，并根据所指定的字符数替换某文本字符串中的部分文本。

格式：REPLACE(old_text,start_number,number_chars,new_text)。

说明：old_text 是要替换其部分字符的文本，start_number 是要用 new_text 替换 old_text 中字符的位置，number_chars 是希望 REPLACE 使用 new_text 替换 old_text 中字符的个数，若 number_chars 为 "0"，则在指定位置插入新字符，new_text 是用于替换 old_text 中字符的文本。

【例 4.11】 使用 REPLACE 函数，对 "个人信息情况表"（图 4.57）中的用户电话号码进行升级。

操作步骤如下。

① 单击工作表中的 G2 单元格。

② 输入公式 "=REPLACE(F2,5,0，8）"，完成后按【Enter】键。

③ 拖动 G2 单元格右下角的填充柄至单元格 G7，利用公式的自动填充功能得到所有数据。

2）MID 函数。

功能：返回文本字符串中从指定位置开始的特定数目的字符。

格式：MID(text,start_number,number_chars)。

说明：text 是包含要提取字符的文本字符串，start_number 是文本中要提取的第 1 个字符的位置，number_chars 指定希望 MID 从文本中返回字符的个数。

例如，MID("123456",2,3)="234"，这就是表示从字符串 "123456" 中第 2 个字符开始选 3 个字符。

再如，在 B1 单元格中是文本型的身份证号 "140622197812031220"，C1 作为出生日期的单元格，C1 单元格中输入 "=MID(B1,7,8)"，结果是 "19781203"。

3）TEXT 函数。

功能：将数值转换为按照指定数字格式表示的文本。

格式：TEXT(value, format_text)。

说明：value 为数值、计算结果为数字值的公式，或者对包含数字值的单元格的引用。

format_text 为 "单元格格式" → "数字" → "分类" 框中的文本形式的数字格式。使用 TEXT 函数可以将数值转换为带数字格式的文本，而其结果将不再作为数字参与计算。

例如，如果想要从 18 位身份证号中提取 "出生年月日" 的字符串的结果（C1 单元格得出结果 "19871203"）显示为 "1987 年 12 月 03 日" 的格式，需要用到 TEXT 函数。

在 D1 单元格输入公式 "=TEXT(C1,"0000 年 00 月 00 日")"

4）CONCATENATE 函数。

功能：将几个文本字符串合并成一个文本字符串（文本连接函数，与&的效果一样）。

格式：CONCATENATE(text1, text2, text3,…)。

说明：text1, text2, text3……为 1～30 个将要合并成单个文本字符串的文本字符串。

例如，A1：1997 年，A2：12 月，A3：18 日；在 C1 中输入"= CONCATENATE(A1,A2,A3)"；结果为"1997 年 12 月 18 日"。

（5）财务函数

1）PMT 函数。

功能：基于固定利率及等额分期付款方式，返回贷款的每期付款额。

格式：PMT(rate, nper, pv, fv, type)。

说明：rate 为贷款利率；nper 为该项贷款的付款总数；pv 为现值，或一系列未来付款的当前值的累积和，也称为"本金"；fv 为未来值，或者在最后一次付款后希望得到的现金余额，若省略 fv，则假设其值为零，也就是一笔贷款的未来值为零；type 为数字 0 或 1，用于指定各期的付款时间是在期初还是期末，0 或省略为期末，1 为期初。

2）IPMT 函数。

功能：基于固定利率及等额分期付款方式，返回给定期数内对投资的利息偿还额。

格式：IPMT(rate, per, nper, pv, fv, type)。

说明：per 为用于计算其利息数额的期数，必须在 1～nper 之间。其他参数与 PMT 函数相同。

【例 4.12】　PMT 和 IPMT 函数的应用如图 4.60 所示。利用商业贷款买房，计算每月还款额与第 1 个月的还款利息。假定贷款 100 万元，年利率为 7.06%，贷款 20 年，每月末等额还款。

操作步骤如下。

① 单击工作表中的 B5 单元格，输入公式 "=PMT(B2/12,B3*12,B4)"，完成后按【Enter】键，得到每月的还款额。

② 单击工作表中的 B6 单元格，输入公式 "=IPMT(B2/12,1,B3*12,B4)"，完成后按【Enter】键，得到第 1 个月的还款利息。

	A	B
1	贷款月还款额计算	
2	贷款年利率	7.06%
3	贷款期限（年）	20
4	贷款额（元）	1000000
5	每月还款额	¥-7,789.05
6	第1个月还款利息	¥-5,883.33

图 4.60　PMT 和 IPMT 函数的应用

4.3.4　Excel 常见的错误信息

（1）#N/A

"#N/A"是在函数或公式中没有可用数值时产生的错误信息。如果某些单元格暂时没有数值，可以在这些单元格中输入"＃N/A"，这样，公式在引用这些单元格时不进行数值计算，而是返回"＃N/A"。

（2）#VALUE!

当使用错误的参数或运算对象类型时，或者当公式的"自动更正"不能更正公式时，将产生错误值#VALUE!。

（3）#name?

不能识别的文本而产生的错误，也可能是删除了公式中使用的共同名称或者使用了不存在及拼写错误的名称所致。

（4）####!

若单元格中出现"####!"，则极有可能是列宽不够；另外，这也可能是对日期或时间做减法时出现负值所造成的。

（5）#REF!

单元格中出现"#REF!"是因为该单元格引用无效的结果。例如，用户删除了原始数据单元格，或者将移动单元格粘贴到了其他公式引用的单元格中。

（6）#DIV/O!

当表格中出现"#DIV/O!"，毫无疑问是除法公式出了问题。需要检查一下除数是否为0，或者除数是否指向了一个空单元格（以及包含空单元格的单元格）。

（7）#NUM!

"#NUM!"这是在公式或函数中某个数字有问题时产生的错误信息。例如，在需要数字参数的函数中使用了不能接受的参数，或者公式产生的数字太大或太小等。

（8）#NULL!

在单元格中出现"#NULL!"，是试图为两个并不相交的区域指定交叉点时产生的错误。例如，使用了不正确的区域运算符或者不正确的单元格引用等。

4.4　制 作 图 表

Excel 能够将电子表格中的数据转换成各种类型的统计图表，更直观地提示数据之间的关系，反映数据的变化规律和发展趋势，使用户能够一目了然地进行数据分析。当工作表中的数据发生变化时，图表也会相应地跟随数据的值而变化，不需要重新绘制。

Excel 提供了十一种图表类型，每一种类型又有若干种子类型，并且有很多二维和三维图表类型可供选择。常见的图表类型有以下几种。

柱形图：用于显示一段时间内数据变化或各项之间的比较情况。柱形图简单易用，是最受欢迎的图表形式。例如，不同产品季度或年销售量对比、在几个项目中不同部门的经费分配情况、每年各类资料的数目等。

条形图：可以看作是横着的柱形图，是用来描绘各个项目之间数据差别情况的一种图表，它强调的是在特定的时间点上进行分类和数值比较。例如，它可以比较每个季度、三种产品中任意一种产品的销售数量。条形图中的每一条在工作表上是一个单独的数据点或数。

折线图：将同一数据系列的数据点在图中用直线连接起来，以等间隔显示数据的变化趋势。例如，数据在一段时间内是呈增长趋势的，而在另一段时间内处于下降趋势，用户可以通过折线图对将来作出预测。另外，速度-时间曲线、压力-温度曲线等，都可以利用折线图来表示。

面积图：用于显示某个时间段总数与数据系列的关系，又称为面积形式的折线图。

当有几个部分正在变动，而用户对这些部分总和感兴趣时，它们特别有用。面积图既能体现各部分的变动，又能看到总体的变化。

饼形图：用于表示工作表的一列或一行中的各项数据的大小与各项数据总和的比例，即各部分数据在总体中的百分比，而不表示随时间变化的不同项目之间的数目及各数据的平均值。饼形图便于查看个体和总体之间的关系。

饼形图虽然只能表达一个数据列的情况，但是因为表达得清楚明了，又易学好用，因此在实际工作中用得比较多。如果想要表达多个系列的数据，可以使用环形图。

雷达图：用于显示数据中心点及数据类别之间的变动，可以对数值无法表现的倾向分析提供良好的支持。为了能够在短时间内把握数据相互之间的平衡关系，也可以使用此图。例如，有三台具有 5 个相同部件的机器，在雷达图上就可以绘制每一台机器上每一部件的磨损量。

XY 散点图：通常用于显示两个变量之间的关系，利用散点图可以绘制函数曲线，从简单的三角函数、指数函数、对数函数到更复杂的混合型函数，都可以利用它快速准确地绘制出曲线，因此在教学、科学计算中会经常用到。

迷你图：是以单元格为绘图区域，绘制简约的数据小图标。由于迷你图太小，无法在图中显示数据内容，因此迷你图与表格不能分离。

迷你图包括折线图、柱形图、盈亏图三种，其中，折线图用于反映数据的变化情况，柱形图用于表示数据之间的对比情况，盈亏图则可以将业绩的盈亏情况形象地表现出来。

4.4.1　创建图表

在 Excel 2010 中，图表是依据 Excel 工作表中的数据创建的，因此在创建图表之前，只需选择数据源。

创建图表的操作如下。

1）选择创建图表的数据单元格区域，切换到"插入"选项卡，单击"图表"选项组中的"柱形图"下拉按钮，在弹出的下拉菜单中选择需要的二维图表样式，如图 4.61 所示。

2）样式选择好后，系统会根据选择的数据区域在当前工作表中生成对应的柱形图表，如图 4.62 所示。

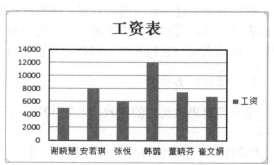

图 4.61　二维图表样式　　　　　图 4.62　生成的柱形图表

【例 4.13】 根据图 4.63 所示的心理咨询统计表，创建三种咨询方式的分离型三维饼图。操作步骤如下。

1）选择数据源。按照题目要求只选取咨询方式、咨询人数两个字段，即选择 A2:B5 区域，如图 4.64 所示。

心理咨询统计表	
咨询方式	咨询人数
现场咨询	265
网上咨询	369
电话咨询	298

图 4.63 心理咨询统计表

图 4.64 选择数据源

2）选择图表类型及其子类型。在"图表"功能组中单击"饼图"下拉按钮，打开下拉菜单，如图 4.65 所示。若选择"分离型三维饼图"选项，则生成图表的最终效果，如图 4.66 所示。

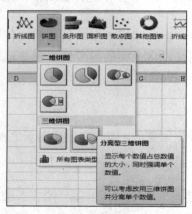

图 4.65 选择图表类型

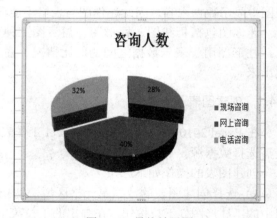

图 4.66 最终效果图

4.4.2 编辑图表

在创建图表之后，还可以对整个图表进行编辑，包括更改图表类型及选择图表布局和图表样式等。这些通过"图表工具"选项卡中的相应功能来实现。该选项卡在选定图表后会自动出现，它包括 3 个部分，分别是设计、布局和格式。

1. "设计"选项卡

选中需要更改类型的图表，在"图表工具"选项卡，选择"设计"选项卡，如图 4.67 所示。

"设计"选项卡包括"类型""数据""图表布局""图表样式"和"位置"5 个选项组。

图 4.67　"设计"选项卡

1)"类型"选项组用于重新选择图表类型和另存为模板。

2)"数据"选项组用于按行或按列产生图表及重新更改数据源。数据按行或按列产生图表，可以依据实际需要进行。

如果在图表中增加数据系列，在图 4.58 所示的工作表中插入英语列的字段，并输入相应数后，在原有图表上增添数据源。操作方法如下。

① 选中需要更改类型的图表，出现"图表工具"选项卡，单击"设计"→"选择数据"按钮。

② 打开"选择数据源"对话框，如图 4.68 所示。

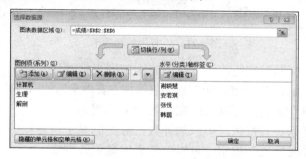

图 4.68　"选择数据源"对话框

③ 单击"添加"按钮，打开"编辑数据系列"对话框，如图 4.69 所示。单击"系列名称"右边的按钮，选择需要增加的数据系列的标题单元格，单击"系列值"右边的按钮，选择需要增加的系列的值，单击"确定"按钮。

"成绩表"图表添加"英语"列数据后的效果如图 4.70 所示。

如果在图表中需删除数据系列，可以直接在原有图表上删除数据源，操作方法是：在"选择数据源"→"图例项（系列）"列表框中选中某个系列后，单击"删除"按钮，可以删除该数据系列。

图 4.69　"编辑数据系列"对话框

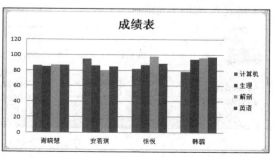

图 4.70　增加"英语"列数据后的效果

3）"图表布局"功能组用于图表中各元素的相对位置调整。

4）"图表样式"功能组用于图表样式的选择，图表样式主要是指图表颜色和图表区背景色的搭配。

"位置"功能组用于设置"嵌入式图表"或"独立图表"。

2. "布局"选项卡

对已经创建的图表，选中图表，切换到"图表工具"→"布局"选项卡，通过"标签"选项组中的按钮，可以对图表设置图标标题、坐标轴标题、图例、数据标签和模拟运算表等内容进行设置，如图4.71所示。

图 4.71　"布局"选项卡

1）单击"图表标题"按钮，可以对图表添加图表标题。

2）单击"坐标轴标题"按钮，可以对图表添加主要横坐标轴标题和主要纵坐标轴标题。

3）单击"图例"按钮，可以选择图例显示的位置。

4）单击"数据标签"按钮，可以选择数据标签的显示位置。

5）单击"模拟运算表"按钮，可以在图表中显示数据表。

为图表设置标签，实质上就是对图表进行自定义布局，Excel 2010 为图表提供了几种常用的布局样式模板，从而快速地对图表进行布局。操作方法是：选中需要布局的图表，在"图表工具"→"设计"→"图表布局"选项组中即可对图表进行布局。

4.4.3　格式化图表

在生成图表后，为了获得更理想的显示效果，可以对图表的各个对象进行格式化。通过单击"图表工具"选项卡中的"格式"的相应按钮来实现，也可以双击要进行格式设置的图表对象，在打开的"格式"对话框中进行设置。

"格式"选项卡如图4.72所示。

图 4.72　"格式"选项卡

【例 4.14】　对图 4.73 进行格式设置。

1）选择"图表区"任意位置，选择"格式"→"形状样式"→"细微效果-橙色，强调颜色 6"选项，如图 4.74 所示。

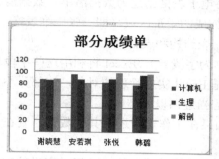

图 4.73　例 4.14 图

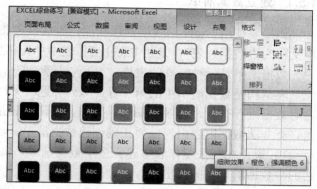

图 4.74　"细微效果-橙色，强调颜色 6"

2）选中"图例"即科目文本框，在"形状样式"功能组中选择"彩色填充-红色，强调颜色 2"选项。

3）选中横坐标"姓名"文本框，在"艺术字样式"选项组中选择"渐变填充-紫色，强调文字颜色 4，映像"选项。

4）选中"纵坐标"文本框，在"艺术字样式"选项组中选择与横坐标一样的设置。

5）选择"图表工具"→"布局"选项卡，在"标签"选项组中单击"图表标题"下拉按钮，在弹出的下拉菜单中选择"图表上方"命令，在添加的"图表标题"文本框中输入"部分成绩单"文字；在"形状样式"选项组中设置"形状填充"为"纹理"下的"水滴"样式。最终效果如图 4.75 所示。

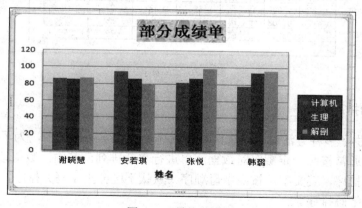

图 4.75　最终效果图

4.5　数据的管理和分析

Excel 工作表提供了强大的数据分析和数据处理功能，它还具有一些数据库管理的功能。它可以方便、快捷地对数据进行筛选、排序、分类汇总和创建数据透视表等统计分析工作。

4.5.1 建立数据清单

如果要使用 Excel 的数据管理功能，首先必须将电子表格创建为数据清单。数据清单又称为"数据列表"，是由 Excel 工作表中单元格构成的矩形区域，即一张二维表格。

数据清单是一种特殊的表格，必须包括两部分，表结构和表记录。

表结构是数据清单中的第一行，即列标题（又称为字段名），Excel 将利用这些字段名对数据进行查找、排序及筛选等操作。表记录则是 Excel 实施管理的对象，该部分不允许有非法数据内容出现。要正确创建数据清单，应当遵循以下准则。

1）避免在一张工作表中建立多个数据清单，如果在工作表中还有其他数据，要在它们与数据清单之间留出空行、空列。

2）通常在数据清单的第一行创建字段名，字段名必须是唯一的，且每一字段的数据类型必须相同，若字段名是"部门"，则该列存放的必须全部是部门名称。

3）数据清单中不能有完全相同的两行记录。

例如，一张考试成绩单，包含编号、姓名、各科成绩、总成绩等多列数据，如图 4.76 所示。

	2016级1班成绩表				
	学号	姓名	计算机	生理	解剖	总分
3	201603001	谢晓慧	86	85	87	258
4	201603002	安若琪	95	86	80	261
5	201603003	张悦	82	87	98	267
6	201603004	韩璐	78	94	96	268
7	201603005	董晓芬	68	68	94	230
8	201603006	崔文娟	87	76	86	249
9	201603007	郭二花	69	89	87	245
10	201603008	于亚琪	86	88	85	259
11	201603009	刘梦微	92	84	79	255
12						

图 4.76　成绩单

4.5.2 数据的排序

Excel 提供了多种方法对工作表区域进行排序。在实际应用中，为了方便查找和使用数据，用户通常按照一定顺序对数据清单进行重新排列。其中，数值按照大小排序，时间按照先后排序，英文字母按照字母顺序（默认不区分大小写）排序，汉字按照拼音首字母排序或笔画排序。

用来排序的字段称为"关键字"。排序方式分为升序（递增）和降序（递减），排序方向有按行排序和按列排序。此外，还可以采用自定义排序。

用户根据需要按行或按列、按升序或按降序使用自定义排序命令。当用户按行进行排序时，数据列表中的列将被重新排列，但是行保持不变；如果按列进行排序，行将会被重新排列，而列保持不变。

数据排序有两种形式，简单排序和复杂排序。

1. 简单排序

简单排序是指对一个关键字（单一字段）进行升序或降序排序。可以在"数据"→"排序和筛选"选项组中单击"升序"按钮或"降序"按钮快速实现，也可以通过单击"排序"按钮打开"排序"对话框进行操作。

2. 复杂排序

复杂排序是指对一个以上关键字（多个字段）进行升序或降序排序。当排序的字段值相同时，按照另一个关键字继续排序，最多可以设置 3 个排序关键字。

单击数据列表中的任意一个单元格，单击"数据"→"排序和筛选"→"排序"按钮，如图 4.77 所示。

图 4.77　"排序"按钮

打开"排序"对话框，在"主要关键字"下拉列表框中选择"年龄"选项，在"排序依据"下拉列表框中对排序依据进行设置，如数值、单元格颜色、字体颜色、单元格图标，在"次序"下拉列表框中选择"升序""降序"或"自定义序列"。设置完成后，单击"确定"按钮即可，如图 4.78 所示。

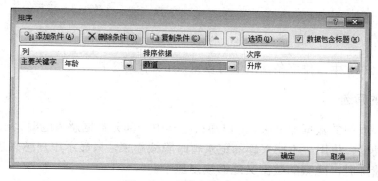

图 4.78　"排序"对话框

例如，对江东讯通公司员工概况表，可以将数据列表按照"性别"进行排序，如图 4-79 所示。

除了对数据表进行单一列的排序之外，如果用户希望对列表中的数据按照"性别"的升序来排序，性别相同的数据按照"学历"升序排序，"性别"和"学历"都相同的记录按照"工资"从小到大的顺序来排序，此时我们就要对 3 个不同的列进行排序才能达到用户的要求。

江东讯通公司人员					
姓名	性别	部门	年龄	工资	学历
于亚琪	男	销售部	27	6900	本科
安若琪	男	销售部	26	8000	本科
张悦	男	企划部	30	6000	博士
韩璐	男	研发部	32	12000	博士
谢晓慧	女	人事部	35	5000	本科
董晓芬	女	销售部	26	7500	本科
郭二花	女	研发部	24	8600	本科
崔文娟	女	企划部	36	6800	硕士
刘梦微	女	企划部	25	7800	硕士

图 4.79　江东讯通公司员工概况表

单击数据列表中的任意一个单元格，然后单击"数据"→"排序"按钮，打开"排序"对话框，在"主要关键字"下拉列表框中选择"性别"选项，在添加好主要关键字后，单击"添加条件"按钮，此时在对话框中显示"次要关键字"，与设置"主要关键字"的方法相同，在下拉列表框中选择"学历"选项，然后再单击"添加条件"按钮添加第 3 个排序条件，选择"工资"选项。在设置好多列排序的条件后，单击"确定"按钮，即可看到多列排序后的数据表，如图 4.80 所示。

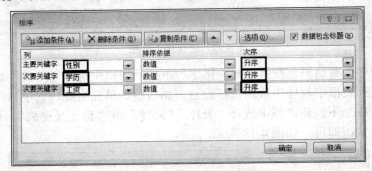

图 4.80　设置多列排序条件

在 Excel 2010 中，排序条件最多可以支持 64 个关键字。

4.5.3　数据的筛选

当数据列表中的数据非常多，用户却只对其中一部分数据感兴趣时，可以使用 Excel 的数据筛选功能，将用户不感兴趣的记录暂时隐藏起来，只显示用户感兴趣的数据。当筛选条件被清除时，隐藏的数据又能够恢复显示。

数据筛选有两种，自动筛选和高级筛选。自动筛选可以实现单个字段筛选及多字段筛选的"逻辑与"关系（同时满足多个条件），操作简便，能够满足大部分应用需求；高级筛选能够实现多字段筛选的"逻辑或"关系，较为复杂，需要在数据清单以外建立一个条件区域。

1．自动筛选

自动筛选可以通过单击"数据"→"排序和筛选"→"筛选"按钮来实现，如图 4.81

所示。在所需筛选的字段名下拉列表中选择符合的条件，若没有，则选择"文本筛选"或"数字筛选"级联菜单中的"自定义筛选"命令，在打开的"自定义自动筛选方式"对话框中输入条件。如果要使数据恢复显示，单击"排序和筛选"→"清除"按钮。如果要取消自动筛选功能，再次单击"筛选"按钮。

图 4.81　"筛选"按钮

单击数据列表中的任何一列标题行的下拉箭头，选择希望显示的特定行的信息，Excel 2010 会自动筛选包含这个特定行信息的全部数据，如图 4.82 所示。例如，显示所有数据的学历种类。

在数据表格中，如果单元格填充了颜色，还可以按照颜色进行筛选。

【例 4.15】　在图 4.82 的工作表中利用自动筛选，筛选出图 4.82 所示的女性员工。

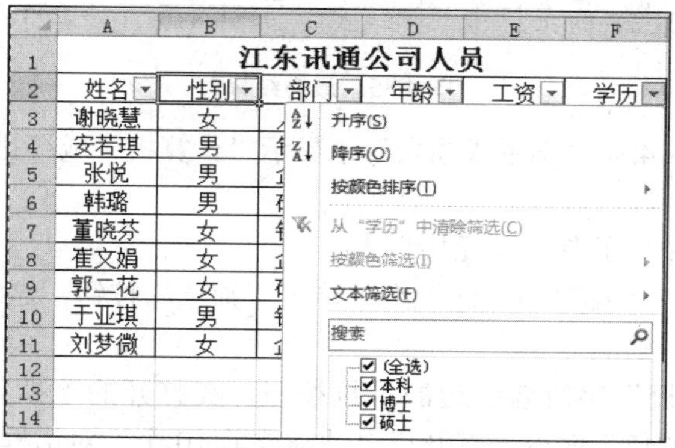

图 4.82　自动"筛选"

操作步骤如下。

1）单击数据区域的任意一个单元格，切换至功能区"数据"选项卡，单击"排序与筛选"→"筛选"按钮，在数据区域每个列标题右侧都出现一个下拉按钮。

2）单击"性别"右侧的下拉按钮，在下拉菜单中只勾选"女"复选框，单击"确定"按钮，即可筛选出所有的女性员工。

【例 4.16】　在图 4.77 的工作表中筛选出工资在 6000～9000（不含 6000、9000）元的男职工。

1）选定数据表中任意一个单元格。

2）在"数据"→"排序和筛选"选项组中单击"筛选"按钮，这时在数据表的每个字段名旁边显示下拉按钮。

3）单击"工资"字段名旁边的下拉按钮，在打开的下拉菜单中选择"数字筛选"选项，再单击"自定义筛选"按钮，打开"自定义自动筛选方式"对话框，设置如图 4.83

所示。

4）再单击"性别"字段名旁边的下拉按钮，设置如图 4.84 所示。

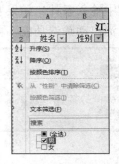

图 4.83　自定义自动筛选方式　　　　　　　图 4.84　"性别"筛选设置

5）最终结果如图 4.85 所示。

姓名	性别	部门	年龄	工资	学历
安若琪	男	销售部	26	8000	本科
于亚琪	男	销售部	27	6900	本科

江东讯通公司人员

图 4.85　最终结果

【例 4.17】　在图 4.86"学生成绩表"中显示"计算机"成绩排在前三位的记录。操作步骤如下。

1）单击数据清单中的任一单元格。

2）在"数据"→"排序和筛选"组中单击"筛选"按钮，这时在数据清单的每个字段名旁边显示下拉按钮。

3）单击"计算机"字段名旁边的下拉按钮，在打开的下拉菜单中选择"数字筛选"→"10 个最大的值"命令，打开"自动筛选前 10 个"对话框，如图 4.87 所示。

学号	姓名	计算机	生理	解剖
201603001	谢晓慧	86.00	85.00	87.00
201603002	安若琪	95.00	86.50	80.00
201603003	张悦	82.00	87.00	98.00
201603004	韩璐	78.50	94.00	96.60
201603005	董晓芬	68.00	68.00	94.00
201603006	崔文娟	87.00	76.00	86.00

2016级1班成绩表

图 4.86　学生成绩表

图 4.87　"自动筛选前 10 个"对话框

4）在"自动筛选前 10 个"对话框中指定"显示"的条件为"最大""3""项"。

5）单击"确定"按钮，在数据清单中显示计算机成绩最高的三条记录，其他记录被暂时隐藏。筛选结果如图 4.88 所示。

学号	姓名	计算机	生理	解剖
201603002	安若琪	95.00	86.50	80.00
201603006	崔文娟	87.00	76.00	86.00
201603009	刘梦微	92.00	84.00	79.00

2016级1班成绩表

图 4.88　筛选结果

2. 高级筛选

当筛选的条件较为复杂或者出现多字段之间的"逻辑或"关系时，使用"数据"选项卡中的"排序和筛选"组中的"高级"按钮更为方便。

在进行高级筛选时，字段名的右边不会出现筛选按钮，而是需要在条件区域输入条件。条件区域应当建立在数据清单以外，用空行或空列与数据清单分隔。输入筛选条件时，首行输入条件字段名，需要注意的是，条件字段名一定要与数据清单中的字段名完全一致。从第 2 行起输入筛选条件，输入在同一行上的条件关系为"逻辑与"，输入在不同行上的条件关系为"逻辑或"。然后单击"数据"选项卡中的"排序和筛选"选项组中的"高级"按钮，在打开的"高级筛选"对话框内进行数据区域和条件区域的选择。筛选的结果根据需要可以在原数据清单位置显示，也可以在数据清单以外的位置显示。

【例 4.18】　在图 4.89 的数据表中，将性别为女、学历为硕士或工资大于 8000 元的人显示出来。

操作步骤如下。

1）在当前工作表中任意一块空白的单元格区域，先设置一个条件区域，第一行输入筛选的字段名称，在第二行和第三行中输入条件，如图 4.90 所示。

	A	B	C	D	E	F
1			江东讯通公司人员			
2	姓名	性别	部门	年龄	工资	学历
3	谢晓慧	女	人事部	35	5000	本科
4	安若琪	男	销售部	26	8000	本科
5	张悦	男	企划部	30	6000	博士
6	韩璐	男	研发部	32	12000	博士
7	董晓芬	女	销售部	26	7500	本科
8	崔文娟	女	企划部	36	6800	硕士
9	郭二花	女	研发部	24	8600	本科
10	于亚琪	男	销售部	27	6900	本科
11	刘梦微	女	企划部	25	7800	硕士

图 4.89　某公司员工概况表

性别	学历	工资
女	研究生	
		>3000

图 4.90　条件区域

2）单击数据区域中的任一单元格，在"数据"→"排序和筛选"选项组中单击"高级"按钮，打开"高级筛选"对话框，如图 4.91 所示。Excel 自动选择筛选的区域，单击这个条件区域框中的拾取按钮，选中步骤 1），设置的条件区域，单击拾取框中的按钮返回"高级筛选"对话框，单击"确定"按钮。筛选最终效果如图 4.92 所示。

图 4.91　"高级筛选"对话框

	A	B	C	D	E	F
1			江东讯通公司人员			
2	姓名	性别	部门	年龄	工资	学历
6	韩璐	男	研发部	32	12000	博士
8	崔文娟	女	企划部	36	6800	硕士
9	郭二花	女	研发部	24	8600	本科
11	刘梦微	女	企划部	25	7800	硕士

图 4.92　筛选最终效果

4.5.4　分类汇总

在实际应用中，经常用到分类汇总，如仓库的库存管理经常要统计各类产品的库存总量，商店的销售管理经常要统计各类商品的售出总量等。它们的共同特点是首先要进行分类（排序），将同类别数据放在一起，然后再进行数量求和之类的汇总运算。Excel提供分类汇总功能。

分类汇总就是对数据清单按照某个字段进行分类，将字段值相同的连续记录作为一类，进行求和、求平均值、计数等汇总运算。针对同一个分类字段，可以进行多种方式的汇总。

需要特别指出的是，在分类汇总之前，必须先对分类字段排序，然后要分清对哪个字段进行分类，对哪些字段进行汇总及汇总的方式，在"分类汇总"对话框中逐一进行设置。

分类汇总有两种形式，简单汇总和嵌套汇总。

1.　简单汇总

简单汇总是指对数据清单中的一个或多个字段仅进行一种方式的汇总。

【例 4.19】　根据图 4.93 所示的工资表，求出该数据表中男员工的工资之和与女员工的工资之和分别是多少。

操作步骤如下：

1）单击"性别"字段，在 "数据"选项卡的"排序和筛选"选项组中单击 "升序"按钮，将数据表按照"性别"进行排序。

2）在"数据"选项卡中，单击"分类汇总"按钮，打开"分类汇总"对话框，如图 4.94 所示。在"分类字段"下拉列表框中选择分类字段为"性别"，汇总方式选择"求和"，汇总项选择"工资"。

图 4.93　工资表　　　　　　　　图 4.94　"分类汇总"对话框

3）单击"确定"按钮，就可以看到已经计算好的男员工的工资之和和女员工的工资之和。简单汇总效果如图 4.95 所示。

1 2 3		A	B	C	D	E	F
	1			江东讯通公司人员			
	2	姓名	性别	部门	年龄	工资	学历
	3	安若琪	男	销售部	26	8000	本科
	4	张悦	男	企划部	30	6000	博士
	5	韩璐	男	研发部	32	12000	博士
	6	于亚琪	男	销售部	27	6900	本科
	7		男 汇总			32900	
	8	谢晓慧	女	人事部	35	5000	本科
	9	董晓芬	女	销售部	26	7500	本科
	10	崔文娟	女	企划部	36	6800	硕士
	11	郭二花	女	研发部	24	8600	本科
	12	刘梦微	女	企划部	25	7800	硕士
	13		女 汇总			35700	
	14		总计			68600	

图 4.95 简单汇总效果

2. 嵌套汇总

嵌套汇总是指对同一字段进行多种不同方式的汇总。

【例 4.20】 根据图 4.93 所示的工资表，在求男员工的工资之和与女员工的工资之和的基础上，分别统计男员工人数、女员工人数各是多少。

这需要进行两次分类汇总，先按照例 4.19 的方法求出每种性别员工的工资总和，再在每种性别员工的工资总和汇总的基础上计数。

操作步骤如下。

1）按照例 4.19 的方法进行每种性别员工的工资总和的分类汇总。

2）在总和汇总的基础上统计每种性别的员工人数。统计员工人数的嵌套"分类汇总"对话框的设置如图 4.96 所示。需要注意的是，不能勾选"替换当前分类汇总"复选框。

3）若要取消分类汇总，则在"分类汇总"对话框中单击"全部删除"按钮即可。

嵌套汇总结果如图 4.97 所示。

图 4.96 嵌套"分类汇总"对话框设置

1 2 3 4		A	B	C	D	E	F
	1			江东讯通公司人员			
	2	姓名	性别	部门	年龄	工资	学历
	3	安若琪	男	销售部	26	8000	本科
	4	张悦	男	企划部	30	6000	博士
	5	韩璐	男	研发部	32	12000	博士
	6	于亚琪	男	销售部	27	6900	本科
	7		男 计数			4	
	8		男 汇总			32900	
	9	谢晓慧	女	人事部	35	5000	本科
	10	董晓芬	女	销售部	26	7500	本科
	11	崔文娟	女	企划部	36	6800	硕士
	12	郭二花	女	研发部	24	8600	本科
	13	刘梦微	女	企划部	25	7800	硕士
	14		女 计数			5	
	15		女 汇总			35700	
	16		总计数			9	
	17		总计			68600	

图 4.97 嵌套汇总结果

4.5.5　分级显示

分类汇总后，在默认的情况下，数据会分为 3 级，可以单击工作表分级显示区左上角的 1 2 3 按钮进行控制，单击"1"按钮，只显示清单中的列标题和总计项，如图 4.98 所示。

1 2 3		A	B	C	D	E	F
	1			江东讯通公司人员			
	2	姓名	性别	部门	年龄	工资	学历
	14		总计			68600	

图 4.98　只显示总计项

单击"2"按钮，只显示各个分类汇总结果和总计结果，如图 4.99 所示。

1 2 3		A	B	C	D	E	F
	1			江东讯通公司人员			
	2	姓名	性别	部门	年龄	工资	学历
	7		男 汇总			32900	
	13		女 汇总			35700	
	14		总计			68600	

图 4.99　只显示汇总结果

单击"3"按钮，则显示全部的详细数据。

4.5.6　数据透视

分类汇总适合按照一个字段进行分类，对一个或多个字段进行汇总。如果要对多个字段进行分类汇总，就需要利用数据透视表这个工具来解决问题。

数据透视表是一种可以快速汇总大量数据的交互式方法，使用数据透视表可以深入分析数值数据，并且可以回答一些预料不到的数据问题。

例如，计算平均数、标准差，建立列联表，计算百分比，建立新的数据子集等。建好数据透视表后，可以对数据透视表重新安排，以便于从不同的角度查看数据，以供研究和决策所用。

1.　数据透视表

【例 4.21】　根据图 4.100 所示"江东讯通公司员工概况表"，统计不同性别和不同学历的人数。

操作步骤如下。

1）单击概况表数据区域任一单元格。

2）在"插入"→"表格"选项组中单击"数据透视表"按钮，打开"创建数据透视表"对话框，如图 4.101 所示。

3）对要分析的数据，可以是当前工作簿中的一个数据表，或者是一个数据表中的部分数据区域，甚至可以是外部数据源。数据透视表的存放位置可以是现有工作表，也可以新建一个工作表来单独存放。本例按照图 4.101 所示设置后，单击"确定"按钮，打开图 4.102 所示的布局窗口。

图 4.100　江东讯通公司员工概况表　　　　　图 4.101　"创建数据透视表"对话框

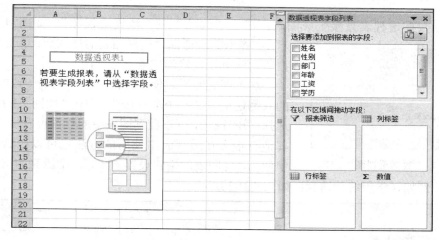

图 4.102　布局窗口

4）拖动右侧"选择要添加到报表的字段"列表中的复选框到行字段区上方、列字段区上方及值字段上方。本例将"性别"拖动到行字段区,"学历"拖动到列字段区,"性别"拖动到值字段。最终结果如图 4.103 所示。

图 4.103　最终效果

创建好数据透视表后,"数据透视表工具"选项卡会自动出现,它可以用来修改数据透视表。数据透视表的修改,主要有以下 3 个方面。

1)更改数据透视表布局。数据透视表结构中的行、列、数据字段都可以删除或增加。将行、列、数据字段移出表示删除字段,移入表示增加字段。

2)改变汇总方式。可以通过单击"数据透视表工具"→"选项"→"计算"→"按值汇总"下拉按钮来实现。

3)数据更新。有时数据清单中的数据发生了变化,数据透视表并没有随之变化。此时,不必重新生成数据透视表,只需单击"数据透视表工具"→"选项"→"数据"→"刷新"下拉按钮即可。

2. 数据透视图

根据数据透视表直接生成图表:单击"选项"→"数据透视图",如图 4.104 所示,在弹出的对话框中选择图表的样式后,单击"确定"按钮,就可以直接创建数据透视图。

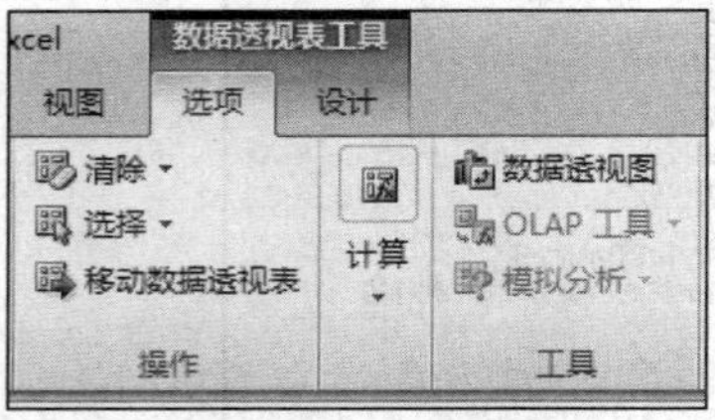

这个图表跟平时使用的图表基本上是一致的,不同的只是这里多了几个下拉按钮。单击"性别"下拉按钮,选择"男"选项,可以看到图表中的数据也发生了变化,其他有很多在透视表中使用的方法也可以在这个图表中使用,将图表的格式设置一下,一个漂亮的透视图就

图 4.104 "数据透视图"选项

完成了。例如,学历统计透视图如图 4.105 所示。

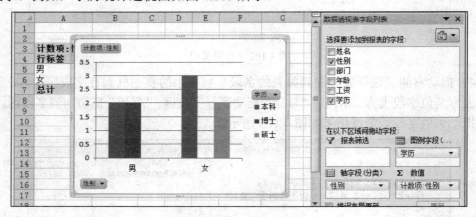

图 4.105 学历统计透视图

4.6 高级操作

4.6.1 选择性粘贴

Excel 2010 提供了一些自动功能,如选择性粘贴。这里的选择性粘贴是指将剪贴板

中的内容按照一定的规则粘贴到工作表中，而不是像前面那样简单地复制。以图 4.106 所示的 2016 级 1 班成绩表为例进行说明。这里的"总成绩"一栏是使用公式计算得到的，选择这一栏，复制到 Sheet2 中，如果只是选择"粘贴"命令，可以看到数值并没有跟着复制过来；这时就可以使用"选择性粘贴"了。右击，在弹出的快捷菜单中选择"选择性粘贴"命令，打开"选择性粘贴"对话框，如图 4.107 所示。在"粘贴"一栏中勾选"数值"单选按钮，单击"确定"按钮，数值就可以粘贴过来了。这种情况不仅是在几个工作表之间复制时会发生，在同一个工作表中进行复制时也会遇到，因此要格外注意。

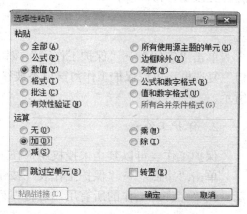

	2016级1班成绩表				
		A	B	C	D	E	F
1		2016级1班成绩表				
2	学号	姓名	计算机	生理	解剖	英语
3	201603001	谢晓慧	86	85	87	87
4	201603002	安若琪	95	86	80	85
5	201603003	张悦	82	87	98	89
6	201603004	韩璐	78	94	96	97
7	201603005	董晓芬	68	68	94	92
8	201603006	崔文娟	87	76	86	90
9	201603007	郭二花	69	89	87	84
10	201603008	于亚琪	86	88	85	78
11	201603009	刘梦微	92	84	79	88

图 4.106　2016 级 1 班成绩表　　　　　　　图 4.107　"选择性粘贴"对话框

选择性粘贴还有一个很常用的功能就是转置功能。简单的理解，就是将一个横排的表变成竖排的表，或者将一个竖排的表变成横排的表。选择这个表格进行复制，切换到另一个工作表中，打开"选择性粘贴"对话框，勾选"转置"复选框，单击"确定"按钮，就可以看到行和列的位置相互转换了。

另外，一些简单的计算也可以用选择性粘贴来完成。选中这些单元格进行复制，然后打开"选择性粘贴"对话框，在"运算"选项组中勾选"加"单选按钮，单击"确定"按钮，单元格的数值就是原来的两倍了。此外，用户还可以粘贴全部格式或部分格式，或者只粘贴公式等。

【**例 4.22**】　在图 4.108 中，要求将公司员工的年龄都增加 1 岁。

	A	B	C	D	E	F
1	江东讯通公司人员					
2	姓名	性别	部门	年龄	工资	学历
6	韩璐	男	研发部	32	12000	博士
8	崔文娟	女	企划部	36	6800	硕士
9	郭二花	女	研发部	24	8600	本科
11	刘梦微	女	企划部	25	7800	硕士

图 4.108　江东讯通公司员工表

操作步骤如下。

1）在任一空白单元格中输入数值"1"。

2）复制这个单元格。

3）选定工作表中"年龄"一列数据。

4）右击，在弹出的快捷菜单中选择"选择性粘贴"命令。

5）在打开的"选择性粘贴"对话框中进行设置。单击"确定"按钮即可完成。

4.6.2　保护工作簿和工作表

在工作中，经常用到 Excel 表格，这往往会涉及统计数据等问题。为了防止其他人随意更改工作簿和工作表，用户可以对工作簿和工作表实施保护。

1. 保护工作簿

单击"审阅"→"保护工作簿"按钮，打开"保护结构和窗口"对话框，勾选"窗口"复选框，可以保护工作簿窗口不被移动、缩放、隐藏、取消隐藏或关闭，如图 4.109 所示。

2. 保护工作表

保护工作表可以禁止未授权用户在工作表中进行输入、修改、删除数据的操作。

单击"审阅"→"保护工作表"按钮，打开"保护工作表"对话框，如图 4.110 所示。在"允许此工作的所有用户进行"列表框中选择保护的项目，为工作表输入密码。

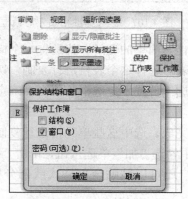

图 4.109　保护工作簿

图 4.110　"保护工作表"对话框

4.6.3　拆分和冻结窗口

有些工作表包含大量记录，不能同时查看工作表的不同部分。为了浏览方便，可以将工作表中的标题字段总显示在工作表的最上方，不管如何移动表中的数据，总能看到标题字段，也可以拆分工作表，将工作表进行横向或纵向分割，这样能够观察或编辑同一张表格的不同区域。

1. 拆分窗口

工作表窗口的拆分有水平拆分、垂直拆分和水平垂直同时拆分三种。

进行水平拆分时，单击水平拆分线下一行的行号或下一行的第 1 列单元格，单击"视图"→"窗口"→"拆分"按钮，则在所选行的上方出现水平拆分线。

在工作表窗口的垂直滚动条的向上箭头的上方有一个"水平拆分"按钮，拖动该按钮也可以直接通过移动水平拆分线进行水平拆分。

垂直拆分操作与水平拆分操作基本一致。水平和垂直拆分后的窗口如图 4.111 所示。

	A	B	C	D	E	F
1			2016级1班成绩表			
2	学号	姓名	计算机	生理	解剖	英语
3	201603001	谢晓慧	86	85	87	87
4	201603002	安若琪	95	86	80	85
5	201603003	张悦	82	87	98	89
6	201603004	韩璐	78	94	96	97
7	201603005	董晓芬	68	68	94	92
8	201603006	崔文娟	87	76	86	90
9	201603007	郭二花	69	89	87	84
10	201603008	于亚琪	86	88	85	78
11	201603009	刘梦微	92	84	79	88

图 4.111　水平和垂直拆分后的窗口

选择"视图"选项卡，再次单击"拆分"按钮，即可撤销窗口的拆分。

2. 冻结窗格

可以使用冻结窗格来更好地查看数据表头，操作方法如下。

单击表头字段所在行的任一单元格，单击"视图"→"窗口"→"冻结窗口"下拉按钮，选择冻结首行或首列，也可以自行选择想要冻结的位置，如图 4.112 所示。

如果想要冻结字段行及 A、B 两列，如图 4.113 所示，需要将光标放在字段行的下面，并且在 A、B 两列的右侧，即 C3 单元格，此时单击冻结拆分窗格，即可冻结字段行及 A、B 两列，如图 4.113 所示。

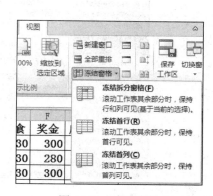

图 4.112　冻结窗格

	A	B	C	D	E	F
1			2016级1班成绩表			
2	学号	姓名	计算机	生理	解剖	英语
3	201603001	谢晓慧	86	85	87	87
4	201603002	安若琪	95	86	80	85
5	201603003	张悦	82	87	98	89
6	201603004	韩璐	78	94	96	97
7	201603005	董晓芬	68	68	94	92
8	201603006	崔文娟	87	76	86	90
9	201603007	郭二花	69	89	87	84
10	201603008	于亚琪	86	88	85	78
11	201603009	刘梦微	92	84	79	88

图 4.113　冻结字段行及 A、B 两列

单击"视图"→"窗口"→"冻结窗口"下拉按钮，在打开的下拉菜单中选择"取消冻结窗口"选项，即可取消冻结。

4.6.4 工作表打印

工作表中的数据输入、编辑和格式化工作完成后，可以根据需要将它们打印出来。在打印之前，可以对打印的内容先进行预览或者对工作表进行页面设置，以便得到所期望的打印输出效果。打印工作表一般可分为两个步骤，打印预览和打印输出。

Excel 2010 提供了打印预览功能，打印预览可以在屏幕上显示工作表的实际打印效果。要对工作表打印预览，只需将工作表打开，选择"文件"选项卡，在打开的新页面中选择"打印"命令，这时在窗口的右侧将显示工作表的预览效果，如图 4.114 所示。

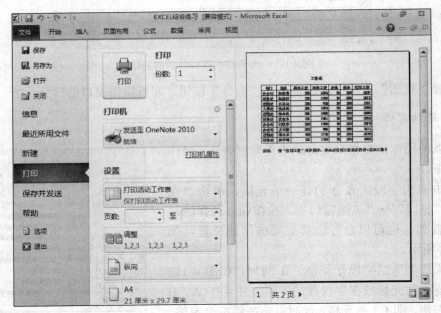

图 4.114   "打印"界面

在打印之前，可以在页面的中间区域对各项打印属性进行设置，包括打印份数、页边距、纸型、纸张方向、打印的页码范围等。全部设置完成后，单击"打印"按钮，即可打印所需的工作表。

习 题

一、请按照以下要求对 Excel 文档进行数据管理操作

1. 根据表 4.6 报刊订阅表的内容建立工作表。
2. 对订阅记录按照"季/月"字段进行升序排序，若"季/月"字段相同时，则按照

"份数"字段降序排序。

3. 筛选订阅"读者"的数据记录。

4. 采用 Excel 的高级筛选功能，筛选出"羊城日报"且份数大于 2 的记录。

5. 按照订阅报刊的单位，对所订阅报刊的"总价"进行分类汇总求和。

表 4.6　报刊订阅表

代码	刊名	单价	季/月	份数	总价	单位
RMRB	人民日报	15	12 月	2	360	党委
DZ	读者	4	12 月	4	64	工会
CKXX	参考消息	8	4 季	3	288	党委
DZ	读者	4	12 月	2	96	团委
RMRB	人民日报	15	12 月	3	540	行政办
YCRB	羊城日报	12	12 月	5	720	行政办
QNWZ	青年文摘	7	12 月	3	252	团委
YCRB	羊城日报	12	12 月	2	288	行政办
YCRB	羊城日报	12	12 月	3	432	工会

二、输入表 4.7 教材订购统计表，并作出以下处理

1. 使用数组公式，计算表中的订购金额，将结果保存到表中的"金额"列中。

表 4.7　教材订购统计表

客户	编号	书名	出版社	订数	单价	金额
鼎盛书店	BK-83021	《计算机基础》	高等教育出版社	3600	39	
博达书店	BK-83034	《操作系统原理》	电子科技出版社	2700	25	
鼎盛书店	BK-83027	《MySQL 数据库程序设计》	清华大学出版社	580	56	
博达书店	BK-83028	《MS Office 高级应用》	高等教育出版社	3700	32	
鼎盛书店	BK-83029	《网络技术》	科学出版社	600	25	
博达书店	BK-83030	《数据库技术》	电子科技出版社	400	30	
隆华书店	BK-83031	《软件测试技术》	科学出版社	1100	26	
隆华书店	BK-83022	《计算机基础》	清华大学出版社	4200	39	
鼎盛书店	BK-83023	《C 语言程序设计》	高等教育出版社	1650	36	
隆华书店	BK-83032	《信息安全技术》	科学出版社	900	22	
鼎盛书店	BK-83036	《数据库原理》	电子科技出版社	600	32	
博达书店	BK-83024	《VB 语言程序设计》	科学出版社	960	29	
博达书店	BK-83037	《软件工程》	清华大学出版社	760	30	

统计情况	统计结果
"高等教育出版社"的书的种类数	
统计订购数量大于是 700 且小于 1000 的书的种类数	

2. 使用 COUNTIF 统计函数，对表中的结果按照条件区域进行统计，并将结果保存在表中相应的位置。要求：统计出版社名称为"高等教育出版社"的书的种类数；统计订购数量大于 700 且小于 1000 的书的种类数。

3. 使用 SUMIF 统计函数，计算博达书店订购图书所需支付的金额总数，将结果保存在表中的相应位置。

4. 复制此表，并重新命名为"筛选"，标签颜色为红色（标准色）；对"筛选"工作表中的数据进行高级筛选。要求：筛选条件为"订数>=600，且金额<=3000"，并保存。

5. 根据表中的数据，新建一张数据透视表。要求：显示每个客户在每个出版社所订的教材数目，行区域设置为"出版社"，列区域设置为"客户"，计数项为"订数"。

6. 根据新建的数据透视表中的出版社和书店的数据，生成一个二维簇状柱形图。

第 5 章　演示文稿软件 PowerPoint 2010

PowerPoint 2010 是由美国微软（Microsoft）公司推出的 Office 2010 办公系列软件之一，其功能强大，易学易用，是一款优秀的演示文稿制作软件。它能将文本、表格、图形、图表、影片、声音、动画等多媒体信息有机结合，并以幻灯片的方式进行展示，辅助演讲者快速生动地表达思想意图，提高听众接收演讲者所表达的信息的效率。PowerPoint 2010 一般应用于辅助教学、报告、演讲、产品展示、广告宣传等领域。

5.1　PowerPoint 2010 概述

因为 PowerPoint 2010 和 Word 2010、Excel 2010 等应用软件一样，都属于 Microsoft 公司推出的 Office 系列产品之一，所以它们之间具有良好的信息交互性和相似的操作方法。

使用 PowerPoint 2010 制作的文件称为演示文稿，一个演示文稿由若干张幻灯片组成，每张幻灯片上可以有文本、表格、图片、图形、图表、影片、声音，保存时默认的文件扩展名为.pptx，因此演示文稿又称为幻灯片或 PPT。

5.1.1　PowerPoint 2010 的启动和退出

1. 启动 PowerPoint 2010

启动 PowerPoint 2010 的方法有以下三种。

1）使用"开始"菜单启动。单击"开始"按钮，在弹出的快捷菜单中选择"所有程序"→"Microsoft Office"→"Microsoft PowerPoint 2010"命令，可启动 PowerPoint 2010。

2）利用快捷方式启动。双击桌面上建立的 PowerPoint 2010 快捷图标，可以启动 PowerPoint 2010。

3）利用已有演示文稿文件启动。双击已经存在的 PowerPoint 演示文稿文件，即可启动 PowerPoint 2010。

2. 退出 PowerPoint 2010

退出 PowerPoint 2010 的方法有以下四种。

1）单击窗口标题栏右边的"关闭"按钮，关闭窗口并退出。

2）单击窗口标题栏左边的控制图标，选择控制菜单中的"关闭"命令，或者双击控制图标，可以关闭窗口并退出。

3）选择"文件"选项卡中的"退出"命令，关闭窗口并退出。

4）按【Alt+F4】组合键，关闭窗口并退出。

5.1.2 PowerPoint 2010 工作窗口的组成

启动 PowerPoint 2010 后，系统会自动创建一个包括一张空白幻灯片的演示文稿，如图 5.1 所示。PowerPoint 2010 的工作窗口由标题栏、快速访问工具栏、选项卡、功能区、幻灯片/大纲窗格、幻灯片编辑窗口、状态栏、视图栏等组成。

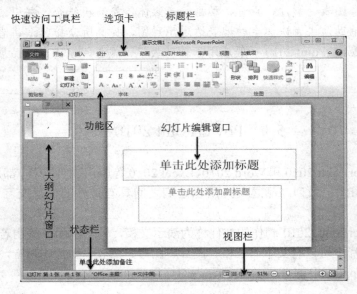

图 5.1　PowerPoint 2010 的工作窗口

1. 标题栏

标题栏位于窗口最上方，最左边是"控制菜单"按钮，中间显示的是窗口中运行的应用程序名称和正在编辑的文件名称，最右边分别为"最小化""最大化/还原""关闭" 3 个按钮。

单击"控制菜单"按钮可以弹出下拉菜单，如图 5.2 所示，双击"控制菜单"按钮可以关闭当前窗口。单击"最大化"按钮，窗口全屏显示，同时该按钮变成"还原"按钮。

2. 快速访问工具栏

快速访问工具栏位于标题栏左边，"控制菜单"按钮的右边，由"保存""撤销""恢复"等常用的工具按钮组成。单击快速访问工具栏右边的下拉按钮，打开"自定义快速访问工具栏"下拉菜单，如图 5.3 所示，可以根据需要在下拉菜单中添加或删除常用命令按钮。

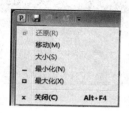

图 5.2　控制菜单　　　　　　　图 5.3　"自定义快速访问工具栏"下拉菜单

3. 选项卡和功能区

选项卡由"文件""开始""插入""设计""切换""动画""幻灯片放映""审阅""视图"9 个选项卡组成，如图 5.4 所示。单击切换不同选项卡，可以在功能区显示相应的功能按钮组合。单击选项卡最右边的箭头按钮 ，可以显示或隐藏功能区。单击"帮助"按钮 ，可以打开帮助窗口。

图 5.4　PowerPoint 2010 选项卡

（1）"文件"选项卡

"文件"选项卡包括"保存""另存为""打开""关闭""新建""打印""选项""退出"等常用命令，如图 5.5 所示。

图 5.5　"文件"选项卡

（2）"开始"选项卡

"开始"选项卡由"剪贴板""幻灯片""字体""段落""绘图""编辑"6 个选项组组成，如图 5.6 所示。通过该选项卡，可以进行新幻灯片的插入、文本格式的设置、查找、替换等操作。

图 5.6　"开始"选项卡

（3）"插入"选项卡

"插入"选项卡由"表格""图像""插图""链接""文本""符号""媒体"7 个选项组组成，如图 5.7 所示。通过该选项卡，可以在幻灯片中插入表格、图片、文本框等对象。

图 5.7　"插入"选项卡

（4）"设计"选项卡

"设计"选项卡由"页面设置""主题""背景"3 个选项组组成，如图 5.8 所示。通过该选项卡，可以给幻灯片设置一个漂亮的主题，使其具有统一的外观。也可以给幻灯片设置不同的背景和颜色，满足不同的设计需求。

图 5.8　"设计"选项卡

（5）"切换"选项卡

"切换"选项卡由"预览""切换到此幻灯片""计时"3 个选项组组成，如图 5.9

图 5.9　"切换"选项卡

所示。通过该选项卡，可以设置放映幻灯片时的切换效果。

（6）"动画"选项卡

"动画"选项卡由"预览""动画""高级动画""计时"4 个选项组组成，如图 5.10 所示。通过该选项卡，可以给选中的对象添加动画效果。

图 5.10　"动画"选项卡

（7）"幻灯片放映"选项卡

"幻灯片放映"选项卡由"开始放映幻灯片""设置""监视器"3 个选项组组成，如图 5.11 所示。通过该选项卡，可以设置幻灯片的放映方式，自定义放映方案等。

图 5.11　"幻灯片放映"选项卡

（8）"审阅"选项卡

"审阅"选项卡由"校对""语言""中文简繁转换""批注""比较"5 个选项组组成，如图 5.12 所示。通过该选项卡，可以对幻灯片中的内容进行检查拼写、中文简繁转换等操作。

图 5.12　"审阅"选项卡

（9）"视图"选项卡

"视图"选项卡由"演示文稿视图""母版视图""显示""显示比例""颜色/灰度""窗口""宏"7 个选项组组成，如图 5.13 所示。通过该选项卡，可以对幻灯片的视图方式进行切换，编辑幻灯片母版，设置幻灯片显示比例等。

4. "幻灯片/大纲"窗格

"幻灯片/大纲"窗格只在普通视图模式下显示，位于 PowerPoint 2010 程序窗口的左侧，该窗口包括"幻灯片"选项卡和"大纲"选项卡。

图 5.13 "视图"选项卡

"幻灯片"选项卡用来显示幻灯片的缩略图和排列顺序，每张幻灯片前会显示对应编号。选择"幻灯片"选项卡，在该区域中可以进行幻灯片的选择、移动、复制、删除等操作。单击选中幻灯片缩略图后，可以在"幻灯片编辑"窗口显示该幻灯片的内容并进行编辑，如图 5.14 所示。

选择"大纲"选项卡，可以在此区域显示并编辑幻灯片中的文本，如图 5.15 所示。

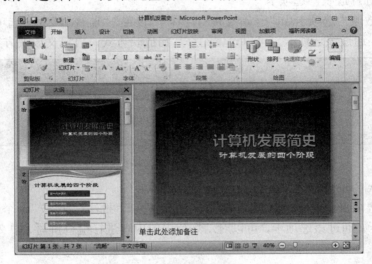

图 5.14 普通视图模式下的幻灯片视图

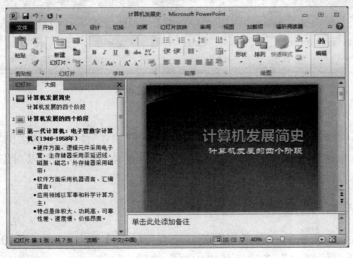

图 5.15 普通视图模式下的大纲视图

5. "幻灯片编辑"窗口

"幻灯片编辑"窗口位于 PowerPoint 2010 程序窗口的中间，主要用于显示和编辑当前的幻灯片。在此窗口中同时只能显示一张幻灯片的内容，可以对此幻灯片进行各种操作，如添加文字、图形、影片、声音，创建超链接，设置动画等。

在普通视图模式下，"幻灯片编辑"窗口下方显示的是"备注"区域，在该区域中可以输入应用于当前幻灯片的备注。

6. 状态栏

状态栏左侧用于显示当前幻灯片的编号、主题名称和语言等信息，右侧是视图切换按钮和显示比例调节器。通过单击视图切换按钮 可以对不同视图方式进行切换，从左往右依次是"普通视图""幻灯片浏览""阅读视图"和"幻灯片放映"4个按钮。

显示比例调节器可以调节"幻灯片编辑"窗口中显示幻灯片的大小。拖动滑块或单击两侧的加、减按钮 66% 来设置显示比例。也可以单击右侧的"使幻灯片适应当前窗口"按钮，自动设置幻灯片的最佳显示比例。

5.1.3 PowerPoint 2010 的视图方式

PowerPoint 2010 有四种常用的幻灯片视图，包括"普通视图""幻灯片浏览"视图"阅读视图"和"幻灯片放映"视图，可以通过单击 PowerPoint 2010 程序窗口状态栏右侧的视图切换按钮进行切换。除了这四种视图外，PowerPoint 2010 中还有备注页、幻灯片母版、讲义视图等模式，可以在"视图"选项卡中进行选择切换。

1. "普通视图"

"普通视图"是 PowerPoint 2010 制作演示文稿时默认的视图方式，也是最常用的视图方式，用户可以在普通视图下进行几乎所有的幻灯片编辑操作。

单击左侧"幻灯片/大纲"窗格中"幻灯片""大纲"选项卡，可以切换此窗格相应的视图方式。

拖动"幻灯片编辑"窗口、"幻灯片/大纲"窗格、"备注"区域之间的分隔边框，可以调节各窗格的大小

2. "幻灯片浏览"视图

在"幻灯片浏览"视图中，可以从整体上浏览所有幻灯片的效果，如图 5.16 所示。右击选中的幻灯片，在弹出的快捷菜单中选择相应命令，如图 5.17 所示，即可方便地进行幻灯片的剪切、复制、删除、隐藏幻灯片、设置幻灯片背景效果等操作。

在此视图中，不能直接对幻灯片的内容进行编辑和修改，双击某个幻灯片后，PowerPoint 2010 会自动切换到"普通视图"，此时，才可以进行幻灯片的编辑操作。

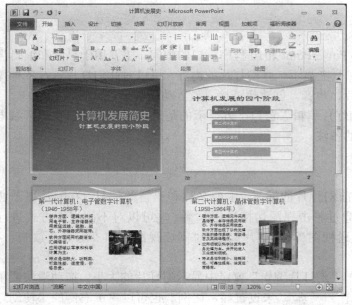

图 5.16 "幻灯片浏览"视图   图 5.17 幻灯片右键快捷菜单

3. 阅读视图

"阅读视图"将演示文稿作为适应窗口大小的幻灯片放映查看，如图 5.18 所示。如果要编辑演示文稿，需要切换至"普通视图"。

图 5.18 "阅读视图"

4. "幻灯片放映"视图

"幻灯片放映"视图是将演示文稿从当前幻灯片开始进行全屏显示并放映，幻灯片的内容、动画效果等都将体现出来，但是不能修改幻灯片的内容。

在放映过程中，如果想退出幻灯片放映状态，可以按【Esc】键或右击，选择快捷菜单中的"结束放映"命令，退出"幻灯片放映"视图。

在"幻灯片放映"视图中右击，在弹出的快捷菜单中，选择"指针选项"命令，弹出"指针选项"子菜单，选择相应命令，可以在幻灯片上作标记，如图 5.19 所示。具体操作参见 5.6.1 中的相关内容。

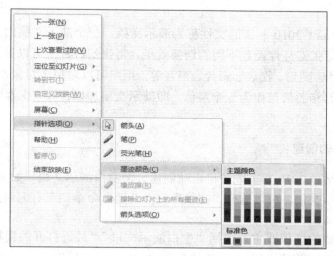

图 5.19 幻灯片放映视图中的右键快捷菜单

5. "备注页"视图

"备注页"视图是单独列出来的视图，可以编辑备注稿和便于打印预览，如图 5.20 所示。在幻灯片缩略图的下方，编辑该幻灯片的备注信息。备注信息的内容在放映时不显示。

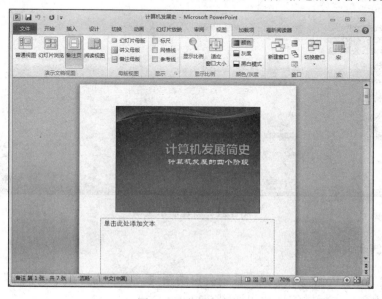

图 5.20 备注页视图

6. "母版"视图

"母版"视图包括"幻灯片母版""讲义母版""备注母版"。具体内容参见 5.5 节。

5.2 演示文稿的基本操作

使用 PowerPoint 2010 制作的文件称为演示文稿。一个演示文稿由若干张幻灯片组成,用户可以给每张幻灯片设置不同的切换效果。每张幻灯片上可以插入各种对象,如文本、表格、图片、图形、图表、影片、声音等,用户可以对每个对象设置不同的动画。将这些幻灯片及其相关信息作为一个整体,即演示文稿加以保存,保存时默认的文件扩展名为.pptx。

5.2.1 演示文稿的创建

启动 PowerPoint 2010 后,系统将自动创建一个空白演示文稿。如果在制作过程中,需要重新创建演示文稿,可以选择"文件"→"新建"命令,在右侧选择创建演示文稿的模板或主题,如图 5.21 所示。

创建演示文稿的模板或主题包括"空白演示文稿""最近打开的模板""样本模板""主题""我的模板""根据现有内容新建"和"Office.com 模板"。

图 5.21　新建演示文稿

1. 空白演示文稿

1)启动 PowerPoint 2010 后,系统会自动新建一个名为"演示文稿 1"的空白演示文稿,且默认有一张标题幻灯片,如图 5.22 所示。

2）在图 5.21 所示新建演示文稿窗口中，选择"空白演示文稿"命令，单击"创建"按钮，也可以创建一个新的空白演示文稿。

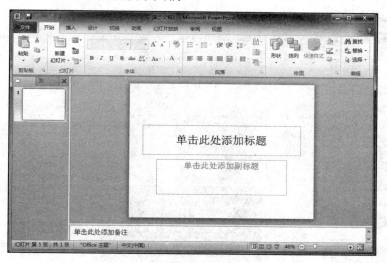

图 5.22　空白演示文稿

空白演示文稿的幻灯片，默认是一张"标题幻灯片"版式的空白幻灯片，幻灯片中有两个占位符框，单击占位符，输入相应的内容，即可完成创建演示文稿的操作。

2. 样本模板

PowerPoint 2010 样本模板是已经设计好的演示文稿样本，由封面、目录、内页、封底、图片、动画等组成，用户在样本模板的基础上直接输入内容就可以创建幻灯片，方便用户快速地进行演示文稿的制作，极大地提高了工作效率。

选择"文件"→"新建"→"样本模板"命令，切换到"样本模板"列表，选择需要的样本模板，在右侧预览该模板样式，如图 5.23 所示。

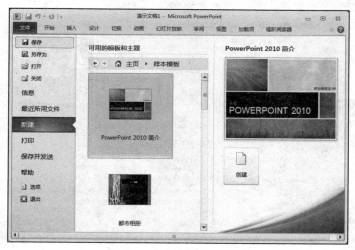

图 5.23　样本模板列表窗口

例如，在"样本模板"列表中选择"PowerPoint 2010 简介"模板，单击"创建"按钮，创建一个介绍 PowerPoint 2010 的演示文稿，该模板创建的演示文稿包含 20 张幻灯片，如图 5.24 所示。

图 5.24 "PowerPoint 2010 简介"模板

3. 主题

选择"文件"→"新建"→"主题"命令，切换到"主题"列表，选择创建演示文稿的主题，在右侧预览该主题样式，如图 5.25 所示。

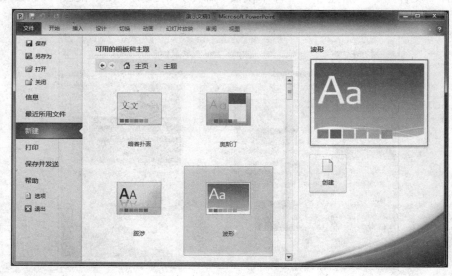

图 5.25 主题列表窗口

例如，在"主题"列表中选择"波形"主题，单击"创建"按钮，创建一个"波形"主题的演示文稿，如图 5.26 所示。

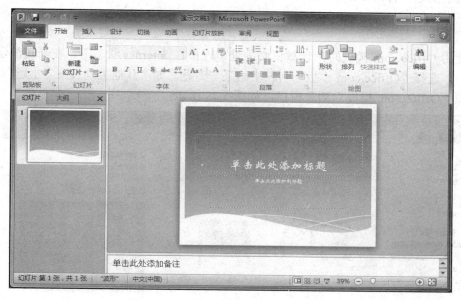

图 5.26　"波形"主题创建的演示文稿

4. 我的模板

选择"文件"→"新建"→"我的模板"命令，打开"新建演示文稿"对话框，如图 5.27 所示，在对话框中列出了下载的 Office 模板，选择某个模板，在右侧可以预览该模板样式，单击"确定"按钮，即可创建一个演示文稿。

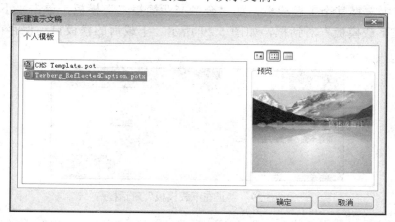

图 5.27　"新建演示文稿"对话框

5. 根据现有内容新建

选择"文件"→"新建"→"根据现有内容新建"命令，打开"根据现有演示文稿新建"对话框,在对话框中选择一个演示文稿文件,单击"新建"按钮,即可创建一个和原演示文稿一样的新演示文稿。

6. Office.com 模板

使用 Office.com 模板时,计算机必须处于连接在 Internet 状态下。在新建演示文稿窗口中,选择"Office.com 模板"列表中的某一专题,如"其他类别"→"主题",切换到主题"Office.com 模板"列表窗口,如图 5.28 所示。

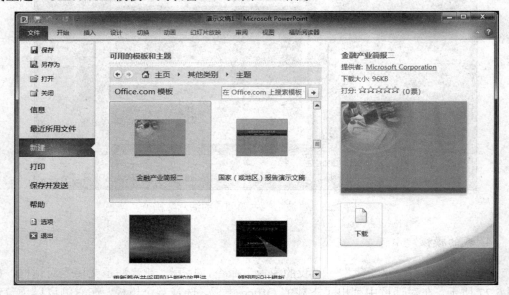

图 5.28　"Office.com 模板"主题列表窗口

在窗口中选择某个主题模板,如"金融产业简报二"模板,单击"下载"按钮,打开"正在下载模板"对话框,如图 5.29 所示。下载后的模板自动保存在"我的模板"中。

图 5.29　"正在下载模板"对话框

下载完成后,基于该模板,PowerPoint 2010 会自动创建一个新的演示文稿,如图 5.30 所示。

图 5.30　应用"金融产业简报二"主题创建的演示文稿

5.2.2　演示文稿的保存和打开

当用户制作新的演示文稿时，编辑的内容临时存放于计算机的内存中，只有保存到外存中才可以永久存储，方便以后使用时随时调出打开。

1. 演示文稿的保存

保存演示文稿，可以在"文件"选项卡中选择"保存"或"另存为"命令，如图 5.31 所示，也可以单击"快速访问工具栏"上的"保存"  按钮来完成保存操作。

（1）保存新建演示文稿

新建的演示文稿，第一次执行"保存"命令时，会打开一个"另存为"对话框，如图 5.32 所示。选择文件保存的位置，输入文件名，保存类型系统默认为"PowerPoint 演示文稿"（即保存演示文稿文件的扩展名为.pptx），单击"保存"按钮即可完成演示文稿的保存操作。

（2）已保存的演示文稿编辑再保存

若当前演示文稿文件已经保存过，对文件进行再次编辑后，执行"保存"命令，这时系统不会打开"另存为"对话框，而只是以当前文件替换原有文件，从而实现文件的更新保存。在编辑演示文稿文件时，每隔一段时间就应进行一次保存操作，以免因

图 5.31　"文件"菜单

断电或计算机故障造成数据丢失。

图 5.32 "另存为"对话框

（3）"另存为"操作

如果既想保存修改后的演示文稿文件，又不想覆盖修改前的内容，可以把修改后的演示文稿文件当作一个副本保存下来。即把文件以另外一个名字保存起来，而原来的演示文稿文件仍然以原来的名字存在。操作方法是选择"文件"选项卡中的"另存为"命令，并打开"另存为"对话框进行相应的设置。

注意：另存一份副本时，最好更换文件名或更换保存位置，否则副本会将原文件覆盖。

退出 PowerPoint 2010 时，编辑的演示文稿如果没有保存，则在退出 PowerPoint 2010之前，系统会弹出提示对话框，询问是否要保存当前编辑更改的文件，如图 5.33 所示。单击"保存"按钮，保存该文件后退出 PowerPoint 2010；单击"不保存"按钮，则不保存该文件直接退出 PowerPoint 2010；单击"取消"按钮，取消退出 PowerPoint 2010 的操作，返回编辑窗口。

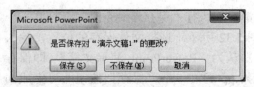

图 5.33 退出 PowerPoint 2010 提示对话框

2. 演示文稿的打开

选择"文件"→"打开"命令，打开"打开"对话框，如图 5.34 所示。选择文件存放的位置和需要打开的演示文稿文件，单击"打开"按钮，即可在 PowerPoint 2010 窗口中将选中的演示文稿文件打开。

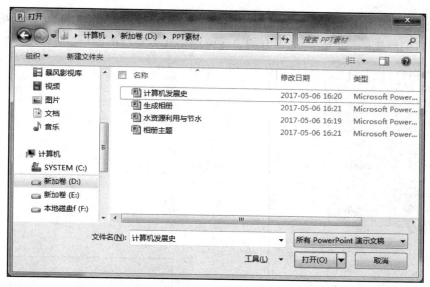

图 5.34 "打开"对话框

5.2.3 幻灯片的管理

演示文稿由幻灯片组成，创建演示文稿以后，可以在幻灯片浏览视图和普通视图中对幻灯片进行管理操作，如对幻灯片进行插入、移动、复制、删除等操作。

1. 选择幻灯片

在"普通视图"中，可以通过"幻灯片\大纲"窗格来选择幻灯片。单击幻灯片缩略图即可选中一张幻灯片。

如果选择多张连续的幻灯片，可以先选中多张幻灯片中的第一张，然后按住【Shift】键，再单击选择最后一张幻灯片，就可以选中多张连续的幻灯片。

如果选择多张不连续的幻灯片，可以先选中一张幻灯片，然后按住【Ctrl】键再分别单击其他要选中的幻灯片，就可以选中多张不连续的幻灯片。

如果要选择所有幻灯片，可以使用组合键【Ctrl+A】，或者选择"开始"→"编辑"→"选择"→"全选"命令，如图 5.35 所示。

2. 插入幻灯片

在"幻灯片\大纲"窗格中，单击要插入新幻灯片的位置，选择"开始"→"幻灯片"→"新建幻灯片"命令，在弹出的"版式"下拉菜单中，选择插入幻灯片的版式，如图 5.36 所示。

图 5.35 "选择"下拉菜单

如果要将另外一个演示文稿中的幻灯片插入到当前演示文稿中，可以选择"新建幻灯片"→"重用幻灯片"命令，在 PowerPoint 窗口右侧弹出"重用幻灯片"任务窗格（图 5.37）。单击"浏览"按钮，选择并且打开另外的演示文稿，在下方幻灯片列表中，单击所要插入的幻灯片，即可将所选幻灯片插入到当前的演示文稿中。如果插入时需要保留它们原来的格式，勾选下方的"保留源格式"复选框即可。

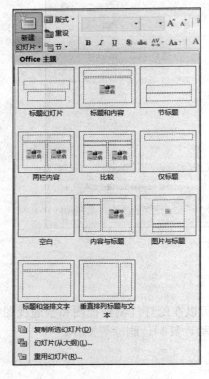

图 5.36 "版式"下拉菜单

图 5.37 "重用幻灯片"任务窗格

在 PowerPoint 2010 中，新增了从大纲插入幻灯片的功能。选择"新建幻灯片"→"幻灯片（从大纲）"命令，打开"插入大纲"对话框中，在对话框中可以浏览并选取 Web 文档、文本文件、RTF 等格式的文档作为大纲，插入到当前演示文稿中。

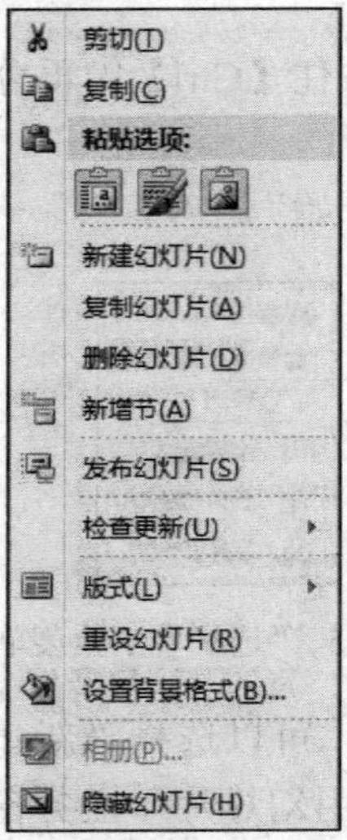

3. 复制或移动幻灯片

在"幻灯片\大纲"窗格中，鼠标指针指向选中的一张或多张幻灯片，然后右击，在弹出的快捷菜单（图 5.38）中选择"复制幻灯片"命令，在选中的幻灯片位置会立即出现复制的幻灯片。

选择"开始"→"剪切板"→"复制"和"粘贴"命令，也可以进行复制幻灯片操作。如果用"剪切"命令代替"复制"命令，则可以移动幻灯片。

图 5.38 右键快捷菜单

在"幻灯片\大纲"窗格中，用鼠标指针拖动选中的幻灯片，然后移至目的处（有一条直线指示位置），放开鼠标按键，可以移动幻灯片到指定位置。如果拖动鼠标的同时按住键盘上的【Ctrl】键进行操作，也可将幻灯片复制到指定位置。

　　注意：通过键盘快捷键可以更为简便地进行复制、剪切和粘贴的操作。选中幻灯片后，按快捷键【Ctrl+C】为复制，【Ctrl+X】为剪切。移动鼠标指针到目标位置单击后，按快捷键【Ctrl+V】为粘贴。

　　4. 删除幻灯片

　　在"幻灯片\大纲"窗格中，鼠标指针指向选中的一张或多张幻灯片，然后右击，在弹出的快捷菜单（图 5.38）中选择"删除幻灯片"命令，或者按键盘编辑区的【Delete】键，即可删除所选中的幻灯片。

5.3　演示文稿的编辑

　　演示文稿创建完成之后，可以对其进行编辑。演示文稿由多张幻灯片组成，而在对演示文稿中的幻灯片内容编辑之前，应先根据每张幻灯片的内容布局来选择相应的幻灯片版式，这样可以方便编辑操作。

5.3.1　幻灯片的版式

　　PowerPoint 2010 提供了多种幻灯片的版式，不同的版式中占位符的多少和布局也不相同。

　　1. 新建幻灯片的版式

　　选择"开始"→"幻灯片"→"新建幻灯片"命令，弹出"版式"下拉菜单，选择需要的幻灯片版式，如图 5.39 所示。

　　2. 更改幻灯片的版式

　　对于已有的幻灯片，根据需要也可以更改它的版式。

　　选中要更改版式的幻灯片，在图 5.39 所式的"版式"下拉菜单中选择需要更改的版式。

　　幻灯片应用选取的版式后，幻灯片窗口就会显示由虚线方框组成的版式布局，这些虚线方框称为占位符。占位符是幻灯片上信息的主要载体，一般包括标题占位符、文本占位符和内容占位符，在相应的占位符中单击，可以进行插入对象操作。

5.3.2　幻灯片中文本的编辑

　　文本对象是幻灯片中最基本的部分，插入幻灯片之后，可以在幻灯片中加入文本内容。

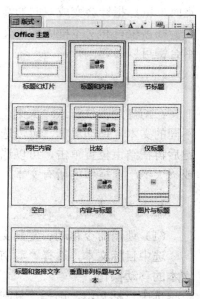

图 5.39　"版式"下拉菜单

1. 添加文本

演示文稿的文本内容一般比较简单，但是要突出重点。在演示文稿中添加文本，与 Word 中输入文本是不同的，PowerPoint 不能直接在幻灯片上输入文本，可以采用以下几种方法来进行文本的输入。

1）在"占位符"中添加文本。在普通视图中，幻灯片占位符中出现"单击此处添加标题"或"单击此处添加文本"等提示，只需要单击占位符，直接输入文本即可。

2）在文本框中输入文本。如果需要在幻灯片占位符以外的位置添加文字，可以使用文本框来实现。单击"插入"→"文本"→"文本框"下拉按钮，选择"横排文本框"或"垂直文本框"命令，此时，鼠标指针变为十字形状。拖动鼠标在幻灯片中相应位置画出一个文本框，或者在插入文本框位置单击，也可以插入文本框，然后在文本框中输入文本即可，如图 5.40 所示。

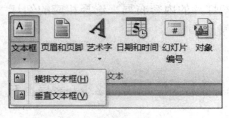

图 5.40　插入文本框

注意： 拖动鼠标在幻灯片中画出的文本框，输入的文字内容会自动换行，文本框大小会根据文字内容的增加向下延伸。以单击方式插入的文本框，将自动适应输入文字的长度，不自动换行，可以按【Enter】键来换行，拖动文本框周围的控制点改变大小后，就和拖动鼠标画出的文本框的特性一样了。

文本框的位置和大小是可以改变的，将鼠标指针置于文本框上，当鼠标指针为四向十字箭头时，拖动鼠标即可移动文本框的位置；将鼠标指针指向文本框边缘的 8 个控制点时，鼠标指针会变成双向的箭头，此时拖动鼠标可以改变文本框的大小。

在占位符和文本框中输入文字后，按【Enter】键可以另起一段；按【Shift+Enter】组合键可以另起一行。

2. 选择文本

在幻灯片占位符或"大纲"窗格中拖动鼠标可以选择任意文本。按住【Ctrl】键在不同的文本上拖动鼠标，可以选择不连续的文本。在文本开始位置单击，按住【Shift】键后再在结束位置单击，可以选择连续文本。按【Ctrl+A】组合键，可以选择当前对象或"大纲"窗格中的所有文本。

3. 移动、复制文本

（1）使用命令移动、复制文本

选中目标文本，选择"剪切"命令，指定目标位置后选择"粘贴"命令，即可完成文本的移动操作。

选中目标文本，选择"复制"命令，指定目标位置后选择"粘贴"命令，即可完成文本的复制操作。

选择"剪切"命令有以下三种方式。

1）选择"开始"→"剪贴板"→"剪切"命令。

2）右击，在弹出快捷菜单中选择"剪切"命令。

3）快捷键【Ctrl+X】。

执行"复制"命令有以下三种方式。

1）单击"开始"→"剪贴板"→"复制"命令。

2）右击，在弹出的快捷菜单中选择"复制"命令。

3）快捷键【Ctrl+C】。

选择"粘贴"命令有以下三种方式：

1）选择"开始"→"剪贴板"→"粘贴"命令。

2）右击，在弹出的快捷菜单中选择"粘贴"命令。

3）快捷键【Ctrl+V】。

选择"粘贴"命令时，可以选择"使用目标主题""保留源格式""图片""只保留文本"四种粘贴方式之一。

（2）使用鼠标移动、复制文本

选中要移动或复制的文本，如果要移动文本，可以直接用鼠标将文本拖至新位置；如果要复制文本，可以先按住【Ctrl】键，然后将要复制的文本拖至目标位置。

4. 文本格式的设置

通过"开始"选项卡"字体"选项组中的命令，可以设置幻灯片中文本对象的字体格式，如图 5.41 所示。

（1）设置字体格式

文本的字体格式，包括字体、字形、字号、颜色和效果等。设置文本的字体格式，可以先选中文本，然后选择"开始"→"字体"命令，或者单击"字体"选项组右下角的"对话框启动器"按钮 ，打开"字体"对话框，如图 5.42 所示，进行文本字体格式的设置。

图 5.41 "字体"选项组　　　　　图 5.42 "字体"对话框

（2）设置文本字符间距

先选中文本，然后单击"字体"选项组中的"字符间距"下拉按钮 ，选择下拉菜单中相应的命令，可以设置字符之间的距离，如图 5.43 所示。

（3）更改英文字母大小写

先选择文本，然后单击"字体"选项组中的"更改大小写"下拉按钮 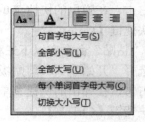，选择下拉菜单中相应的命令。"更改大小写"下拉菜单中有"句首字母大写""全部小写""全部大写""每个单词首字母大写""切换大小写"五种方式，如图 5.44 所示。

图 5.43　"字符间距"下拉菜单

图 5.44　"更改大小写"下拉菜单

5. 文本段落格式的设置

文本的段落格式，包括段落缩进、行距、段间距、对齐方式等。设置文本的段落格式，可以选择"开始"→"段落"选项组中相应的命令，如图 5.45 所示。或者单击"段落"选项组右下角的"对话框启动器"按钮 ，打开"段落"对话框，如图 5.46 所示，进行文本段落格式的设置。

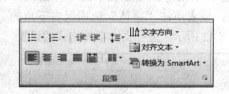

图 5.45　"段落"选项组

图 5.46　"段落"对话框

6. 设置项目符号和编号

在幻灯片中添加项目符号和编号，可以使文本的层次更加清晰，其操作与 Word 中添加项目符号和编号的操作相同。

（1）项目符号

要给段落添加项目符号，可以在输入文本前，选择一种项目符号，然后再输入各个文本段落，计算机会自动在每个段落开始输入时添加项目符号。也可以选定已有的一些段落，然后为它们添加项目符号或者改动项目符号的外观。

设置项目符号的操作是：单击"开始"→"段落"→"项目符号"按钮 ，在弹出的下拉菜单选择项目符号，如图 5.47 所示。

　　如果要选择其他的符号作为项目符号，可以选择菜单列表中的"项目符号和编号"命令，打开"项目符号和编号"对话框，如图 5.48 所示。单击该对话框上的"图片"按钮，打开"图片项目符号"对话框，可以选择一种图片作为项目的符号，如图 5.49 所示；单击"自定义"按钮，打开"符号"对话框，选择一种符号作为项目符号，如图 5.50 所示。选取相应的符号后单击"确定"按钮回到上一级对话框，单击"项目符号和编号"对话框的"确定"按钮完成项目符号的添加。

图 5.47　"项目符号"下拉菜单

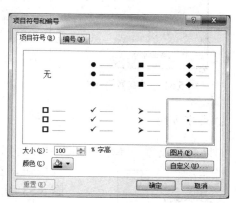

图 5.48　"项目符号和编号"对话框

图 5.49　"图片项目符号"对话框

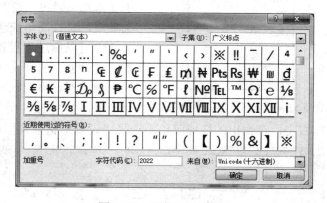

图 5.50　"符号"对话框

（2）编号

　　给文本段落添加编号与项目符号相似，单击"开始"→"段落"→"编号"按钮 的下拉箭头，在弹出的下拉菜单中选取相应的编号，如图 5.51 所示。

　　如果需要设置其他的编号，则选择下拉菜单中的"项目符号和编号"命令，打开"项目符号和编号"对话框的"编号"选项卡，选择要添加的编号，设置"起始编号"，单击"确定"按钮完成项目编号的添加，如图 5.52 所示。

　　注意：通过"开始"选项卡上的"降低列表级别"和"提高列表级别"按钮，可以控制多层项目符号或编号的层次。

图 5.51 "编号"下拉菜单

图 5.52 "编号"选项卡

7. 文字方向

如果需要设置文本的排列方向，可以单击"开始"→"段落"→"文字方向"下拉按钮，在"文字方向"下拉菜单更改文字方向，如图 5.53 所示。

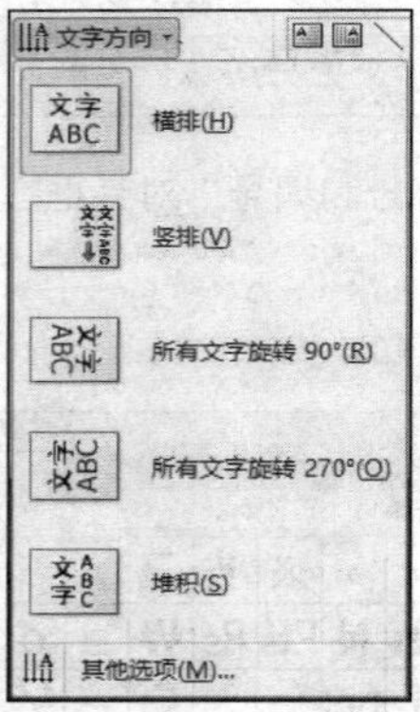

8. 设置文本框的格式

文本框的格式包括样式、效果、轮廓、填充等。选中文本框，通过"绘图工具"→"格式"→"形状样式"选项组，进行简单快速的设置，如图 5.54 所示。

也可以通过"设置形状格式"对话框来进行文本框的格式设置。选择文本框后，单击"格式"→"形状样式"→"对话框启动器"按钮，打开"设置形状格式"对话框，如图 5.55 所示。也可以使用鼠标指针指向文本

图 5.53 "文字方向"下拉菜单

框右击，在弹出的快捷菜单中选择"设置形状格式"命令，如图 5.56 所示。

图 5.54 "格式"选项卡

在"设置形状格式"对话框中，可以根据不同的选项卡进行不同的设置。

（1）"填充"选项卡

选择"设置形状格式"对话框中的"填充"选项卡，右侧选取相应的填充选项，如图 5.55 所示。填充选项包括"纯色填充""渐变填充""图片或纹理填充""图案填充"等，如图 5.57～图 5.60 所示。

图 5.55　"设置形状格式"对话框

图 5.56　右键快捷菜单

图 5.57　纯色填充

图 5.58　渐变填充

图 5.59　图片或纹理填充

图 5.60　图案填充

（2）"线条颜色"选项卡

设置文本框边框线条的颜色，可以通过"设置形状格式"对话框中的"线条颜色"选项卡来设置，如图 5.61、图 5.62 所示。

（3）"线型"选项卡

设置文本框边框线条的宽度和类型，可以通过"设置形状格式"对话框中的"线型"选项卡来设置，如图 5.63 所示。

（4）"阴影"选项卡

设置文本框边框和文字的阴影效果，可以通过"设置形状格式"对话框中的"阴影"选项卡来设置，如图 5.64 所示。

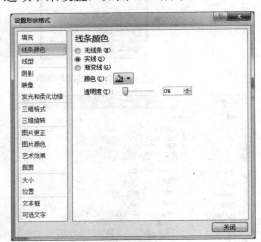

图 5.61　"实线"设置

图 5.62　"渐变线"设置

图 5.63　"线型"选项卡

图 5.64　"阴影"选项卡

5.3.3 幻灯片中对象的插入

在 PowerPoint 2010 中，如果选择了含有内容的版式，那么在内容占位符框中，将会出现 6 个占位符按钮，单击其中一个按钮即可在该占位符中插入相应的内容对象，如图 5.65 所示。6 个占位符按钮依次为：插入表格、插入图表、插入 SmartArt 图形、插入来自文件的图片、插入剪贴画、插入媒体剪辑。

图 5.65　插入"标题和内容"版式的幻灯片

在 PowerPoint 2010 中插入对象，除了可以通过内容占位符插入对象外，还可以通过"插入"选项卡插入对象，如图 5.66 所示。

图 5.66　通过"插入"选项卡插入对象

1. 插入表格

单击幻灯片占位符中的"表格"按钮，打开"插入表格"对话框，如图 5.67 所示。输入要插入表格的列和行数，单击"确定"按钮即可。

通过"插入"选项卡"表格"选项组中的"表格"下拉按钮插入表格，如图 5.68 所示。与 Word 中插入表格的操作相同，在此不再详细介绍。

2. 插入图表

单击内容占位符上的"图表"按钮，或者单击"插入"→"插图"组中的"图表"按钮，都可以打开"插入图表"对话框，如图 5.69 所示。选取一种图表样式，单击"确定"按钮即可在幻灯片中插入图表。

图 5.67　"插入表格"对话框　　　　　　　图 5.68　拖动鼠标插入表格

生成图表的数据源来自 Excel 中的数据表，因此，当插入图表的时候会同时打开 Excel 程序窗口，用来编辑生成图表的数据，如图 5.70 所示。

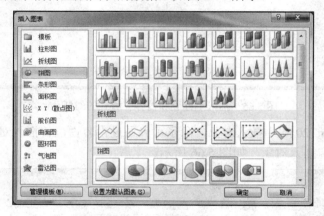

图 5.69　"插入图表"对话框

图 5.70　插入图表

3. 插入 SmartArt 图形

SmartArt 图形是信息和观点的视觉表示形式，它能将信息以"专业设计师"水准的插图形式展示出来，能更加快速、轻松、有效地传达信息。

单击内容占位符上的"SmartArt 图形"按钮，或者单击"插入"→"插图"→"SmartArt 图形"按钮，都可以打开"选择 SmartArt 图形"对话框，如图 5.71 所示。

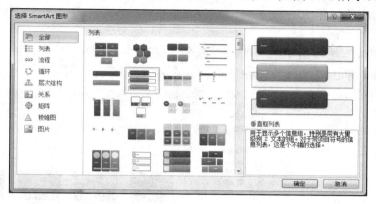

图 5.71 "选择 SmartArt 图形"对话框

在对话框左侧选择图形类别，在中间列表中选择要插入的布局，单击"确定"按钮即可在幻灯片中插入 SmartArt 图形。

插入 SmartArt 图形后，输入文字信息即可。当 SmartArt 图形处于编辑状态时，窗口上方会出现"SmartArt 工具"选项卡，包括"设计"和"格式"功能区，如图 5.72 所示，可以进一步编辑美化图形。

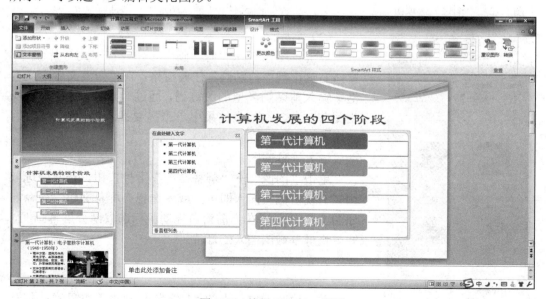

图 5.72 编辑 SmartArt 图形

4. 插入图像

插入的图像包括"图片""剪贴画""屏幕截图"。在"插入"选项卡"图像"选项组中，单击"图片""剪贴画""屏幕截图"等按钮，即可插入相应的图像对象，如图 5.73 所示。

单击内容占位符中的"插入来自文件的图片"和"剪贴画"按钮，也可以在当前幻灯片中插入相应的图片。

（1）图片

选择"图像"选项组中的"图片"命令，打开"插入图片"对话框，选择需要插入的图片文件，单击"插入"按钮即可插入图片，如图 5.74 所示。

图 5.73　"图像"选项组　　　　　　　图 5.74　"插入图片"对话框

图 5.75　"剪贴画"任务窗格

（2）剪贴画

单击"图像"→"剪贴画"按钮，在"幻灯片编辑"窗口右侧出现"剪贴画"任务窗格，在"搜索文字"文本框中输入剪贴画类型的关键词，通过"搜索"按钮来查找相关剪贴画，在搜索结果中单击需要插入的剪贴画即可，如图 5.75 所示。

（3）屏幕截图

单击"图像"→"屏幕截图"下拉按钮，在其中选取相应的视窗截图插入即可，或者选择"屏幕剪辑"命令，如图 5.76 所示，在当前窗口拖动鼠标选取部分屏幕画面，即可将屏幕截图插入幻灯片。

5. 插入媒体

单击内容占位符中的"插入媒体剪辑"按钮，打开"插入视频文件"对话框，选取需要插入的视频或音频文件，单击"插入"按钮即可。或者单击"插入"→"媒体"→"视频"或"音频"下拉按钮，在弹出的下拉菜单中选取文件来源，进行视频或音频的插入，如图 5.77 所示。

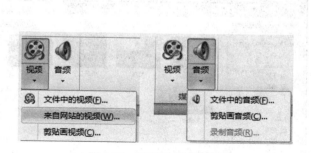

图 5.76　"屏幕截图"下拉菜单　　　　图 5.77　插入视频或音频

6. 创建相册

PowerPoint 的相册功能非常强大，通过相册功能创建相册，能够更方便地制作展示型的演示文稿。借助相册功能，可以让用户在演示文稿中一次插入多张图片，并且可以设置插入图片的版式、相框形状、主题等。

在"插入"选项卡"图像"选项组中，单击"相册"下拉按钮，弹出下拉菜单，如图 5.78 所示。选择"新建相册"命令，打开"相册"对话框，如图 5.79 所示。

图 5.78　"相册"下拉菜单　　　　　　图 5.79　"相册"对话框

在"相册"对话框中，单击"文件/磁盘"按钮，打开"插入新图片"对话框，在对话框中选择需要插入的图片文件，单击"插入"按钮，如图 5.80 所示，返回"相册"对话框。

在"相册"对话框"相册中的图片"列表中，会显示插入的图片列表，如图 5.79 所示。用户可以通过列表框下方的按钮，来改变图片的顺序、调整图片的格式，或者删除图片。在对话框下方的"相册版式"选项组中，可以设定相册的版式，相框的形状，幻灯片的主题。设置完成以后，单击"创建"按钮，完成相册的创建。

相册创建完成后，在每张幻灯片的标题占位符中，输入幻灯片的标题，也可以在相册中插入文本框，输入文本内容。

图 5.80　"插入新图片"对话框

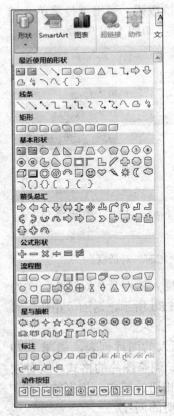

图 5.81　"形状"下拉菜单

7. 插入其他对象

（1）插入形状

在"插入"选项卡"插图"选项组中单击"形状"下拉按钮，弹出"形状"下拉菜单，选取需要插入的形状，如图 5.81 所示。此时，鼠标指针变成十字形，拖动鼠标，在当前位置绘制图，或者选取需要插入的形状后，在幻灯片上单击，即可绘制默认大小的形状。

选中形状进行编辑时，会出现"绘图工具"→"格式"选项卡，可以利用"格式"选项卡（图 5.54）中的"插入形状"选项组和"形状样式"选项组中的命令编辑形状的大小、样式等。

（2）插入艺术字

在"插入"选项卡"文本"选项组中，单击"艺术字"下拉按钮，在弹出的下拉菜单中选择需要插入的艺术字样式，即可在当前幻灯片中插入一个艺术字占位符，如图 5.82 所示。在占位符中单击，然后输入文字即可。

在幻灯片中选中插入的艺术字，功能区出现"绘图工具"→"格式"选项卡（图 5.54），用户可以通过"艺术字样式"选项组中的命令，对选中的艺术字对象进行格式化设置，如改变艺术字样式、填充形状样式和效果、文本轮廓和效果等。

图 5.82　"艺术字"占位符

（3）插入符号

1）公式。在"插入"选项卡"符号"选项组中，单击"公式"下拉菜单按钮，选择需要插入的公式，即可在幻灯片上插入一个数学公式，如图 5.83 所示。

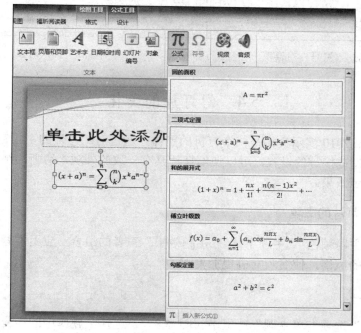

图 5.83　插入公式

公式处于编辑状态时，功能区会出现"公式工具"→"设计"和"绘图工具"→"格式"两个选项卡，如图 5.84 所示。通过这两个选项卡，用户可以对插入的公式进行编辑和格式设置。

图 5.84　"公式工具"和"绘图工具"选项卡

2）符号。在"插入"选项卡"符号"选项组中，单击"符号"按钮，打开"符号"对话框，选取所需符号，单击"插入"按钮，如图 5.85 所示。

（4）插入对象

单击"插入"→"文本"→"对象"按钮，打开"插入对象"对话框，如图 5.86 所示。选择需要插入的对象类型，单击"确定"按钮，即可在当前幻灯片中插入其他应用程序所创建的对象，如 Word、Excel 等对象。

图 5.85　"符号"对话框

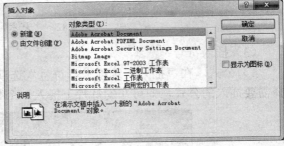

图 5.86　插入对象

5.4　幻灯片的美化

PowerPoint 2010 演示文稿是一个有机的整体，通过对幻灯片的主题、背景、动画、页眉和页脚、超链接等的设置，可以使幻灯片具有一致的外观、清晰的结构，提高演示文稿整体的展示效果。

5.4.1　设置幻灯片的主题

主题是"主题颜色""主题字体""主题效果"三者的组合。应用主题可以很方便地统一演示文稿的风格，使演示文稿更加美观。

1. 应用主题

在"设计"选项卡"主题"选组中（图 5.87），选择主题库中的相应缩略图，快速应用一种主题来改变演示文稿中所有幻灯片的外观。

若要预览不同的主题效果，可以将鼠标指针停留在主题库中的相应缩略图上，此时演示文稿会展示应用主题后的效果。若要选择更多的主题，可以单击右侧的向上、向下按钮，也可单击"其他"按钮，打开"其他"下拉列表，如图 5.88 所示。

图 5.87　"主题"选项组

图 5.88　　"其他"下拉列表

2. 自定义主题

如果用户想要设置或定义自己的主题，可以选择相应主题，对其"主题颜色""主题字体""主题效果"分别进行更改、设置，然后将这些设置作为新主题保存在库中。

5.4.2　设置幻灯片的背景

用户除了通过应用主题统一幻灯片的背景外，还可以根据需要自行添加或更改。

在幻灯片占位符外空白处右击，选择快捷菜单中的"设置背景格式"命令，如图 5.89 所示。或者选择"设计"→"背景"→"背景样式"→"设置背景格式"命令，如图 5.90 所示，打开"设置背景格式"对话框，选择左侧"填充"命令，如图 5.91 所示。

图 5.89　右键快捷菜单

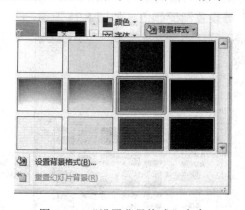

图 5.90　"设置背景格式"命令

在该命令下，选择一种背景后，当前幻灯片的背景会自动更改。如果勾选"隐藏背景图形"复选框，则在当前幻灯片中不会显示母版中的图形和文本。单击"全部应用"

按钮，则将该背景应用于全部幻灯片；单击"关闭"按钮，则将该背景应用于当前幻灯片，并关闭对话框；单击"重置背景"按钮，则取消对背景的设置，回复到原始状态。

1. 纯色填充

单击"颜色"下拉按钮，在打开的下拉列表中选择设置背景的颜色，如图 5.92 所示。如果列表中的颜色不能满足需要，可以选择菜单中的"其他颜色"命令，打开"颜色"对话框，选取所需颜色后，单击"确定"按钮即可。

图 5.91 "设置背景格式"对话框　　　　　图 5.92 纯色填充

2. 渐变填充

单击"预设颜色"下拉按钮，在打开的下拉列表中选取一种颜色方案，来设置幻灯片的背景，如"雨后初晴"，如图 5.93 所示。还可以通过"类型""方向""角度""渐变光圈"等设置渐变颜色，如图 5.94 所示。

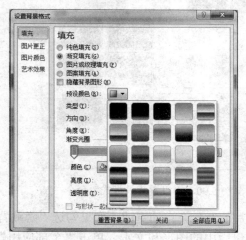

图 5.93 "预设"效果渐变填充　　　　　图 5.94 更改"渐变填充"设置

3. 图片或纹理填充

单击"纹理"下拉按钮,在打开的下拉列表中选择一种纹理作为幻灯片的背景,如"水滴""羊皮纸"等;也可以单击"文件"、"剪贴板"或"剪贴画"按钮,插入图片文件作为背景,如图 5.95 所示。

4. 图案填充

在图案列表中选择某种图案作为幻灯片的背景,并设置该图案的前景色和背景色,如图 5.96 所示。

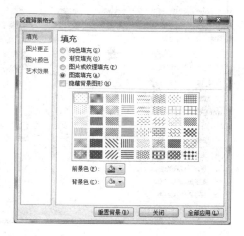

图 5.95 "图片或纹理填充"设置　　　　　图 5.96 "图案填充"设置

5.4.3 动画效果

放映时若要提高观众对演示文稿的兴趣,吸引他们的注意力集中在要点上,仅仅使用漂亮的主题是不够的,这时,对重点内容添加动画效果就是一种好方法。一张幻灯片上包含文本、表格、图片、图形、图表等多个对象,添加"动画效果"就是对幻灯片中的各个对象添加放映时出现的动作和效果。

1. 添加动画

为对象添加动画应先选中对象,然后在"动画"选项卡"动画"选项组中(图 5.97),单击右侧的向上、向下按钮,也可单击"其他"按钮,在下拉列表中选择所需的动画,如图 5.98 所示,可以设置的动画有以下四种。

图 5.97 "动画"选项组

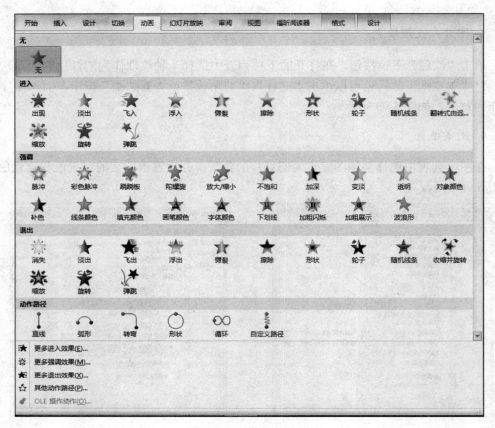

图 5.98　"其他"下拉菜单

1）"进入"：设置对象以怎样的动画出现在屏幕上。

2）"强调"：对象将在屏幕上展示设置的动画。

3）"退出"：对象将以设置的动画退出屏幕。

4）"动作路径"：设置对象放映时的运动路径。

图 5.99　"效果选项"下拉菜单

注意：如果要修改已经添加的动画，可以选中对象，在"动画"组中重新选择一个动画，原设置的动画就会被新设置的动画所替换。

2. 设置动画效果

为选择的对象添加动画后，还可以设置动画的效果。单击功能区"动画"→"效果选项"下拉按钮，弹出"效果选项"下拉菜单，可以根据所选的动画设置方向、形状、序列等效果，如图 5.99 所示。

例如，选中某张幻灯片中一个内容为多段文本的占位符，并为其添加"浮入"动画，此时，占位符中的文本默认的动画效果是自下往上浮入（即上浮），并按照段落的顺序依次出现。可以单击功能区"动画"选项组中的"效果选项"下拉按钮,将动画效果的方向设置为"下浮",序列设置为"作为一个对象",这样占位符中的文本播放动画时,就会从上往下作为一个整体浮动。

3. "高级动画"选项组

如果需要给对象设置多个动画,可以使用"高级动画"选项组中的"添加动画"选项,如图 5.100 所示。

选中已经添加了动画的对象,单击"高级动画"→"添加动画"下拉按钮,在弹出的下拉菜单中选择需要的动画,就可以给选中的对象再次添加动画。

单击"高级动画"→"动画窗格"按钮,在幻灯片编辑窗口右侧出现动画窗格,如图 5.101 所示,单击"播放"按钮可以预览动画效果,单击"重新排序"的上下箭头也可以对动画出现的顺序进行重新排序。在窗格中选择某个动画后,单击右边的下拉按钮,在弹出的下拉菜单中对动画进行相应的设置,如图 5.102 所示。

图 5.100 "高级动画"组   图 5.101 动画窗格

单击"高级动画"→"触发"下拉按钮,设置动画开始的条件。可以单击时播放动画,也可以当播放到书签位置时播放动画。

单击"高级动画"→"动画刷"按钮,可以将选定对象的动画效果复制到其他对象上。使用方法与"格式刷"类似,单击此按钮,可以复制一次,即复制动画到一个对象上;双击此按钮,可以多次复制,即复制动画到多个对象上,使用完成后,需要再次单击"动画刷"退出动画复制状态。

4. "计时"选项组

在"计时"选项组中可以对选中的对象,设置其动画的开始方式、持续时间、延迟时间、动画播放顺序，如图 5.103 所示。

动画开始的方式包括"单击时""与上一动画同时""上一动画之后"，选择合适的方式可以让演讲者在放映幻灯片时能够有效地控制某一对象的播放。

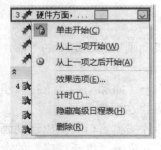

图 5.102　动画下拉菜单　　　　　　　　图 5.103　"计时"选项组

5. 编辑动画

为幻灯片中的对象设置动画效果后，如果不满意，还可以对其进行编辑。

（1）调整动画的播放顺序

为幻灯片中的对象设置动画效果后，在幻灯片视图中，对象占位符的左上方会显示动画的播放序号。在动画窗格中也会按照动画播放顺序，显示该幻灯片中所有的动画效果列表。

如果需要调整某个对象的动画播放顺序，可以先在幻灯片中选中对象，单击"计时"选项组中的"向前移动"██或"向后移动"██按钮，就可以改变它的动画播放顺序。也可以在动画窗格中选中对象，单击"动画窗格"→"重新排序"按钮，调整动画顺序。

（2）更改动画效果

如果要修改已经添加的动画效果，可以选中对象，在"动画"选项组中重新选择一个动画，原设置的动画效果就会被新设置的动画效果所替换。

（3）删除动画效果

如果需要将已经添加的动画效果删除，可以先选择对象，在"动画组"动画效果列表中选择"无"选项（图 5.98）。或者选中对象占位符左上角的动画播放序号，直接按【Delete】键。

注意：选择设置动画的对象，单击"动画"选项组右下角的"对话框启动器"按钮，打开"效果选项"对话框，可以在"效果"选项卡中添加动画播放时的声音效果。

5.4.4　幻灯片的切换效果

幻灯片的切换效果是指演示文稿放映时，从上一张幻灯片切换到下一张幻灯片的过渡效果。为幻灯片设置切换效果，不但可以使幻灯片的转换更加活泼生动，还能起到提醒观众注意的作用。具体设置切换效果的操作步骤如下。

1）选定要设置切换效果的幻灯片。

2）选择"切换"选项卡，显示如图 5.104 所示的功能区。

图 5.104　"切换"选项卡

3）在"切换到此幻灯片"选项组的效果列表中选择一种切换效果，即可将该效果应用于所选的幻灯片。单击列表框右侧向上、向下按钮，也可单击"其他"按钮，在打开的下拉列表中可以显示更多的切换效果，如图 5.105 所示。单击"效果选项"下拉按钮，可在"效果选项"下拉列表中进行方向、形状等细节设置，如图 5.106 所示。

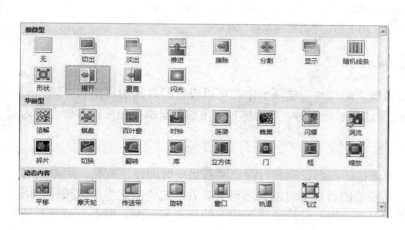

图 5.105　"其他"下拉列表

图 5.106　"效果选项"
下拉列表

4）在"计时"选项组中可以设置切换效果的持续时间、声音、换片方式等。换片方式默认为"单击鼠标时"，即单击鼠标时才会切换到下一张幻灯片；如果需要自动换片，可以选择"设置自动换片时间"选项，在右侧文本框中输入换片的间隔时间。

设置完成后，如果单击"全部应用"按钮，将会把该切换效果应用于整个演示文稿，否则默认为当前所选幻灯片。

单击"幻灯片放映"按钮，放映所选择的幻灯片观看切换效果。也可以单击切换选项卡中的"预览"按钮，观看切换效果。

选中幻灯片，在幻灯片切换效果列表中单击"无"按钮，可以取消幻灯片的切换效果。

5.4.5　页眉和页脚

在演示文稿中，可以通过编辑幻灯片的页眉和页脚来插入日期和时间、幻灯片编号、页码等信息。

单击"插入"→"文本"→"页眉和页脚"按钮，打开"页眉和页脚"对话框，如图 5.107 所示，它由"幻灯片"和"备注和讲义"两个选项卡组成。

图 5.107 "页眉和页脚"对话框

1. 幻灯片的页眉和页脚

在"页眉和页脚"对话框"幻灯片"选项卡中，可以设置幻灯片的日期和时间、幻灯片编号、页脚。当相应的复选框被选中时，对话框右下角的预览框中相应的方框会变为黑色。

（1）日期和时间

若勾选"自动更新"单选按钮，则日期和时间会随着系统时间发生变化，用户还可以在下拉列表框中选择自己需要的日期和时间表示形式。若勾选"固定"单选按钮，用户可在文本框中输入日期和时间，则幻灯片中显示输入的日期和时间，但不会随着系统时间变化。

（2）幻灯片编号

勾选"幻灯片编号"复选框，可以为幻灯片添加编号。

（3）页脚

勾选"页脚"复选框后，在页脚的文本框中输入文本，可以在幻灯片页脚位置显示该文本。

如果勾选"标题幻灯片中不显示"复选框，可以使标题幻灯片中的日期、编号和页脚等内容不显示，其他幻灯片则不受影响。

完成设置后，单击"全部应用"按钮，可以将设置的页眉和页脚应用到该演示文稿中的每张幻灯片上；单击"应用"按钮，仅将设置的页眉和页脚应用到当前幻灯片上。

注意：如果需要修改页眉和页脚中日期、编号和页脚的位置，可以通过编辑幻灯片母版来完成。

2. 备注和讲义的页眉和页脚

在"页眉和页脚"对话框中，选择"备注和讲义"选项卡，在"页面包含内容"中有 4 个选项：日期和时间、页眉、页码和页脚，设置方式与"幻灯片"选项卡的设置类似，不同的是，"备注和讲义"选项卡中只有"全部应用"和"取消"两个命令，即只能应用于整个演示文稿。

5.4.6　动作设置和超链接

为幻灯片中的对象（如文本、图片、图形、形状或艺术字等）适当地添加超链接，会使演示文稿的放映过程更具有逻辑性，功能更加丰富。PowerPoint 可以对幻灯片上的任意对象插入超链接，链接目标可以是计算机中存储的文件，也可以是该演示文稿中的某张幻灯片，还可以是某个网页地址或电子邮箱地址。如果对选中的文本设置了超链接，文本的字体颜色会变成系统指定的超链接颜色，同时会出现下划线标志。

PowerPoint 2010 创建超链接的方法有两种：超链接和动作设置。

1．超链接

（1）链接到同一演示文稿中的某张幻灯片

操作步骤如下。

1）在"普通视图"中，选择要设置超链接的文本或对象。

2）单击"插入"→"链接"→"超链接"按钮，打开"编辑超链接"对话框，如图 5.108 所示。在选中的对象上右击，在弹出的快捷菜单中选择"超链接"命令，也可以打开"编辑超链接"对话框。

3）在"编辑超链接"对话框左边"链接到"中，选择"本文档中的位置"选项，在"请选择文档中的位置"列表中，选择要链接到的幻灯片标题，单击"确定"按钮。

图 5.108　"编辑超链接"对话框

（2）链接到文件或网页

操作步骤如下。

1）在"普通视图"中，选择要设置超链接的文本或对象。

2）单击"插入"→"链接"→"超链接"按钮，或者在选中的对象上右击，在弹出的快捷菜单中选择"超链接"命令，打开"编辑超链接"对话框。

3）在"编辑超链接"对话框左边"链接到"中，选择"现有文件或网页"选项。如果要链接到某个文件，在"查找范围"中选择文件；如果要链接到网页，在下方"地址"中输入网页地址，如图 5.109 所示。然后单击"确定"按钮即可。

注意：在"编辑超链接"对话框"地址"中输入网页地址时，必须以"http://"开始。

图 5.109　链接到现有文件或网页

（3）链接到电子邮件地址

与以上操作类似，只需要在"编辑超链接"对话框选择"电子邮件地址"选项后，在相应位置输入电子邮件地址即可。

放映该幻灯片时，当单击已经设置了超链接的对象时，屏幕会立即跳转到超链接的指定位置。

如果要修改已建好的超链接，可以在该对象上右击，在弹出的快捷菜单中选择"编辑超链接"命令，在相应的"编辑超链接"对话框中修改即可。

如果要删除已建好的超链接，可以在该对象上右击，在弹出的快捷菜单中选择"取消超链接"命令；或者打开"编辑超链接"对话框，单击"删除链接"按钮，然后单击"确定"按钮。

2. 动作设置

使用动作设置可以有两种方法。

1）选中幻灯片中的某一对象后，单击"插入"→"链接"→"动作"按钮，如图 5.110 所示。此时将打开"动作设置"对话框，可以选择"单击鼠标"或"鼠标移过"选项卡，如图 5.111 所示。其中，勾选"超链接到"单选按钮后可以在下拉列表中选择不同的位置。如要链接到具体的幻灯片，可选择"幻灯片"选项，打开"超链接到幻灯片"对话框，如图 5.112 所示，选择要链接到的幻灯片标题，单击"确定"按钮即可。如果要结束放映，则应选择"结束放映"选项即可。

2）PowerPoint 2010 内置了一组预定义的三维动作按钮，单击"插入"→"形状"下拉按钮，在弹出的"形状"下拉菜单列表最后有一组"动作按钮"，如图 5.113 所示。选择一种动作按钮，拖动鼠标创建动作按钮后，打开如图 5.111 所示的"动作设置"对话框，设置超链接即可。

　　注意：添加过超链接的对象，复制到该演示文稿其他幻灯片中，链接到的位置不会发生变化。

图 5.110　"动作"按钮

图 5.111　"动作设置"对话框

图 5.112　"超链接到幻灯片"对话框

图 5.113　动作按钮

5.5　幻灯片母版的编辑

　　母版中包含可出现在每一张幻灯片上的显示元素，如文本占位符、背景图案、图片、页码、页脚及日期等。每个演示文稿至少包含一个幻灯片母版，修改和使用幻灯片母版的主要优点是可以对演示文稿中的幻灯片进行统一的样式更改，无需在多张幻灯片上输入相同的信息，因此编辑母版可以方便快速地为幻灯片制定统一的风格，节省时间。

5.5.1　母版

　　编辑幻灯片母版后，所有基于该母版的演示文稿幻灯片都会改变。如果要使个别幻灯片的外观与母版不同，应先编辑母版来满足大多数幻灯片的要求，再直接修改个别的幻灯片。但是对已经修改过的幻灯片，在母版中的修改对其就不再起作用。

　　如果已经修改了幻灯片的外观，又希望恢复为母版的样式，可以单击"开始"选项卡中的"重设"按钮。

　　母版分为幻灯片母版、讲义母版和备注母版。

1. 幻灯片母版

幻灯片母版是母版中最常用到的，它控制除标题幻灯片以外的所有幻灯片的外观。母版上的更改反映在每张幻灯片上。幻灯片母版控制文字的格式、位置、项目符号的字符、主题配色方案及图形项目等。

单击"视图"→"母版视图"→"幻灯片母版"按钮，打开"幻灯片母版"视图，如图 5.114 所示。左侧为母版列表窗格，所有使用的幻灯片母版均会出现在此处，可以方便地通过单击选中幻灯片母版来编辑。

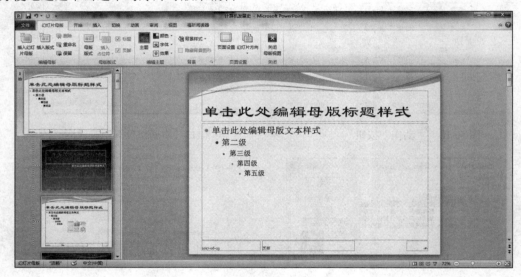

图 5.114　"幻灯片母版"视图

幻灯片母版视图中包含 5 个区：标题占区、对象占区、日期占区、页脚占区、页码占区。可以对母版中占位符的文本格式、位置等进行修改，修改它们可以影响所有基于该母版的幻灯片。

除了编辑这些占位符的格式外，还可以设置母版的背景和主题，添加动画效果，插入对象等。

2. 讲义母版

讲义母版用于格式化讲义。单击"视图"→"母版视图"→"讲义母版"按钮，打开"讲义母版"视图，如图 5.115 所示。

在讲义母版视图中可以显示 4 个占位符：页眉占区、日期占区、页脚占区、页码占区。通过"讲义母版视图"功能区可以进行页面设置，包括讲义方向、幻灯片方向和每页幻灯片数量；也可以设置主题和背景。

3. 备注母版

备注母版用于格式化演讲者备注页面，在备注母版中可以添加图形项目和文字，而

且可以调整幻灯片区域的大小。单击"视图"→"母版视图"→"备注母版"按钮，打
开"备注母版"视图，如图 5.116 所示。

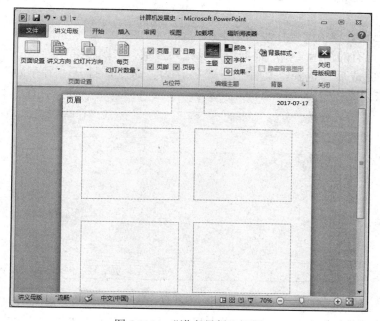

图 5.115 "讲义母版"视图

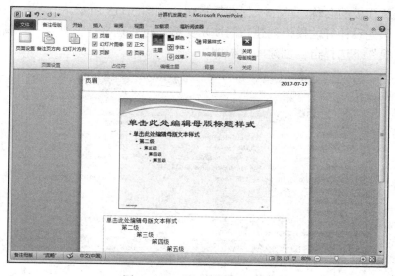

图 5.116 "备注母版"视图

备注母版视图包括 6 个占位符：页眉区、日期区、幻灯片图像区、正文区、页脚区
和页码区，其意义与其他母版中的占位符相同。

5.5.2 创建自定义模板

和主题一样，如果用户对 PowerPoint 2010 自带的母版不满意，可以在此基础上进

行编辑或者自己创建新的母版，并将自定义的母版保存为扩展名是.potx 的模板文件。所保存的模板就可以应用到其他演示文稿中，这样可以使文稿既具有统一的外观，又具有自己的风格。

保存自己设计模板的操作步骤如下。

1）打开已有的演示文稿，根据需要设置其背景、主题方案等。

2）设置完成后，选择"文件"→"另存为"命令，打开"另存为"对话框，如图 5.117 所示。

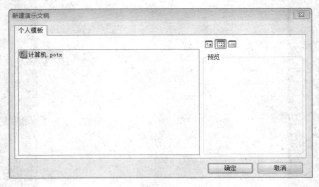

图 5.117   "另存为"对话框

3）在"保存类型"下拉列表框中选择"PowerPoint 模板"选项，在"文件名"文本框中输入新模板的名称，单击"保存"按钮，如图 5.118 所示。

要根据预先设计好的模板创建新的演示文稿，可以选择"文件"→"新建"命令，在"我的模板"下选择自己创建的模板即可。

图 5.118   自己创建的模版

5.5.3 演讲者备注和讲义

幻灯片的备注页是供演讲者使用的文稿，可以记录演讲者在放映幻灯片时所要提示的一些重点。每张幻灯片都有一个备注页，其中包含幻灯片的缩略图及供演讲者备注使用的空间。讲义则是将幻灯片缩小并打印在纸上，用来帮助观众理解演示文稿的内容。在一个页面内可以设置包含 1 张、2 张、3 张、4 张、6 张或 9 张幻灯片的讲义。

备注和讲义都有母版，可以在母版上添加需要在每页上显示的项目。

1. 创建演讲者备注

用户可以在普通视图的"备注"窗格中直接输入演讲者备注，也可以单击"视图"选项卡中的"备注页"按钮切换到备注页编辑视图，然后单击备注方框，输入当前幻灯片的备注。

2. 打印讲义

将演示文稿打印为讲义，以供观众使用，这样可以帮助观众理解演示文稿的内容。具体操作步骤如下。

1）选择"文件"→"打印"命令，右侧出现打印设置选项。

2）在"设置"选项组中，可以设置打印版式、每页包含的幻灯片数目等，如图 5.119 所示。

3）单击"打印"按钮完成打印。

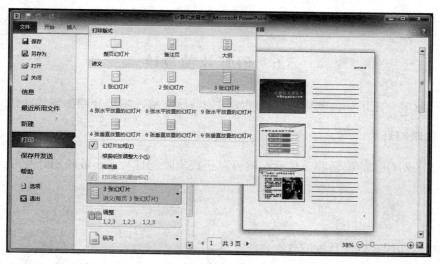

图 5.119　打印设置

5.5.4　将演示文稿创建为讲义

在 PowerPoint 2010 中将演示文稿创建为讲义，就是在 PowerPoint 2010 中创建一个包含该演示文稿中的幻灯片和备注的 Word 文档。操作步骤如下。

1）选择"文件"→"保存并发送"命令，在"文件类型"选项组中选择"创建讲义"选项，如图 5.120 所示。

2）单击"创建讲义"按钮，打开"发送到 Microsoft Word"对话框，如图 5.121 所示。在"Microsoft Word 使用的版式"区域中勾选"备注在幻灯片旁"单选按钮，在"将幻灯片添加到 Microsoft Word 文档"中勾选"粘贴"单选按钮，然后单击"确定"按钮。

3）系统自动启动 Word，并将演示文稿内容转换至 Word 文档中，保存该 Word 文档。

注意： 如果有需要，可以使用 Word 对生成的讲义进行修改，为文档设置格式和布局，也可以添加其他内容，完成之后保存即可。

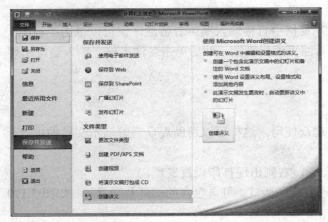

图 5.120 创建讲义   图 5.121 "发送到 Microsoft Word"
                                        对话框

5.6 幻灯片的放映

前面章节介绍了如何制作一份美观实用的演示文稿，本节介绍如何放映幻灯片。

5.6.1 放映幻灯片

完成了幻灯片的编辑和美化后，就可以正式放映幻灯片了。放映幻灯片时，幻灯片会全屏播放。

1. 简单放映

放映幻灯片有以下几种方式。

1）选择"幻灯片放映"选项卡，在"开始放映幻灯片"选项组中，单击"从头开始"按钮，幻灯片将进入放映视图，同时从第 1 张幻灯片开始放映，如图 5.122 所示。

图 5.122 "幻灯片放映"选项卡

2）单击窗口状态栏右侧的"幻灯片放映"视图按钮，或者单击"幻灯片放映"→"从当前幻灯片开始"按钮，幻灯片将进入放映视图，从当前幻灯片开始放映。

3）按【F5】键，从第 1 张幻灯片开始放映。

4）按【Shift+F5】组合键，从当前幻灯片开始放映。

图 5.123　幻灯片放映快捷菜单

放映幻灯片时幻灯片全屏播放，在屏幕上右击，在弹出的快捷菜单中选择相应的命令来实现幻灯片的翻页、定位、结束放映等功能，如图 5.123 所示。

在默认状态放映幻灯片时，幻灯片将按序号顺序播放直到最后一张，然后计算机黑屏，退出放映状态。如果放映过程中，需要结束放映，按【Esc】键即可。

放映幻灯片时还可以使用以下常用功能的快捷键。

切换到下一张幻灯片或开始下一对象的动画：单击或者使用【Space】键、【Enter】键、【↓】键、【→】键、【PageDown】键皆可，或者向后拨鼠标滚轮。

切换到上一张幻灯片或返回到上一步：使用【Backspace】键、【↑】键、【←】键、【Page Up】键皆可，或者向前拨鼠标滚轮。

鼠标功能转换：转换成"绘画笔"按【Ctrl+P】组合键；还原鼠标指针状态按【Ctrl+A】组合键。

2. 在幻灯片上作标记

在放映幻灯片时，演讲者为了更好地表达讲解的内容，可以随时使用画笔工具，在幻灯片上直接标记内容，具体操作如下。

1）在放映幻灯片时右击，在弹出的快捷菜单中选择"指针选项"子菜单，选择"笔"选项。

2）单击在幻灯片上拖动即可绘出笔迹。

3）要改变绘图笔的颜色，选择"指针选项"→"墨迹颜色"命令，从弹出的子菜单中选择一种颜色即可，如图 5.124 所示。

画笔的痕迹只在演示时显示，不影响演示文稿中已经编辑好的内容，退出放映视图时，系统会弹出对话框询问"是否保留墨迹注释"。

"指针选项"子菜单中的命令如下。

1）"笔"或"荧光笔"命令，可以将鼠标指针切换成"画笔"形状，此时拖动鼠标可以在屏幕上写字、作标记。

2）"墨迹颜色"可以设置标记颜色。

3）"橡皮擦"命令可以将标记擦除。

4）"箭头选项"中可以设置放映幻灯片时，鼠标指针的显示方式为"自动""可见""永远隐藏"。

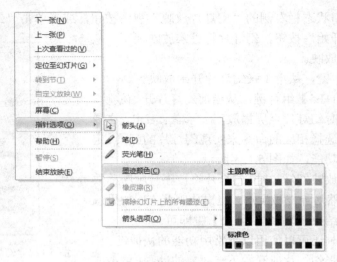

图 5.124　更改指针选项

3. 设置放映方式

用户可以根据不同需要设置演示文稿的放映方式，单击"幻灯片放映"→"设置幻灯片放映"按钮，打开"设置放映方式"对话框，如图 5.125 所示。

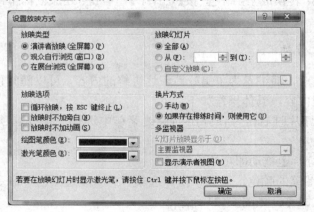

图 5.125　"设置放映方式"对话框

PowerPoint 2010 有三种放映方式可供选择。

（1）演讲者放映（全屏幕）

演讲者放映是默认的放映方式，由演讲者在全屏幕状态下控制放映，可采用自动或手动进行放映。演讲者可以控制整个放映过程，也可以使用"绘画笔"在屏幕上作出标记，适用于演讲者一边讲解一边放映。

（2）观众自行浏览（窗口）

在窗口中放映演示文稿，观众可以利用菜单自行浏览、打印幻灯片，还显示系统任务栏，使观众不退出放映也可以快速切换程序窗口，如图 5.126 所示。

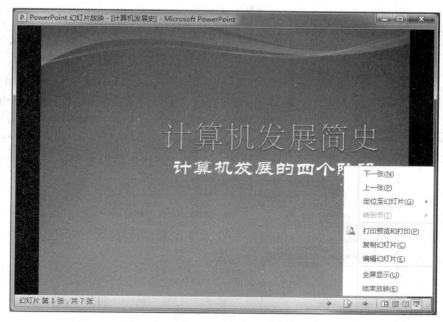

图 5.126　"观众自行浏览"放映方式

（3）在展台浏览（全屏幕）

此方式一般是在无演讲者时进行演示文稿内容的自动展示。例如，在展览会场或会议中，需要运行无人管理的幻灯片放映。要求演示文稿能够自动放映，也就是说预先将换片方式设置为自动方式，或者通过"幻灯片放映"选项卡的"排练计时"按钮设置时间和次序。放映过程中，键盘和鼠标的功能失效，只保留了鼠标指针最基本的指示功能，自动循环放映，只能通过【Esc】键退出放映。

4. 隐藏幻灯片

如果希望某些幻灯片在放映时即不显示又不删除，可以将其隐藏。

在"普通视图"右边的"幻灯片"窗格中，选中需要隐藏的幻灯片缩略图，选择"幻灯片放映"→"隐藏幻灯片"命令；或者右击需要隐藏的幻灯片缩略图，在弹出的快捷菜单中选择"隐藏幻灯片"命令，即可把所选幻灯片隐藏。

在"普通视图"右边的"幻灯片"窗格中，当幻灯片被隐藏时，幻灯片缩略图左上角的标号上会出现划去标记。这与删除操作完全不同，隐藏操作仅仅是使幻灯片在放映时不可见，重复以上的操作可以取消幻灯片隐藏。

5. 自定义放映

使用这个功能，可以在一份演示文稿内定义多种放映方案，每种放映方案可以指定该演示文稿中任意的多张幻灯片组合放映，而不必为了不同的观众创建多份类似的演示文稿。

单击"幻灯片放映"→"自定义幻灯片放映"按钮，打开"自定义放映"对话框，

图 5.127 "自定义放映"对话框

如图 5.127 所示。

　　单击"新建"按钮，打开"定义自定义放映"对话框。在该对话框中设置幻灯片放映名称，在"在演示文稿中的幻灯片"列表中选择要添加的幻灯片，并添加到右边"在自定义放映中的幻灯片"列表中，如图 5.128 所示。单击"确定"按钮即可完成自定义放映的创建，如图 5.129 所示。此时，"编辑""删除""复制""放映"4 个按钮转换为可使用状态。

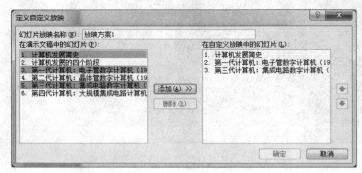

图 5.128 "定义自定义放映"对话框

　　在"自定义放映"对话框中，选择自定义放映方案的名称后，可以进行如下操作。

1）单击"编辑"按钮，可以返回"定义自定义放映"对话框，对放映方案重新编辑。

2）单击"删除"按钮，可以将选中的放映方案删除。

3）单击"复制"按钮，将会复制选中的放映方案。

播放自定义放映有两种方法。

1）在演示文稿中，单击"插入"→"形状"下拉按钮，在弹出的下拉菜单中创建一个动作按钮来指向特定的放映，在播放时使用。在打开的"动作设置"对话框中，（图 5.130）勾选"超链接到"单选按钮，选择"超链接到"→"自定义放映"选项，

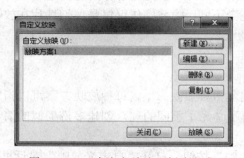

图 5.129 "自定义放映"创建完成

图 5.130 设置"自定义放映"动作按钮

打开"链接到自定义放映"对话框，如图 5.131 所示，选择一个自定义放映方案，单击"确定"按钮。

　　2）单击"幻灯片放映"→"自定义幻灯片放映"下拉按钮，选择一个已存在的自定义放映方案即可，如图 5.132 所示。

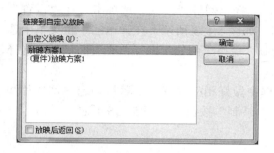

图 5.131　"链接到自定义放映"对话框　　　　图 5.132　"自定义幻灯片放映"下拉菜单

5.6.2　排练计时

　　如果演讲者在正式为观众演示幻灯片之前进行了排练计时，并保留了计时结果，放映时幻灯片将按照计时结果自动放映。使用排练计时的操作步骤如下。

　　1）选择需要由排练确定计时的起始幻灯片。

　　2）在"幻灯片放映"选项卡中单击"排练计时"按钮，开始排练并计时。

　　3）在排练过程中将出现"录制"对话框，如图 5.133 所示。单击"下一项"按钮，可以切换到下一个动作，"暂停"按钮可以和时间框配合，设定当前播放动作的结束时刻。左边的时间框显示的是当前幻灯片的播放时间，右面的时间标签显示的是排练开始的总计时。如果不满意可以随时单击"重复"按钮，重新排练当前幻灯片。

　　4）当排练结束或按【Esc】键随时中止排练时，将会弹出对话框询问是否保存本次排练结果，如图 5.134 所示。单击"是"按钮，本次排练的时间将自动作用在每张被播放的幻灯片上；单击"否"按钮，取消本次排练计时。

图 5.133　"录制"对话框　　　　　图 5.134　保存排练计时对话框

　　当排练计时被保存后，在幻灯片浏览视图模式下，幻灯片下方会显示每张幻灯片的排练时间。可以手工做进一步的调整，通过重复排练和调整的过程，可以精确地设计幻灯片的播放时间。

5.6.3　录制幻灯片演示

　　使用演示文稿在进行产品讲解演示、商务会议演示时，希望在演示文稿中加入演讲者的声音讲解，并且转换成视频进行分享，这时，可以使用 PowerPoint 2010 的"录制幻灯片演示"功能来实现。

录制幻灯片演示是 PowerPoint 2010 的一项新功能，它可以记录幻灯片的放映效果，包括用户使用鼠标、绘画笔、麦克风的痕迹，录好的幻灯片完全可以脱离演讲者来放映。录制幻灯片演示的操作步骤如下。

1）打开需要录制旁白的演示文稿文件。选择"幻灯片放映"选项卡，在"设置"选项组中单击"录制幻灯片演示"下拉按钮，如图 5.135 所示。在弹出的下拉菜单中选择"从头开始录制"或"从当前页面开始录制"命令。例如，进行单张页面录制，选择"从当前页面开始录制"命令。

2）在打开的"录制幻灯片演示"对话框中做好相应设置，如默认勾选"幻灯片和动画计时"复选框，完成设置后，单击"开始录制"按钮，如图 5.136 所示。

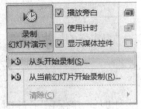

图 5.135　"录制幻灯片演示"下拉菜单　　　图 5.136　"录制幻灯片演示"对话框

3）开始录制后，可以使用麦克风进行同步演说和同步的动画播放，还可以使用激光笔进行同步标注。录制过程中，支持暂停和继续操作。

4）完成本页幻灯片的录制后，按【ESC】键可以退出录制状态。完成当前幻灯片页面的录制后，幻灯片右下角会出现一个音频小图标，单击可以播放录制的旁白，如图 5.137 所示。

图 5.137　播放旁白

5）整个演示文稿录制结束后，选择"幻灯片放映"→"设置"→"播放旁白"命令，进行"从头开始"放映幻灯片。检查录制的旁白与动画效果是否同步，完成检查后，单击"文件"选项卡中的"保存"命令。

5.6.4　演示文稿转换为视频

在 PowerPoint 2010 中，可以将演示文稿另存为 Windows Media 视频(.wmv)文件，这样可以确保演示文稿中的动画、旁白和多媒体内容能够顺畅播放，演示时可更加放心。

演示文稿转换为视频文件的操作步骤如下。

1）保存演示文稿后，选择"文件"→"保存并发送"→"创建视频"命令。

2）单击"创建视频"→"计算机和 HD 显示"下拉按钮，选择要创建视频的质量，单击"创建视频"按钮，如图 5.138 所示，打开"另存为"对话框。

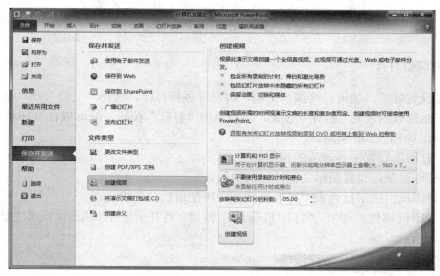

图 5.138　创建视频

3）在"另存为"对话框中，选择保存位置，输入文件名，默认保存类型为"Windows Media 视频"，然后单击"保存"按钮。

根据演示文稿的大小，创建视频可能需要很长时间。演示文稿越长，动画、切换效果及包括的其他媒体越多，需要的时间就越长。但在等待时用户仍然可以使用 PowerPoint。

5.7　演示文稿的打印和打包

建立完成的演示文稿，根据实际需要，用户可以将演示文稿打印成幻灯片、讲义、备注页或大纲页等形式的资料。可以打印整个演示文稿，也可以打印特定的幻灯片。PowerPoint 2010 还为用户提供了将演示文稿打包的功能，将打包的文件复制到其他计算机上，即使其他计算机没有安装 PowerPoint 软件仍然可以正常放映。

5.7.1　页面设置

在打印之前，需要对幻灯片的大小和打印方向进行设置，以保证打印的效果。单击

"设计"→"页面设置"按钮，打开"页面设置"对话框，如图 5.139 所示。在对话框中，可以设置幻灯片的大小、方向、编号起始值等项，单击"确定"按钮完成幻灯片的页面设置。

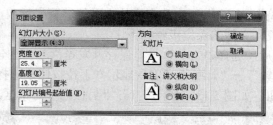

图 5.139　"页面设置"对话框

5.7.2　打印幻灯片

页面设置好后，就可以将演示文稿、讲义等进行打印。选择"文件"→"打印"命令，在右侧选取相应的"打印"设置，然后单击"打印"按钮，就可以在打印机上把演示文稿输出如图 5.140 所示。

在"打印"设置中各选项的作用如下。

1）打印份数：设置演示文稿打印的份数。

2）打印机：在下拉列表中可以选择打印所使用的打印机。

3）打印机属性：单击"打印机属性"链接，打开所选打印机的文档属性对话框，如图 5.141 所示。

图 5.140　"打印"子菜单

图 5.141　文档属性对话框

利用"方向"下拉列表，可以设置打印的方向。单击"高级"按钮，打开"高级"

选项对话框，可以设置纸张大小。

4）设置打印范围：可以选择"打印全部幻灯片""打印所选幻灯片""打印当前幻灯片""自定义范围"进行打印。

5）设置版式：在"打印版式"下拉列表框中选择打印版式，设置一页打印纸上打印幻灯片的张数。

6）调整顺序：可以选择幻灯片按顺序打印，或者取消排序按份数打印。

7）设置颜色：可以选择颜色、灰度或纯黑白打印幻灯片。

8）编辑页眉页脚：单击"编辑页眉和页脚"链接，打开"页眉和页脚"对话框，对幻灯片页眉和页脚进行相应的设置。

9）单击"打印"按钮，执行打印操作。

5.7.3　打包演示文稿

在实际应用中，用户通常会使用个人计算机制作演示文稿，然后将演示文稿拿到其他计算机上去演示，这就可能出现一些情况导致演示文稿无法正常放映。例如，演示文稿中链接的文件无法显示等。为了避免发生这种情况，用户可以将制作好的演示文稿打包。

这种形式的演示文稿文件在其他的电脑上演示播放的时候，可以避免出现计算机上未安装相应版本的 PowerPoint 软件或链接失效等情况造成的播放失败，从而能够实现在其他计算机上顺利播放自己的演示文稿文件。

演示文稿打包过程如下。

1）打开要打包的演示文稿，选择"文件"→"保存并发送"命令。

2）在右侧"文件类型"组中选择"将演示文稿打包成 CD"命令。

3）单击"打包成 CD"按钮，打开"打包成 CD"对话框，如图 5.142 所示。

4）单击"添加"按钮，可以添加新的演示文稿；单击"选项"按钮，打开"选项"对话框，勾选"链接的文件""嵌入的 TrueType 字体"复选框，可以选择将外部文件和字体打包，单击"确定"按钮返回上一级对话框。

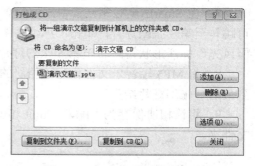

图 5.142　"打包成 CD"对话框

5）单击"复制到文件夹"按钮，打开"复制到文件夹"对话框，设置文件夹名称、保存位置，单击"确定"按钮即可完成打包操作；单击"复制到 CD"按钮，则将演示文稿打包到 CD 上。

打包后生成的文件夹中包含放映演示文稿的所有资源，包括演示文稿、链接文件和PowerPoint 播放器等。打包的文件夹中会出现两个文件 AUTORUN.INF 和与演示文稿同名但是扩展名为.ppsx 的文件，还有一个文件夹 PresentationPackage，包含了与演示文稿放映有关的全部内容。

将打包的文件夹复制到其他计算机上，即使其他计算机没有安装 PowerPoint 软件仍然可以正常放映。

习　题

一、创建相册练习题

请收集"湖光春色""冰消雪融""田园风光"三种类型的摄影照片各 4 张，一首 MP3 轻音乐，并按照要求完成下面的操作。

1．利用 PowerPoint 2010 应用程序创建一个相册，包含"湖光春色""冰消雪融""田园风光"三种类型的照片，共 12 幅摄影作品。在每张幻灯片中包含 4 张图片，将每幅图片设置为"居中矩形阴影"相框形状。

2．设置相册主题为"暗香扑面"样式。

3．为相册中每张幻灯片设置不同的切换效果。

4．在标题幻灯片后插入一张新的幻灯片，将该幻灯片设置为"标题和内容"版式。在该幻灯片的标题位置输入"摄影社团优秀作品赏析"；并在该幻灯片的内容文本框中输入 3 行文字，分别为"湖光春色""冰消雪融""田园风光"。

5．将"湖光春色""冰消雪融""田园风光" 3 行文字的样式转换为"蛇形图片题注列表"的 SmartArt 对象，并从每种类型的照片中选择一张照片，定义为该 SmartArt 对象的显示图片，如图 5.143 所示。

6．为 SmartArt 对象添加自左至右的"擦除"进入动画效果，并要求在幻灯片放映时该 SmartArt 对象元素可以逐个显示。

7．在 SmartArt 对象元素中添加幻灯片跳转链接，使得单击"湖光春色"标注形状可跳转至第 3 张幻灯片，单击"冰消雪融"标注形状可跳转至第 4 张幻灯片，单击"田园风光"标注形状可跳转至第 5 张幻灯片。

8．将 MP3 轻音乐文件作为该相册的背景音乐，并在幻灯片放映时即开始播放，直到最后一张幻灯片结束。

9．将该相册保存为"PowerPoint 相册.pptx"文件，保存位置为计算机 D 盘"作业"文件夹。

图 5.143　"蛇形图片题注列表"的 SmartArt 图形

二、演示文稿练习题

请根据 PPT 文字素材中的内容（相关图片可以自行收集），完成该演示文稿的制作。具体要求如下。

PPT 文字素材

第1张

云计算简介

第2张

主要内容
一、云计算的概念
二、云计算的特征
三、云计算的服务形式

第3张

一、云计算的概念
云计算（Cloud Computing）是基于互联网的相关服务的增加、使用和交付模式，通常涉及通过互联网来提供动态易扩展且经常是虚拟化的资源。云是网络、互联网的一种比喻说法。过去在图中往往用云来表示电信网，后来也用来表示互联网和底层基础设施的抽象。

云计算是分布式计算（Distributed Computing）、并行计算（Parallel Computing）、效用计算（Utility Computing）、网络存储（Network Storage Technologies）、虚拟化（Virtualization）、负载均衡（Load Balance）等传统计算机和网络技术发展融合的产物。

第4张

二、云计算的特征
好比是从古老的单台发电机模式转向了电厂集中供电的模式。它意味着计算能力也可以作为一种商品进行流通，就像煤气、水电一样，取用方便，费用低廉。最大的不同在于，它是通过互联网进行传输的。

第5张

云计算的 5 个主要特征：
　　资源配置动态化
　　需求服务自助化
　　以网络为中心
　　服务可计量化
　　资源池化透明化

第 6 张

三、云计算的服务形式

1．IaaS

IaaS（Infrastructure-as-a- Service）：基础设施即服务。消费者通过 Internet 可以从完善的计算机基础设施获得服务。

Iaas 通过网络向用户提供计算机（物理机和虚拟机）、存储空间、网络连接、负载均衡和防火墙等基本计算资源；用户在此基础上部署和运行各种软件，包括操作系统和应用程序。

第 7 张

三、云计算的服务形式

2．PaaS

PaaS(Platform-as-a- Service)：平台即服务。PaaS 实际上是指将软件研发的平台作为一种服务，以 SaaS 的模式提交给用户。

平台通常包括操作系统、编程语言的运行环境、数据库和 Web 服务器，用户在此平台上部署和运行自己的应用。用户不能管理和控制底层的基础设施，只能控制自己部署的应用。

第 8 张

三、云计算的服务形式

3．SaaS

SaaS(Software-as-a- Service)：软件即服务。它是一种通过 Internet 提供软件的模式，用户无需购买软件，而是向提供商租用基于 Web 的软件，来管理企业经营活动。

云提供商在云端安装和运行应用软件，云用户通过云客户端使用软件。云用户不能管理应用软件运行的基础设施和平台，只能做有限的应用程序设置。

第 9 张

敬请批评指正！

1．新建名为"云计算简介.pptx"的文件，保存位置为计算机 D 盘"作业"文件夹，之后所有操作均基于此演示文稿并保存。

2．将素材中第 1~8 张幻灯片中的第一段文字作为该页幻灯片标题。除标题幻灯片外，为演示文稿插入幻灯片编号。

3．第 1 张幻灯片作为标题页，标题为"云计算简介"，并将其设为艺术字（可选中占位符框，在"绘图工具"→"格式"→"艺术字样式"中设置）。副标题有制作日期（格式：××××年××月××日）和制作者。第 9 张幻灯片版式为"空白"，"敬请批评指正！"采用艺术字。第 1、6、7、8 张幻灯片中各插入一张图片。

4．幻灯片版式至少有三种，并为演示文稿选择一个合适的主题。

5．为第 2 张幻灯片中的每项内容插入超级链接，单击时转到相应幻灯片。

6．第 5 张幻灯片采用 SmartArt 图形中的组织结构图来表示，最上级内容为"云计算的 5 个主要特征"，其下级依次为具体的 5 个特征，如图 5.144 所示。

7．为每张幻灯片中的对象添加动画效果，并设置三种以上幻灯片切换效果。

8．在该演示文稿中创建一个演示方案，该演示方案包含第 1、2、4 页幻灯片，并将该演示方案命名为"放映方案 1"。

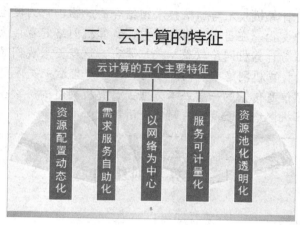

图 5.144　组织结构图

三、演示文稿练习题

设计演示文稿《我的家乡》，并以主标题文字为文件名，保存在 D 盘"作业"文件夹中。具体要求如下。

1．幻灯片不能少于 6 张；第 1 张幻灯片是"标题幻灯片"，其中副标题中的内容必须是本人的信息，包括"姓名、班级、学号"。

2．新建一个"个人简介"的 Word 文档，保存在"作业"文件夹中，第 1 张幻灯片副标题中"姓名"加入超链接，链接到"个人简介"Word 文件。

3．演示文稿中要有与题目要求相关的文字、图片、艺术字（所需素材自行收集）。每张图片通过"图片工具"选项卡，对图片进行格式设置（如背景、设置艺术效果、添加边框、排列、旋转、裁剪大小、图片版式、SmartArt 图形等）。

4．第 2 张幻灯片为"家乡景点"，使用 SmartArt 图形来表示，并链接到相应的幻灯片。

5．每张幻灯片中的对象要进行动画设置。幻灯片有三种以上的切换方式。

6．除"标题幻灯片"之外，每张幻灯片上都要显示页码。

7．为演示文稿选择一个合适的主题。

8．插入背景音乐，并在幻灯片放映时即开始播放，直到最后一张幻灯片结束。

第6章 计算机网络基础

计算机网络是计算机技术与通信技术相结合的产物，它的诞生使得计算机的体系结构发生极大的变化。在当今社会发展中，计算机网络起着巨大的作用，人们的学习、工作和生活与计算机网络联系越来越紧密，这就要求我们了解并掌握一些基础的网络技术，让计算机网络在我们的学习、工作与生活中发挥更大的作用。

本章主要介绍信息传输的一些基本方法，计算机网络的层次模型和通信协议，如何组建一个计算机网络，以及因特网的应用等。

6.1 计算机网络的发展

6.1.1 计算机网络概念

不同的人对计算机网络的定义和理解是不尽相同的。早期，人们将分散的计算机、终端及其附设，利用通信媒体连接起来，能够实现相互的通信称作网络系统。1970 年，在美国信息处理协会召开的春季计算机联合会议上，计算机网络被定义为"一个以能够共享资源（硬件、软件和数据等）的方式连接起来，并且各自具备独立功能的计算机系统的集合"。上述两种描述的主要区别是：后者各节点的计算机必须具备独立的功能，而且资源（文件、数据和打印机等）必须实现共享。

从该定义可以看出，计算机网络的基本特征主要表现在 3 个方面。

1）计算机网络建立的主要目的是实现计算机资源的共享。计算机资源主要是指计算机的硬件、软件和数据。网络用户不但可以使用本地计算机资源，而且可以通过网络访问联网的远程计算机资源，还可以利用网络中几台不同的计算机共同完成某项任务。

2）互连的计算机是分布在不同地理位置的多台独立的"自治计算机"。互连的计算机之间可以没有明确的主从关系；每台计算机既可以联网工作，也可以脱网独立工作；联网计算机可以为本地用户提供服务，也可以为远程网络用户提供服务。

3）联网计算机之间的通信必须遵守共同的网络协议。

综上所述，我们对计算机网络作出如下描述：计算机网络是利用通信线路将地理位置分散的、具有独立功能的多个计算机系统连接起来，按照某种协议进行数据通信，以实现资源共享的信息系统。

6.1.2 计算机网络的起源与发展

在 20 世纪 50 年代中期，美国的半自动地面防空系统（Semi-Automatic Ground

Environment，SAGE）开始了计算机技术与通信技术相结合的尝试，在 SAGE 系统中将远程距离的雷达和其他测控设备的信息经由通信线路汇集至一台 IBM 计算机上进行集中处理与控制。1969 年，美国国防部高级研究计划署（Advanced Research Projects Agency，ARPA）组织成功研制了世界公认的第一个远程计算机网络，该网络称为 ARPANET，它就是现在的 Internet 的前身。计算机网络的发展大致可以划分为 4 个阶段。

1. 诞生阶段

20 世纪 60 年代中期之前的第一代计算机网络是以单个计算机为中心的远程联机系统。其典型应用实例是由一台计算机和全美范围内 2000 多个终端组成的飞机定票系统。终端是一台计算机的外部设备，包括显示器和键盘，无 CPU 和内存。当时，人们将计算机网络定义为"以传输信息为目的而连接起来、实现远程信息处理或者进一步达到资源共享的系统"，但是这样的通信系统已经具备了网络的雏形。

2. 形成阶段

20 世纪 60 年代中期至 70 年代的第二代计算机网络是以多个主机通过通信线路互联起来，为用户提供服务。其典型代表是美国国防部高级研究计划署协助开发的 ARPANET。ARPANET 中主机之间不是直接用线路相连，而是由接口报文处理机（IMP）转接后互联的。IMP 和它们之间互联的通信线路一起负责主机之间的通信任务，构成了通信子网。通信子网中互联的主机负责运行程序，提供资源共享，组成了资源子网。这个时期，网络被定义为"以能够相互共享资源为目的、互联起来的具有独立功能的计算机的集合体"，从而形成了计算机网络的基本概念。

3. 互联互通阶段

20 世纪 70 年代末至 90 年代的第三代计算机网络是具有统一的网络体系结构并遵循国际标准的开放式和标准化的网络。自 ARPANET 兴起后，计算机网络迅猛发展，各大计算机公司相继推出自己的网络体系结构，以及实现这些网络体系结构的软硬件产品。由于没有统一的标准，不同厂商的产品之间进行互联很困难，人们迫切需要一种开放性的标准化实用网络环境，因此应运而生了两种国际通用的重要的体系结构，即 TCP/IP 体系结构和国际标准化组织的 OSI 体系结构。

4. 高速网络技术阶段

20 世纪 90 年代末至今的第四代计算机网络，由于局域网技术发展成熟，出现光纤及高速网络技术、多媒体网络、智能网络，整个网络就像一个对用户透明的大型计算机系统，自此计算机网络发展为以 Internet 为代表的互联网。

从计算机网络的应用看，网络应用系统将向更深和更宽的方向发展。①Internet 信息服务将会得到更大的发展，网上信息浏览、信息交换、资源共享等技术将进一步地提高。②远程会议、远程教学、远程医疗、远程购物等网络应用技术将逐步从实验室走出，不再只是幻想，网络多媒体技术的应用也将成为网络发展的热点话题。

6.1.3 计算机网络系统的组成

1. 计算机网络的逻辑组成

计算机网络要完成数据处理与数据通信两大基本功能，因此它的结构必然可以分成两个部分：负责数据处理的计算机及终端；负责数据通信的通信控制处理机及通信线路。

从逻辑功能上讲，计算机网络可分为通信子网和资源子网。计算机网络的逻辑组成如图 6.1 所示。通信子网是计算机网络中负责数据通信的部分，主要完成计算机之间数据的传输、交换及通信控制，它由网络节点、通信链路组成。资源子网提供访问网络和处理数据的能力，由主机系统、终端控制器和终端组成。主机系统负责本地或全网的数据处理，运行各种应用程序或大型数据库，向网络用户提供各种软硬件资源和网络服务；终端控制器和终端负责对终端的控制，以及终端信息的接收和发送。

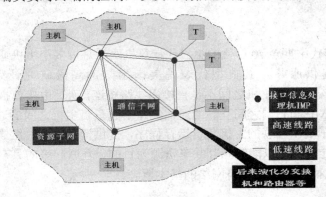

图 6.1　计算机网络的逻辑组成

2. 计算机网络的物理组成

计算机网络按照其物理结构，可分为网络硬件和网络软件两部分。计算机网络的物理组成如图 6.2 所示。

图 6.2　计算机网络的物理组成

从系统角度上讲，计算机网络系统是由网络硬件系统和网络软件系统组成的，而网络硬件系统和网络软件系统是网络系统赖以存在的基础。

在计算机网络中，网络硬件对网络的性能和网络的选择起着决定性作用，它是网络运行的载体，网络软件则是支持网络运行、提高效益和开发网络资源的工具。

6.1.4　计算机网络硬件系统

计算机网络硬件是计算机网络的物质基础，一个计算机网络就是通过网络设备和通信线路将不同地点的计算机及其外围设备在物理上实现连接。因此，网络硬件主要由可以独立工作的计算机、网络设备和传输介质等组成。

1．计算机

可以独立工作的计算机是计算机网络的核心，也是用户主要的网络资源，根据用途的不同，可以将其分为网络服务器和网络工作站。

网络服务器一般由功能强大的计算机担当，它负责向网络用户提供服务，并对网络资源进行管理。一个计算机网络系统至少要有一台服务器。根据服务器所承担的任务不同，又可以将其分为域服务器、数据库服务器、Web 服务器、邮件服务器、FTP 服务器和打印服务器等。

网络工作站一般采用微型计算机，用户使用网络工作站来连接计算机网络，使用网络中的共享资源。

2．网络设备

网络设备是指构成计算机网络的一些部件，如中继器、集线器、交换机、网桥、路由器、网关、网卡、调制解调器和蓝牙等。独立工作的计算机通过网络设备访问网络上的其他计算机。

1）中继器（Repeater）。局域网环境下用来延长网络距离的最简单、最廉价的互连设备，工作在 OSI 的物理层，作用是对传输介质上的传输信号接收后经过放大和整形再发送到其他传输介质上。经过中继器连接的两段电缆上的工作站就像是在一条加长的电缆上工作一样。

2）集线器（Hub）。集线器将多个节点汇接到一起，起到中枢或多路交汇点的作用，它是为优化网络布线结构、简化网络管理而设计的。每一段的最大距离为 100m。超过 100m，就需要利用中继器来扩展网络的距离。

3）交换机（Switching），也称为交换式集线器（Switching Hub）。它是一个能够在共享网络中减少竞争访问的设备，除了能够转发消息之外，还有中继器的功能，即将数据流加强并进行错误修复，达到增大传输距离的功能。交换机与集线器的最大区别在于，集线器在同一网段的机器共享固有的带宽，同一网段内的节点越多，每个节点所分得的带宽就越少；而交换机的每个端口都是固定带宽并有独特的传输方式，带宽不受节点数量的影响，其独特的多路、全双工功能增加了交换机的使用范围和传输速度。

4）网桥（Bridge），也称为桥接器。它是连接两个局域网的一种存储/转发设备，工作在数据链路层，用于扩展网络的距离。它不仅可以连接使用不同介质的局域网，还能起到过滤帧的作用。同时，由于网桥的隔离作用，一个网段上的故障不会影响另一个网段，从而提高了网络的可靠性。

5）路由器（Router）。路由器是一种连接多个网络或网段的网络设备。它能够将不同网络或网段之间的数据信息进行"翻译"，以使它们能够相互"读"懂对方的数据，从而构成一个更大的网络。

路由器有两大典型功能，即数据通道功能和控制功能。在实际应用时，路由器通常作为局域网与广域网连接的设备。

6）网关（Gateway），又称网间连接器、协议转换器。网关在传输层以上实现网络互连，是最复杂的网络互连设备，仅用于两个高层协议不同的网络互联。网关的结构也和路由器类似，不同的是互联层。网关既可以用于广域网互连，也可以用于局域网互连。

7）网卡（Network Interface Card），又称网络接口适配器。它是计算机与传输介质的接口。每一台服务器和网络工作站至少配有一块网卡，通过传输介质将它们连接到网络上。网卡（NIC）插在计算机主板插槽中，负责将用户要传递的数据转换为网络上其他设备能够识别的公共格式，并通过网络介质传输。网卡的工作是双重的，一方面它负责接收网络上传过来的数据包，解包后将数据通过主板上的总线传输给本地计算机；另一方面它又将本地计算机上的数据打包后送入网络。

8）调制解调器（Modem，俗称"猫"），是计算机与电话线之间进行信号转换的装置，由调制器和解调器两部分组成。调制器是将计算机的数字信号调制成可以在电话线上传输的模拟信号的装置。在接收端，解调器将模拟信号转换成计算机能够接收的数字信号；在发送端，调制器将接收的数字信号转换成模拟信号。常见的调制解调器速率是56kb/s 等。

另外 Cable Modem 是一种可以通过 CATV 网络实现高速数据接入（如接入 Internet）的设备。在用户连接 Internet 的作用上和一般的 Modem 类似。

还有 ADSL 调制解调器，ADSL 的安装是在原有的电话线上加载一个复用设备，并在普通电话线上使用了频分复用技术将话音与数据分开。因此，虽然在同一条电话线上，但是话音和数据分别在不同的频带上运行，互不干扰，即使边打电话边上网，也不会发生上网速度变慢和通话质量下降的问题。

9）"蓝牙"（Bluetooth）技术。"蓝牙"，原是一位 10 世纪统一了丹麦的国王的名字，现取其"统一"的含义，用其来命名意在统一无线局域网通信标准。"蓝牙"技术是爱立信、IBM 等五家公司在 1998 年联合推出的一项无线网络技术。"蓝牙"技术实际上是一种短距离无线通信技术，利用"蓝牙"技术，能够有效地简化掌上计算机、笔记本式计算机和移动电话等移动通信终端设备之间的通信，也能够成功地简化以上这些设备与 Internet 之间的通信，从而使这些现代通信设备与 Internet 之间的数据传输变得更加迅速高效，为无线通信拓宽道路。

3. 网络传输介质

网络传输介质负责将各个独立的计算机系统连接在一起，并为它们提供数据通道。现在常用的传输介质主要有两类，即双绞线、光纤、同轴电缆等有线传输介质和红外线、微波等无线传输介质。它们具有不同的传输速率和传输距离，分别支持不同的网络类型。

1）双绞线（Twist Pair Cable）。双绞线由两根按照螺旋状扭合在一起的绝缘铜导线组成，以螺旋状扭合在一起的目的是为了减少相邻导线之间的电磁干扰，如图 6.3 所示。

双绞线上的数据传输速率和传输距离是相互制约的。如果要提高传输速率，传输的距离就会缩短；如果要长距离传输（不加中继器），就必须降低数据传输率。这是因为信号在实际的介质中传输时，总会发生衰减和引入噪声，从而引起码元畸变，码元之间的差别（如幅度、相位等）缩小，会给接收端的鉴别工作带来困难。数据传输速率越高，码元之间的间距越小（间距指码元状态之间的差别或者码元在时间轴上的间隔），码元的畸变就更容易引起接收错误。因此，必须缩短传输的距离。

图 6.3　双绞线

双绞线上既可以传输模拟信号，也可以传输数字信号。如果使用基带调制解调器，在双绞线上传输数字信号，速率可以达到几兆 b/s，距离可以达到几公里，这种技术目前已经应用于各种高速的数字租用线路。双绞线也可以用于计算机局域网，如 10BASE—T 和 100BASE—T 总线局域网，它们都是使用双绞线作为传输介质的，速率分别为 10Mb/s 和 100Mb/s，但是传输距离均不超过 100m。

在实际应用中，常常将几对双绞线封装在一个绝缘套里组成双绞线电缆，其中在计算机网络中常用的两种电缆是 3 类双绞线和 5 类双绞线。这两类双绞线电缆都是由 4 对双绞线组成，传输距离均不超过 100m。其中，3 类双绞线速率可达 10Mb/s，用于 10BASE—T 局域网；5 类双绞线性能要好一些，速率可达 100Mb/s，用于 100BASE—T 局域网。

双绞线普遍用于点—点连接。双绞线虽然也可以用于多点连接，但是它只能支持很少几个站，性能比较差。双绞线的抗干扰性在低频时较为优越，但是在超过 10kHz～100kHz 时，就不如同轴电缆。由于双绞线的价格低廉，布线简单，适用面广，性能优良，因此得到了最广泛的应用。

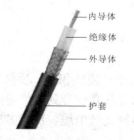

内导体
绝缘体
外导体
护套

图 6.4　同轴电缆的结构示意图

2）同轴电缆。同轴电缆由一对导体按照"同轴"的形式构成线对，最里层是一根铜芯，外包一层绝缘材料，外面再套一层屏蔽层，最外面是起保护作用的塑料外套，内芯与屏蔽层构成一对导体，如图 6.4 所示。

同轴电缆分为基带同轴电缆和宽带同轴电缆两种。基带同轴电缆的阻抗为 50Ω，通常用来传输数字信号，数据传输速率最高可达 10Mb/s。基带同轴电缆又分为粗缆和细缆两种。在 10Mb/s 的数据传输速率下，粗缆的传输距离可达 500m，细缆的传输距离为 180m。基带同轴电缆广泛用于计算机局域网中，如粗缆以太网、细缆以太网等。

宽带同轴电缆的阻抗为 75Ω，通常用于传输模拟信号，公用有线电视电缆就是宽带同轴电缆。宽带同轴电缆的带宽可以达到 450MHz 以上，通常利用 FDM 技术，将信道分割成多个子信道，每个子信道传输一路电视信号或音频信号或数字信号。宽带同轴电缆也可以用来组建计算机网络，但是由于它使用的是标准的有线电视技术，在每个接口上必须使用专门的电缆调制解调器进行数字信号与模拟信号的转换；另外，信号在电缆上的传输是单向的，为了使网上所有的计算机都能收到数据，必须使用专门的设备来进行广播转发，因而网络造价比较高，技术复杂。但是宽带系统的好处是覆盖面广，而且可以利用现有的电视电缆，从而节省铺设电缆的投资。

同轴电缆适用于点-点连接和多点连接。例如，每段基带同轴电缆可以支持几百台设备，每段宽带同轴电缆可以支持数千台设备。当然，这和数据传输速率有关，数据传输速率越高，传输距离越短，每段支持的设备数也就越少。同轴电缆的抗干扰性在较高频率时比双绞线优越，每米的价格和安装费用也比双绞线高。

3）光纤（Optical Fiber）。光纤是光导纤维的简称。光纤通信是以光波作为信息载体，以光纤作为传输媒介的一种通信方式。从原理上看，光纤通信是利用近红外线区波长 1μm 左右的光波为载波，将电话、电视、数据等电信号调制到光载波上，再通过光纤传输信息的一种通信方式。

在理论上光纤能够提供的极限值带宽为 1.06Gb/s。光纤的结构示意图如图 6.5 所示。

4）光缆（Optical Fiber Cable）。由多股光纤单体组成，外面再包裹一层绝缘的、比玻璃折射率低的材料，光波在两种材料的界面上形成全反射，从而不断地向前传播。光缆截面图如图 6.6 所示。

图 6.5 光纤的结构示意图

图 6.6 光缆截面图

光缆传输不仅抗干扰性好、保密性强和使用安全，而且由于光缆体积小、质量轻，便于铺设。光缆两端必须配有光发射机和接收机，光发射机执行从光信号到电信号的转换。光缆的类型有塑料光缆、塑料包皮二氧化硅光缆、单层单模光纤电缆、步层多模光纤电缆、分级层多模光缆。

5）无线传输介质。无线传输介质主要有三种：微波、红外线和激光。这三种介质的通信有较强的方向性，都是沿直线传播的，而且不能穿透或绕开固体障碍物，因而要求在发送方和接收方之间存在一条视线通路，有时也将这三种介质统称为视线介质。无线通信的优点在于信号通过大气传输，不需要铺设任何有线的介质，只要在需要的地方安装信号收发器即可，特别适用于一些不能铺设有线介质的地方。

微波通信广泛用于长距离的电话干线（有些微波干线目前已经被光缆代替）、移动电话通信和电视节目转播。由于地球表面是弯曲的，信号直线传播的距离有限，虽然增加天线高度可以延长传输距离，但是更远的距离还必须通过微波中继站来接力。一般而言，微波中继站建在山顶上，两个中继站之间大约相隔 50km，其间不能有障碍物。

红外线对环境气候较为敏感，一般用于室内通信，如组建室内的无线局域网，用于便携机之间相互通信。这时，便携机和室内必须安装全方向性的红外线发送和接收装置。由于红外线不能穿透固体障碍物，不同房间内的红外线通信系统不会相互干扰，因此具有很好的安全性。

在建筑物顶上安装激光收发器，就可以利用激光连接两个建筑物中的局域网。由于激光具有很好的方向性，因此相邻系统之间不会相互干扰。激光通信的缺点是容易受到环境气候的影响，在雨天和有浓雾时，不能正常工作。

6.1.5　计算机网络软件

计算机网络软件主要包括网络操作系统软件、网络通信协议、网络工具软件和网络应用软件等。

1. 网络操作系统

网络操作系统（NOS）是负责管理整个网络通信和网络资源的软件集合，又称为服务器操作系统。目前主要存在以下几类网络操作系统。

1）Windows 类：是 Microsoft 公司开发的。这类操作系统配置在整个局域网配置中是最常见的。Microsoft 公司的网络操作系统主要有 Windows NT 4.0 Server、Windows 2000 Server/Advance Server，以及 Windows 2003 Server/ Advance Server 等。

2）NetWare 类：是 Novell 公司推出的网络操作系统。NetWare 是具有多任务、多用户的网络操作系统，它的较高版本提供系统容错能力（SFT）。它最重要的特征是基于基本模块设计思想的开放式系统结构，可以方便地对其进行扩充。NetWare 服务器较好地支持无盘站，常用于教学网。

3）UNIX 系统：由 AT&T 和 SCO 公司于 20 世纪 70 年代推出的 32 位多用户、多任务的网络操作系统，主要用于小型机、大型机上。目前有多种变形版本，如 AIX、Solaros、Linux 等。

2. 网络通信协议

网络通信协议（Computer Communication Protocol）主要是对信息传输的速率、传输代码、代码结构、传输控制步骤、出错控制等制定并遵守的一些规则，这些规则的集合称为通信协议。常用的网络通信协议有 TCP/IP、SPX/IPX、NetBEUI 协议等。

1）传输控制协议/互联网络协议（Transmission Control Protocol/Internet Protocol，TCP/IP），又称为网络通信协议。TCP/IP 是网络中使用的基本的通信协议，实际上它是一组协议，包括 TCP、IP、UDP、ICMP、SMTP、FTP、ARP 等。以下是一些常用协议的英文名称。

① TCP（Transport Control Protocol）：传输控制协议。

② IP（Internet Protocol）：网络之间互连的协议。

③ UDP（User Datagram Protocol）：用户数据报协议。

④ ICMP（Internet Control Message Protocol）：互联网控制信息协议。

⑤ SMTP（Simple Mail Transfer Protocol）：简单邮件传输协议。

⑥ FTP（File Transfer Protocol）：文件传输协议。

⑦ ARP（Address Resolution Protocol）：地址解析协议。

⑧ TCP/IP 的层次结构与 OSI 开放系统互连模型相似，主要分为 4 个层次：应用层、传输层、网络互连层和网络接口层。

2）网间数据包交换/顺序包交换（Internetwork Packet Exchange/ Sequences Packet Exchange，IPX/SPX）。它是 Novell 公司为了适应网络的发展而开发的通信协议。其中，IPX 协议负责数据包的传送，SPX 负责数据包传输的完整性。

3）网络基本输入输出系统扩展用户接口（NetBIOS Enhanced User Interface，NetBEUI）。NetBEUI 协议是 IBM 于 1985 年提出的。NetBEUI 主要是为 20～200 个工作站的小型局域网设计的。

网络工具软件：它是用来扩充网络操作系统功能的软件，如网络浏览器、网络下载软件、网络数据库管理系统等。

网络应用软件：它是基于计算机网络应用而开发的用户软件，如民航售票系统、远程物流管理软件、订单管理软件、酒店管理软件等。

6.1.6　计算机网络的分类

计算机网络有多种分类方法，其中主要的有以下几种。

1. 按照网络的覆盖范围分类

由于计算机网络覆盖的地理范围不同，它们所采用的传输技术也不同，因此形成了各自的网络技术特点和网络服务功能。按照网络覆盖的地理范围的大小，计算机网络可分为局域网、城域网和广域网。

1）局域网（Local Area Network，LAN）是一种在小范围内实现的计算机网络，一般分布在一座建筑物内或一个地域有限的建筑群范围内。局域网结构简单，构建容易，网络主干通信传输速率很高，应用最为广泛。例如，校园网就是一个典型的局域网。

2）城域网（Metropolitan Area Network，MAN）是在一个城市范围内所建立的、介于局域网和广域网之间的一种高速的计算机通信网络。城域网的设计目标是要满足几十公里范围内的大量企业、公司、机关和学校的多个局域网互联的需求，以实现大量用户之间的数据、语音、图像和视频等多种信息的传输。

3）广域网（Wide Area Network，WAN），也称为远程网，是一个在广阔的地理区域内进行数据、语音、图像等信息传输的计算机通信网络。广域网覆盖的地理区域较大，它可以覆盖一个城市、一个国家、一个洲乃至整个地球。例如，Internet 就是一个最大的广域网。

以上讲述了网络的几种分类，其实在现实生活中我们遇到最多的还是局域网，因为它可大可小，无论是在单位还是在家庭实现起来都比较容易，应用也最广泛。

2. 按照节点之间的关系分类

通常将网络上的计算机和通信设备等称为节点。按照节点之间的关系，可以将计算机网络分为客户机/服务器型网络和对等型网络两种。

1）客户机/服务器型网络。如果网络连接的计算机较多，在十台以上且共享资源较多时，就需要考虑专门设立一个计算机来存储和管理需要共享的资源，这台计算机被称为文件服务器，其他的计算机称为工作站，工作站里的硬盘资源不必与他人共享。如果想与某人共享一份文件，就必须先将文件从工作站复制到文件服务器上，或者一开始就将文件安装在服务器上，这样其他工作站上的用户才能访问这份文件。这种网络称为客户机/服务器（Client/Server）型网络。

2）对等型网络。在计算机网络中，如果每台计算机的地位都是平等的，就可以平等地使用其他计算机内部的资源，每台机器磁盘上的空间和文件也都成为公共财产，这种网络称为对等局域网（Peer to Peer LAN），简称对等网。在对等网中计算机资源的这种共享方式将会导致计算机的速度比平时慢，但是对等网非常适合于小型的、任务轻的局域网。例如，在普通办公室、家庭、游戏厅、学生宿舍内建个小 LAN。

6.1.7　计算机网络的拓扑结构

网络拓扑结构是根据网络电缆的物理连接关系来讨论网络系统的连接形式，是指网络电缆构成的几何形状，它能够表示网络服务器、工作站的网络配置及相互之间的连接。计算机网络按照不同的网络拓扑结构，可分为总线型结构、环型结构、星型结构、树型结构和网状结构等。

1. 总线型结构

总线型结构采用单根传输线（或称总线）作为公共的传输通道，所有的节点通过相应的接口直接连接到总线上，并通过总线进行数据传输，如图 6.7 所示。

任何一个节点的信息可以沿着总线向两个方向传输扩散，并且能够被总线中的任何一个节点接收。由于总线有一定的负载能力，因此，对总线的长度有一定限制，一条总线也只能连接一定数量的节点。

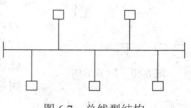

图 6.7　总线型结构

总线布局的特点是：结构简单灵活，非常便于扩充；可靠性高，网络响应速度快；设备量少、价格低、安装使用方便；共享资源能力强，是广播式网络，即一个节点发送信息所有节点都可以接收。

2. 环型结构

环形网中各节点通过环路接口连在一条首尾相连的闭合环形通信线路中，环路上任

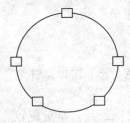

图 6.8 环型结构

何节点均可以请求发送信息，请求一旦被批准，便可以向环路发送信息。环型结构如图 6.8 所示。环形网中的数据可以是单向传输的，也可以是双向传输的。由于环线公用，一个节点发出的信息必须穿越环形通信中的所有环路接口。当信息流中目的地址与环上某节点地址相符时，信息被该节点的环路接口接收，而后信息继续流向下一环路接口，一直流回到发送该信息的环路接口节点为止。

环形网的特点是：信息在网络中沿着固定方向流动，两个节点之间仅有唯一的通路，大大简化了路径选择的控制；若某个节点发生故障，则会造成整个网络的瘫痪；由于信息是串行穿过多个节点环路接口，当节点过多时，会影响传输效率，使网络响应时间变长。但是当网络确定时，其延时固定，实时性强；由于环路封闭，因此扩充不方便。

3. 星型结构

星型结构是以中央节点为中心与各节点连接而组成的，如图 6.9 所示。各节点与中央节点通过点与点方式连接，中央节点执行集中式通信控制策略，因此中央节点相当复杂，负担重。

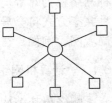

图 6.9 星型结构

星型拓扑结构特点：网络结构简单，便于集中管理控制，组网容易；网络延迟时间短，误码率低，网络共享能力较差，通信线路利用率不高，中央节点负担过重，可以同时连接双绞线、同轴电缆及光纤等多种媒介。

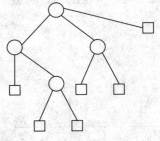

图 6.10 树型结构

4. 树型结构

树型结构是总线型结构的扩展，如图 6.10 所示，它是在总线网上加上分支形成的，但是不形成闭合回路。树形网是一种分层网，其结构可以对称，联系固定，具有一定容错能力，一般一个分支节点的故障不会影响另一个分支节点的工作，任何一个节点送出的信息都可以传遍整个传输介质，因此也是广播式网络。一般树形网上的链路相对具有一定的专用性，因此无须对原网作出任何改动就可以扩充工作站。

5. 网状结构

网状结构是指将各网络节点与通信线路互联成不规则的形状，每个节点至少与其他两个节点相连，如图 6.11 所示。大型互联网一般都采用网状结构。应该指出，在实际组网

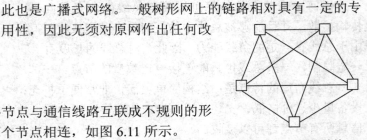

图 6.11 网状结构

中，拓扑结构不一定是单一的，通常是几种拓扑结构的混用。

6.1.8 计算机网络的功能

计算机网络有很多功能，其中最重要的是数据通信、资源共享和分布处理。

1. 数据通信

数据通信是计算机网络最基本的功能。通过计算机网络，彼此相距很远的用户可以快速准确地相互传送数据信息，这些信息包括数据、文本、图形、动画、声音和视频等。用户还可以收发电子邮件、接通可视电话及举行视频会议等。

2. 资源共享

"资源"是指网络中所有的软件资源、硬件资源和数据资源。"共享"是指网络中的用户能够部分或者全部地享受这些资源。通过资源共享，可以使网络中各处的资源互通有无、分工协作，从而大大提高系统资源的利用率。信息时代的到来，使得资源共享具有重大的意义。①从投资考虑，网络上的用户可以共享使用网络上的打印机、扫描仪等，这样就节省了资金。②现代的信息量越来越大，单一的计算机已经不能将其储存，只有将其分布在不同的计算机上，网络用户才可以共享这些信息资源。③现在的计算机软件层出不穷，在这些浩如烟海的软件中，不少软件是免费共享的，这是网络上的宝贵财富，任何连入网络的人，都有权利使用它们，这也为用户使用网络提供了方便。

3. 分布式处理

当某台计算机负担过重时，或者该计算机正在处理某项工作时，网络可以将新任务转交给空闲的计算机来完成，这样处理能够均衡各计算机的负载，提高处理问题的实时性；对于大型的综合性问题，可以将问题的各部分交给不同的计算机分别处理，充分利用网络资源，扩大计算机的处理能力，即增强实用性。同时这样也可以减轻局部的负担，提高设备的效率。

计算机网络除了具有以上 3 个功能之外，还可以提高可靠性。主要表现在计算机网络中的每台计算机可以通过网络彼此互为后备机，一旦某台计算机出现故障，其任务可以由其他计算机代为处理，避免了单机无后备机使用的情况，以及由于某台计算机故障导致系统瘫痪的现象，从而提高了整个系统的可靠性。

6.2 Internet 基础及应用

6.2.1 Internet 的概述

Internet 是一种由遍布世界的各种各样的计算机网络组成的互联网络，它是全球范围的信息资源宝库。用户可以利用 Internet 实现全球范围的共享资源、交流信息、发布和获取信息等功能。Internet 自 20 世纪 80 年代诞生以来，在短短几年的时间内就获得迅速的发展，主要在于它拥有庞大的信息库和知识库，其范围几乎涉及所有的自然科学和社会科学领域，并且具有方便的通信和交流手段。

1. Internet 的发展简史

1969 年，美国国防部高级研究计划署建立的 ARPANET，建网初衷是帮助为美国军方工作的研究人员利用计算机进行信息交换。ARPANET 的设计与实现主要基于的主导思想是：当网络的某个部分遭受敌方攻击而失去作用时，也能够保证网络其他部分运行并仍能维持正常通信而不瘫痪。ARPANET 作为 Internet 的早期主干网，它较好地解决了异种机网络互联的一系列理论和技术问题，提出了资源共享、分组交换及网络通信协议分层等思想。

1985 年，美国国家科学基金会开始建立 NSFNET，他们规划建立 15 个超级计算中心及国家教育科研网，用于支持全国性规模的科研和教育的计算机网络 NFSNET，并以此为基础，实现同其他网络的连接。这样使 NSFNET 成为 Internet 上用于科研和教育的主干部分，替代了 ARPANET 的主干地位。

1989 年，由 ARPANET 分离出来的 MILNET 实现与 NSFNET 的连接，并开始采用 Internet 这个名称。从此以后，其他国家的计算机网络相继并入 Internet。20 世纪 90 年代初，商业机构开始进入 Internet，成为 Internet 发展的强大推动力。到了 1995 年，NSFNET 停止运作，Internet 已经彻底商业化。

现在 Internet 已经发展为多元化，它不仅为科研服务，还正在逐步地进入人们日常生活的各个领域。人们通过 Internet 可以随时了解最新的气象信息和旅游信息，阅读当天报纸和最新杂志，了解世界金融股票行情，在家购物或订购车票，收发电子邮件以及到信息资源服务器或各类数据库中查询所需的资料等。近几年来，Internet 在规模上和结构上都有很大的发展，已经成为一个名副其实的全球网络。

20 世纪 90 年代初，中国作为第 71 个国家级网加入 Internet，从此中国的网络建设进入了大规模发展阶段，到 1996 年初，中国的 Internet 已经形成了四大主流体系。为了规范发展，1996 年 2 月国务院发布《中华人民共和国计算机信息联网国家管理暂行规定》，该规定明确指出我国只允许四家互联网络拥有国际出口，它们是中国科学技术网 CSTNET、中国教育科研网 CERNET、中国公用计算机互联网 CHINANET、中国金桥信息网 CHINAGBN。前两个网络主要面向科研和教育机构，后两个网络则属于商业性的网络。目前，Internet 在我国已经覆盖了政府机关、学校、科研机构、商业公司和家庭等各个方面，并正在以惊人的速度发展。

目前，Internet 用于多媒体虚拟图书馆、远程医疗、远程教学、视频会议、视频点播 VOD、天气预报等领域；人们希望利用更加先进的网络服务技术，开展全球通信、数字地球、环境监测预报、能源与地球资源的利用研究，以及紧急事务的快速反应系统的研究与应用等。

2. Internet 服务

Internet 的飞速发展，已经使它能够提供许多服务，如 WWW 服务、电子邮件、文件传输等，而其中大多数的服务是免费的。

（1）WWW 服务

万维网（World Wide Web，WWW），WWW 服务又称为 Web 服务。它起源于 1989 年 3 月，是由欧洲粒子物理实验室 CERN 发展出来的主从结构分布式超媒体系统，其主要目的是建立一个统一管理各种资源、文件及多媒体的信息服务系统。通过 WWW，人们只要使用简单的方法，就可以迅速和方便地取得丰富的信息资料。

WWW 是以超文本标记语言 HTML 和超文本传输协议 HTTP 为基础，提供面向 Internet 服务的具有一致用户界面的信息浏览系统。WWW 系统结构是采用客户机/服务器模式，信息资源以页面形式存储在 Web 服务器中。用户通过 WWW 客户端程序向 Web 服务器发出请求，Web 服务器根据客户端的请求内容，将保存在 Web 服务器中的某个页面发送给客户端，浏览器在接收到该页面后对其进行解释，并最终将页面显示给用户。

在 Internet 中有成千上万台 Web 服务器，每台服务器又包含了很多主页，如何找到用户需要的主页呢？可以使用统一资源定位器 URL。URL 由双斜线分成两部分，前一部分指出访问方式，后一部分指明文件所在服务器的地址及具体的存放位置。其描述格式为：

访问方法://主机名/路径名/文件名

访问方法是 Internet 上的某一种应用所使用的协议方法，如 http 和 ftp 等。主机名是指网页在 Internet 上的地址，如 www.baidu.com。

（2）电子邮件

电子邮件（E-mail）是以电子方式收发并传递信件，它为 Internet 上的用户提供了快速、简便、廉价的现代化通信手段。每个电子邮件有一个邮件地址，称为电子邮件地址。电子邮件地址的格式是固定的，并且在全球范围内是唯一的。用户的电子邮件地址格式是：用户名@主机名，其中@符号表示 at。例如，在 126.com 主机上，有一个名为 liming 的用户，则该用户的电子邮件地址为：liming@126.com。

电子邮件服务是基于客户机/服务器结构，它的工作过程大致是：发送方将写好的邮件发送给自己的邮件服务器，发送方的邮件服务器接收用户送来的邮件，并根据收件人地址发送到对方的邮件服务器中。接收方的邮件服务器接收其他服务器发来的邮件，并根据收件人地址分发到相应的电子邮箱中。接收方可以在任何时间或任何地点从自己的邮件服务器中读取邮件，并对它们进行处理。

（3）远程登录

远程登录是指在网络通信协议 Telnet 的支持下，用户计算机通过 Internet 成为远程计算机终端的过程。它可以使用户的计算机通过网络登录到世界各地的计算机上，让用户操纵和使用它们，远程登录计算机与本地终端具有同样的权力。

用户要在一台远程计算机上登录，首先应当成为该系统的合法用户，即获准在该系统上建立账号，通过输入用户名 Username 和口令 Password 可以登录进入系统访问。如果远程计算机是一个开放系统，那么任何用户都可以用指定的某个公用名登录。国外许多大学的图书馆提供对外联机检索服务，一些政府部门或科研机构也建立对外开放的数据库，Internet 上的用户通过 Telnet 可以访问这些信息资源。

（4）文件传输

文件传输服务是由 TCP/IP 中的文件传输协议（File Transfer Protocol，FTP）支持的，它允许用户将文件从一台计算机传输到另一台计算机上，并且能够保证传输的可靠性。

常用的 FTP 客户端程序通常有三种类型：命令行、浏览器和下载工具。传统的命令行是最早的客户端程序，它在 Windows 的 MS-DOS 窗口方式中仍然能够使用，FTP 命令行包括了 50 多条命令，对于初学者而言使用比较困难。目前的浏览器支持 FTP 方式访问，通过它可以直接登录到 FTP 服务器并下载文件。当使用命令行或浏览器从 FTP 服务器下载文件时，如果在下载过程中网络连接意外中断，那么下载的那部分文件将会前功尽弃。FTP 下载工具解决了这个问题，通过断点续传功能可以继续剩余部分文件的传输。

（5）新闻与公告类服务

Internet 的作用不仅在于能够提供丰富的信息资源，还在于能够与分布在世界各地的网络用户进行通信，并针对某个话题展开讨论。在 Internet 上讨论的话题涉及工作与生活的各个方面，既可以发表自己的意见，也可以领略别人的见解。Internet 的新闻与公告类服务主要有两种，网络新闻和电子公告牌。

（6）娱乐和会话

Internet 不仅可以让你同世界上所有的 Internet 用户进行实时通话，还可以让你参与各种游戏，或者同远在数千里以外你不认识的人对奕，或者参加联网大战等。

（7）名录服务

名录服务可分为白页服务和黄页服务两种。前者用来查找人名或机构的 E-mail 地址，后者用来查找提供各种服务的 IP 主机地址。

3. IP 地址

众所周知，Internet 是由上亿台主机互相连接而成的。要确认网络上的每台主机，靠的就是唯一能够标识该主机的网络地址，这个地址被称为 IP 地址。

（1）IP 地址的组成

从逻辑上讲，每一个 IP 地址是由网络地址和主机地址两部分组成的。位于同一物理子网上的所有主机和网络设备（如工作站、服务器、路由器等）的网络地址是相同的，该网络地址在 Internet 中也是唯一的。主机地址是用来区别同一物理子网中不同主机和网络设备的。因此，Internet 中每台主机和网络设备的 IP 地址是唯一的。

IP 地址是一个 32 位的二进制地址。为了便于记忆，将它们分为 4 组，每组 8 位（相当于一个字节），每组的取值范围为 0～255，组与组之间用小数点分开。下面是一个 IP 地址分别以二进制形式和十进制形式表示的例子。

二进制形式：11000000.10101000.00001110.00110110

十进制形式：192.168.14.54

（2）IP 地址的分类

Internet 是一个互联网，它是由大大小小的各种网络组成的，每个网络中的主机数目是不同的。为了充分利用 IP 地址以适应主机数目不同的各种网络，对 IP 地址也进行了分类。IP 地址通常可分为 A、B、C、D、E 五类，如图 6.12 所示。

图 6.12 IP 地址的分类

1）A 类地址。A 类地址的前 8 位为网络地址，后 24 位为主机地址。因为网络地址不能全为 0，所以 A 类地址范围为：1.0.0.0～127.255.255.255。因为主机地址不能全为 0，也不能全为 1，所以每个 A 类网络可以容纳 16777214（2^{24}-2）台主机。因此，A 类地址适合于规模特别大的网络使用。

2）B 类地址。前 16 位为网络地址，后 16 位为主机地址，其地址范围为：128.0.0.0～191.255.255.255。每个 B 类地址可容纳 65534（2^{16}-2）台主机。因此，B 类地址适合于中等规模的网络。

3）C 类地址。前 24 位为网络地址，后 8 位为主机地址，其地址范围为：192.0.0.0～223.255.255.255。每个 C 类地址可容纳 254（2^{8}-2）台主机。因此，C 类地址适合于小型网络。

另外，D 类地址和 E 类地址的用途比较特殊。D 类地址称为广播地址，供特殊协议向选定的节点发送信息时用，E 类地址保留给将来使用。

在 Internet 中，一台主机可以有一个或多个 IP 地址，但是两台或多台主机却不能共用一个 IP 地址。若有两台主机的 IP 地址相同，则会引起异常现象，无论哪一台主机都将无法正常工作。

（3）IP 地址的申请组织

为了有效地使用 IP 地址资源，国际上专门成立了管理 Internet 地址的机构 IANA（Internet Assigned Numbers Authority），负责全球 Internet 的 IP 地址编号分配。中国教育和科研计算机网络信息中心 CERNIC 是一个全国范围的 Internet 资源注册管理部门，负责全国的 IP 地址分配，域名注册。

（4）IPv6

下一代互联网协议（Internet Protocol Version 6，IPv6）是一种新的 IP 协议，用来替代现行的 IPv4 协议。随着 Internet 应用范围的扩大，IPv4 也面临着越来越不容忽视的危机，如地址匮乏等。

IPv6 是为了解决 IPv4 存在的一些问题和不足而提出的，同时它还在许多方面提出了改进，如路由方面、自动配置方面等。对比 IPv4，IPv6 有如下的特点。

1）地址容量大大扩展，由原来的 32 位扩充到 128 位，理论上可以有 $2^{128}=10^{40}$ 个不同的 IP 地址，彻底解决 IPv4 地址不足的问题。

2）通过简化固定的基本报头、采用 64 比特边界定位、取消 IP 头的校验和域等措施，以提高网络设备对 IP 报文的处理效率。

3）IPv6 在移动网络和实时通信方面有很多改进，具备强大的自动配置能力，简化了移动主机和局域网的系统管理。

4）IPv6 将 IPSec 作为必备协议，保证了网络层端到端的通信完整性和机密性，增强了网络的安全性。另外，IPv6 协议保持与 IPv4 之间相互兼容。

4. 子网掩码

子网掩码也是一个 32 位的数字，其构成规则：所有标示网络号和子网号的部分用 1 表示，主机地址用 0 表示。

A 类的 SUBNET MASKS 为 255.0.0.0。

B 类的 SUBNET MASKS 为 255.255.0.0。

C 类的 SUBNET MASKS 为 255.255.255.0。

下面介绍常用的两种子网掩码，它们分别是"255.255.255.0"和"255.255.0.0"。

1）子网掩码是"255.255.255.0"的网络：最后面一个数字可以在 0～255 范围内任意变化，因此可以提供 256 个 IP 地址。但是实际可用的 IP 地址数量是 254（256-2）个，因为主机号不能全是"0"或全是"1"。

2）子网掩码是"255.255.0.0"的网络：后面两个数字可以在 0～255 范围内任意变化，可以提供 255^2 个 IP 地址。但是实际可用的 IP 地址数量是 65023（255^2-2）个。

在 TCP/IP 协议中，SUBNET MASKS（子网掩码）的作用是用来区分网络上的主机是否在同一子网内。IP 协议首先将主机自己的 IP 地址与子网掩码做运算，再用运算结果同目的 IP 地址做异或运算，如果子网掩码的前 n 位为 1，而运算结果的前 n 位全为 0，IP 协议就认为该目的地址与主机在同一子网内，否则就认为目的地址与主机不在同一子网内。

5. 域名

Internet 的 32 位二进制 IP 地址，用户是无法将其记住的，因此要给每一台入网主机取名字，称之为机器的域名。域名的命名是有规则的，它由 Internet 的域名服务系统 DNS 负责定义。域名服务系统 DNS 具有两大功能：定义了一套为主机取域名的规则；可以将域名高效率地转换成 IP 地址。

域名地址与 IP 地址实际上是指向同一个地址。域名系统是为了方便解析机器的 IP 地址而设立的。域名系统采用层次结构，按照地理位置或机构名称进行分层。在域名中，从右到左依次为顶级域名、次级域名等，最左的一个字段为主机名。以机构区分的域名见表 6.1，以国别或地区区分的域名见表 6.2。

表 6.1　以机构区分的域名

域名	机构含义	域名	机构含义
com	商业机构	net	网络机构
edu	教育机构	int	国际机构
gov	政府机构	org	非营利性组织
mil	军事机构	firm	商业或公司

表 6.2 以国别或地区区分的域名

区域	国别/地区	区域	国别/地区
gb	英国	es	西班牙
us	美国	nl	荷兰
cn	中国	jp	日本
ru	俄罗斯	no	挪威
au	澳大利亚	at	奥地利
ca	加拿大	nz	新西兰
de	德国	dk	丹麦
il	以色列	fr	法国
ch	瑞士	kr	韩国
hk	中国香港	tw	中国台湾
sg	新加坡	br	巴西

目前，国际域名的注册和解析工作是由国际机构互联网信息中心（Internet Network Information Center，InterNIC，http://www.internic.net）负责，该机构委托网络解析公司负责日常的经营活动。一般由各国的网络信息中心（Network Information Center，NIC）按照 ISO 3166 标准制定的国家域名负责运行。我国国内的域名则由中国科学院中国互联网络管理中心（China Internet Network Information Center，CNNIC，http://www.cnnic.net.cn）负责，它成立于 1997 年 6 月 3 日，同时负责运行和管理国家顶级域名 CN 和中文域名系统。CNNIC 对域名的管理严格遵守《中国互联网域名注册暂行管理办法》和《中国互联网域名注册实施细则》的规定。按照国际惯例，域名申请遵守"先申请先服务"的原则。

6.2.2 接入 Internet

随着互联网技术的快速发展，人们对互联网的使用日渐频繁，尤其是跨入 21 世纪，真正的多媒体时代已经来临，在互联网上传送多媒体信息已经是时代所趋。21 世纪是多媒体互联网的时代，能否高速接入 Internet，成为人们能否方便地使用互联网的前提。接入互联网技术从发展到现在有多种，我们以局域网接入为例作简单的介绍。

通过局域网，再向 ISP 租用一条专线上网，这种方式上网速度很快。作为局域网用户的微型计算机，只需配置一块网卡和一根连接本地局域网的电缆，便可进入 Internet。

在将设备和线路连接好之后，按照如下步骤设置。

1）右击桌面上的"网络"图标，在弹出的快捷菜单中选择"属性"命令，打开"网络和共享中心"窗口。

2）单击"本地连接"链接，打开"本地连接 状态"对话框，如图 6.13 所示。

3）在"常规"选项卡中，单击"属性"按钮，打开"本地连接 属性"对话框，在"网络"选项卡中，勾选"Internet 协议版本 4（TCP/IPv4）"复选框，单击"属性"按钮，打开"Internet 协议版本 4（TCP/IPv4）属性"对话框，如图 6.14 所示。

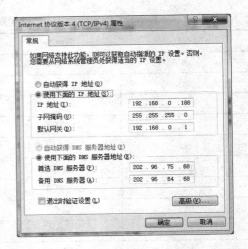

图 6.13 "本地连接 状态"对话框 　　　图 6.14 "Internet 协议版本 4（TCP/IPv4）属性"对话框

4）勾选"使用下面的 IP 地址"单选按钮，定义 IP 地址、子网掩码、默认网关；勾选"使用下面 DNS 服务器地址"单选按钮，定义首选 DNS 服务器地址、备用 DNS 服务器地址。

设置完成后，单击"确定"按钮返回 "本地连接 属性"对话框，再单击"关闭"按钮，返回"本地连接 状态"对话框，再单击"关闭"按钮。至此，网络配置完成，用户可以启动各种网络应用程序通过局域网访问 Internet 了。

6.3　Internet 的基本操作

网络上的相当一部分资源是以网页的形式存在的，帮助用户打开这些网页的工具就是浏览器。浏览器有很多种，现在比较常用的是 Internet Explorer（IE），国内计算机上常见的网页浏览器有 Chrome 浏览器、IE 浏览器、QQ 浏览器、百度浏览器、搜狗浏览器、猎豹浏览器、360 浏览器和 UC 浏览器等，浏览器是最经常使用的客户端程序。浏览器可以帮助用户访问存储在这些计算机上的大量信息，这种访问不仅可以搜索信息，还可以将有用的信息快速地传送到本地计算机上。

1. IE 的界面组成

IE 的界面组成包括标题栏、菜单栏、地址栏、Web、页显示区、搜索状态图标、状态栏、工具栏，如图 6.15 所示。

1）标题栏：在标题栏中，可以看到当前正在查看的主页名称。

2）菜单栏：在菜单栏中，包含了 IE 的所有功能。

3）命令栏：在命令栏中，可以利用其中的按钮或命令，快速完成一些常用操作。当某个快捷按钮为灰色时，表示该功能目前不能使用。

图 6.15　IE 的界面组成

4）Web 页显示区：文档显示区，用于显示文本、图形、动画等信息。

5）搜索状态图标：当 IE 正在发送或接收信息时，该图标显示动画。

6）状态栏：显示有关信息状态。

7）地址栏：在地址栏中，显示当前访问主页的 URL 地址，也可以在地址栏中直接输入要访问的主页的 URL 地址。

2. 启动和退出 IE 浏览器的方法

IE 的启动方法有多种。

1）常用的是在任务栏中单击 IE 浏览器启动按钮 。

2）启动 IE 浏览器后，浏览器会自动链接到默认的网站主页上。

IE 的退出方法有三种：

1）单击窗口右上角的"关闭"按钮。

2）选择"文件"菜单的"关闭"命令。

3）右击任务栏上 IE 的图标，在弹出的快捷菜单中单击"关闭"按钮。

3. 网页浏览和应用

1）在地址栏中输入特定网站的 URL，如输入 http://www.xuetangx.com（此为学堂在线主页），在此还可以直接输入 IP 地址，如 http://218.11.0.200，作用是一样的。

2）在网页中根据"超链接"进行操作。

3）浏览网页。通过 Internet Explorer 浏览器，可以很方便地浏览 Internet 上的资源。下面介绍一些使用 Internet Explorer 浏览器的基本方法。

① 如果知道某个主页的地址，就可以在地址栏中直接输入，然后按【Enter】键即可打开该主页。例如，在地址栏中输入 http://www.163.com/，并按【Enter】键，就可打

开网易网页，如图 6.16 所示。

图 6.16　网易主页

也可以选择"文件"→"打开"命令，在打开的"打开"对话框中输入要打开的主页地址，然后单击"确定"按钮即可。通过"打开"对话框，还可以打开位于本地计算机或局域网中的文件，这时只要输入完整的路径名和文件名即可。

② 要打开曾经访问过的主页，可以单击地址栏右侧的向下箭头，在弹出的下拉菜单中选择主页地址，然后按【Enter】键打开主页。通过地址栏打开曾经访问过的主页，如图 6.17 所示。

③ 要查看所有打开过的主页的详细列表，可单击工具栏中的"历史"按钮，这时在窗口左侧会显示"历史记录"列表。在列表中列出了当天访问过的主页地址，单击要打开的主页地址，就可以打开某个访问过的主页。单击其他日期，可以列出在相应日期内访问过的主页地址，如图 6.18 所示。

图 6.17　通过地址栏打开曾经访问过的主页　　　　图 6.18　使用"历史"按钮访问网页

4）收藏网页。我们在上网时，时常会遇到一些内容和页面很精彩的网页，为了便于下次访问它又不必将它烦琐的地址记下来，最好的办法就是使用 IE 浏览器提供的收藏功能，将这些网页收藏起来。

　　打开需要添加到收藏夹的网页，单击工具栏上的"收藏夹"按钮，则会在窗口的左侧打开"收藏夹"下拉菜单（图 6.19），在下拉菜单中选择"添加到收藏夹"命令，打开"添加收藏"对话框（图 6.20），单击"确定"按钮，便将站点加入收藏夹了。如果用户使用收藏夹时，只打开"收藏"菜单，在菜单中便可找到收藏的站点，单接点击该站点即可。

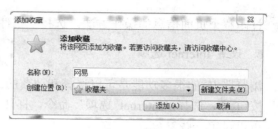

图 6.19　"收藏夹"下拉菜单　　　　　图 6.20　"添加收藏"对话框

　　5）保存网页和图片。在使用 Internet Explorer 浏览信息时，我们会看到一些赏心悦目的网页和有价值的信息，想将它们保存到我们的电脑（硬盘）上，以供日后欣赏或使用，通常是利用 IE 本身的保存功能。

　　① 保存页面信息。用不同格式保存网页，效果不同。选择"文件"→"另存为"命令，在打开的"另存为"对话框的"保存类型"下拉列表中，有下列四种格式。

- "网页，全部（*.htm,*html）"：比较完整，而且会有一个包含该网页所有图像的文件夹，所占空间较大。
- "web 档案，单一文件（*.mht）"：与保存全部网页相比较，所占空间小，而且无附带文件夹。
- "网页，仅 html（*.htm,*html）"：只会显示该网页部分内容，有些网页内容无法显示，而且没有与网络连接。
- "文本文件（*.txt）"：只有文字内容，没有图片，而且没有与网络连接。

保存整个页面的操作方法为：选择"文件"→"另存为"命令，在打开的"保存网页"对话框中要注意选择合适的文件类型和路径。

　　② 保存页面中的图片。为了增加互动性和美观，现在的网页、电子图书中以及论坛上都有许多精美的图片，这些图片都是网页制作者精心制作出来的，如果你想将它们保存下来，常用的保存方法是：用鼠标指针指向图片，右击，在弹出的菜单中选择"图片另存为"命令，在打开的"保存图片"对话框中，为图片选择存放的路径，并在修改文件名后，单击"保存"按钮，图片就保存到计算机中了。

　　4. 常用功能按钮介绍

1）后退 ：退回到前面的网页。

2）前进 ：转到下面的网页。

以上两键可以用来重新访问最近查阅过的 Web 页。

3）刷新 ↻：重新传输当前页面。

4）主页 ⌂：链接用户默认的主页，又叫起始页。

5）搜索 ↗：打开浏览区的搜索窗口。

"搜索"按钮实际上是在浏览区另开一个用于搜索各种网页的窗口，它是 Microsoft 公司使用 Excite 网站的中文搜索工具。

5．打印页面信息

打印整个页面信息的操作方法：选择"文件"→"打印"命令。

6．设置 Internet 选项

浏览器 IE 的很多功能是可以选择和调节的。在 IE 窗口中，单击"工具"菜单或"工具"按钮 ⚙，选择"Internet 选项"命令，打开"Internet 选项"对话框。在这个对话框中，可以设定一些参数。

（1）"常规"选项卡

1）主页设置：在地址栏中输入 URL 地址（也可以将需要设置的页面先显示在浏览器中，然后单击"使用当前页"按钮），如图 6.21 所示。

2）删除临时文件、历史记录等。可以删除以前上网的临时文件，也可以设置临时文件的位置、目录大小等；可以设置历史文件夹中已访问页的链接保存情况，也可以删除已访问页的链接，如图 6.21 所示。

（2）"安全"选项卡

在"安全"选项卡中可以为不同区域的 Web 内容指定安全设置，如图 6.22 所示。

图 6.21　"常规"选项卡

图 6.22　"安全"选项卡

（3）"内容"选项卡

在"内容"选项卡中控制可以查看的 Internet 内容时必须特别慎重，因为一旦忘记密码，只能通过修改注册表才能解除，如图 6.23 所示。

（4）"连接"选项卡

在"连接"选项卡中设置 Internet 连接方式，有添加拨号连接和局域网连接，如图 6.24 所示。

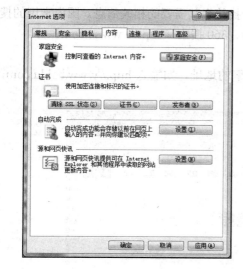

图 6.23 "内容"选项卡   图 6.24 "连接"选项卡

（5）"程序"选项卡

在"程序"选项卡中设置默认的 Web 浏览器、管理加载项等功能使用的程序，如图 6.25 所示。

（6）"高级"选项卡

在"高级"选项卡中设置是否允许网页显示图片、播放动画、声音，以及视频信息等多媒体信息显示设置。"高级"选项卡一般不要改动，如图 6.26 所示。

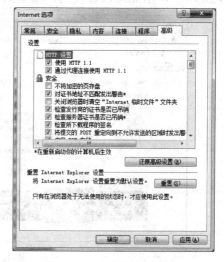

图 6.25 "程序"选项卡   图 6.26 "高级"选项卡

7. 搜索网上信息

Internet 上的信息浩如烟海，用户如何才能快速地找到自己需要的信息呢？这时就需要使用搜索引擎来搜索网上的信息。搜索引擎就是让用户以数据检索的方法，输入其想要搜索的某个特定数据，再在数据库中自动寻找符合其需要的相关信息。国内常用的搜索引擎有：百度搜索引擎（http://www.baidu.com）、360 搜索（http://www.so.com）等。

（1）搜索信息的一般方法

1）使用搜索引擎，在地址框中输入搜索引擎的地址，如输入 http://www.baidu.com，如图 6.27 所示。

图 6.27　使用搜索引擎

2）在主页的文本框中输入"网络"，单击"百度一下"按钮或者按【Enter】键，如图 6.28 所示，由此可以查找用户需要的有关"网络"的信息。

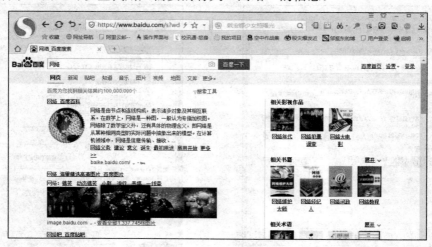

图 6.28　搜索网络

（2）搜索技巧

1）提炼关键词。学会从复杂的搜索意图中提炼最具代表性的关键词是所有搜索技巧之母。例如，人名、网站、新闻、小说等。

2）使用准确的关键词。搜索引擎严谨认真，要求"一字不差"。例如，分别搜索[励精图治]和[历精图治]，会得到不同的结果。

3）输入多个词语搜索。当要查的关键词较长时，输入多个词语搜索（不同字词之间用一个空格隔开），可以获得更精确的搜索结果。

4）强制搜索。用英文双引号将关键词限定起来，这一方法在查找名言警句和专有名词时，格外有用。

5）使用不同的搜索引擎。不同的搜索引擎，其信息覆盖范围会有差异，因此用户平时在搜索信息时仅限于使用某一家搜索引擎是不明智的，再好的搜索引擎也有其局限性。常见的搜索网站有 www.baidu.com、www.so.com。

6.4　电　子　邮　件

6.4.1　电子邮件概述

电子邮件（E-mail）是一种通过网络实现相互传送和接收信息的现代化通信方式，发送、接收和管理电子邮件是 Internet 的一项重要功能。它与邮局收发的普通信件一样，都是一种信息载体。电子邮件和普通信件的显著差别是，电子邮件中除了普通文字之外，还可以包含声音、动画、影像信息。

1. 电子邮件特点

电子邮件与传统的通信方式相比有着较大的优势，它体现的信息传输方式与传统的信件也有着较大的区别。

1）发送速度快。电子邮件通常在数秒钟内即可传达至全球任意位置的收件人的电子信箱中，其速度比电话更为高效快捷。

2）信息丰富多样化。电子邮件发送的信息内容除普通文字之外，还可以传送声音、视频等多种类型的文件。

3）收发方便。电子邮件采用异步工作方式，它允许收件人在任何时间接收和回复信件，发送电子邮件不会因为占线或者接收方不在线而耽误时间。用户可以在方便的任意时间、任意地点收取电子邮件，从而跨越了时间和空间的限制。

4）成本低廉。电子邮件最大的优点在于其低廉的通信价格，用户只需花费极少的费用就可以将重要的信息发送到远在地球另一端的收件人手中。

5）服务安全可靠。电子邮件是高效可靠的。如果用户发送电子邮件时，目的地计算机正好关机或者暂时从因特网上断开，邮件服务软件会每隔一段时间自动重发。如果电子邮件在一段时间内无法递交，邮件服务器会自动通知发送方。

2. 电子邮件的原理

电子邮件的工作过程：邮件服务器类似邮局，是在 Internet 上用来转发和处理电子邮件的计算机。其中，发送邮件服务器与接收邮件服务器和用户直接相关。发送邮件服务器（又称 SMTP 服务器）采用简单邮件传输协议（Simple Message Transfer Protocol，SMTP），将用户编写的邮件转交到收件人手中。接收邮件服务器（又称 POP 服务器）采用邮局协议（Post Office Protocol，POP），用于将其他人发送的电子邮件暂时寄存，直到邮件接收者从服务器上取，到本地机上阅读。电子邮件系统的组成，如图 6.29 所示。

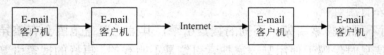

图 6.29　电子邮件系统的组成

3. 电子邮件名词

1）免费邮箱。网站上提供给用户的一种免费邮箱，用户只需填写申请资料即可获得用户账号和密码。它具有免付费、使用方便等特点，是人们使用较为广泛的一种通信方式。

2）收费邮箱。通过付费方式得到的一个用户账号和密码，收费邮箱有容量大、安全性高等特点。

3）电子邮件地址格式。E-mail 像普通的邮件一样，也需要地址，它与普通邮件的区别在于它是电子地址。所有在 Internet 之上有邮箱的用户都有自己的 E-mail address，并且这些 E-mail address 都是唯一的。邮件服务器就是根据这些地址，将每封电子邮件传送到各个用户的邮箱中，E-mail address 就是用户的邮箱地址。用户只有在拥有一个邮箱地址后才能使用电子邮件。一个完整的 Internet 邮件地址由两个部分组成。

通常 Internet 上电子邮件地址的格式如下：username@hostname

其中，username 是指用户申请的邮箱名称，即用户名，是唯一用来区别当前邮件服务器上用户邮箱的标识；中间的符号@含义是"at"，用来分隔用户名与邮件服务器名，即表示名称为 username 的用户在 hostname 主机上开设的一个邮箱；hostname 是指邮箱所在的服务器主机的域名，也就是"邮局"的地址。

4）收件人（TO）。邮件的接收者，相当于收信人。

5）发件人（From）。邮件的发送人，一般而言，就是用户自己。

6）抄送（CC）。用户给收件人发出邮件的同时将该邮件抄送给其他人，在这种抄送方式中，收件人知道发件人将该邮件抄送给了哪些人。

7）暗送（BCC）。用户给收件人发出邮件的同时将该邮件暗中发送给其他人，但是所有收件人都不会知道发件人将该邮件发送给了哪些人。

8）主题（Subject）。这封邮件的标题。

9）附件。同邮件一起发送的附加文件或图片资料等。

6.4.2　电子邮箱的申请与使用

1. 电子邮箱申请的方法

进行收发电子邮件之前，必须先要申请一个电子邮箱地址。

1）通过申请域名空间获得邮箱。如果需要将邮箱应用于企事业单位，且经常需要传递一些文件或资料，并对邮箱的数量、大小和安全性有一定的需求，可以到提供该项服务的网站上（如万维企业网）申请一个域名空间，也就是主页空间，在申请过程中会为用户提供一定数量及大小的电子邮箱，以便别人能够更好地访问用户的主页。这种电子邮箱的申请需要支付一定的费用，适用于集体或单位。

2）通过网站申请的邮箱。提供电子邮件服务的网站很多，如果用户需要申请一个邮箱，只需登录到相应的网站，单击提供邮箱的超链接，根据提示信息填写好资料，即可注册申请一个电子邮箱。

2. 申请免费邮箱

下面以在网易网站申请一个免费邮箱为例进行介绍。

1）连接网络并打开 IE 浏览器，在地址栏中输入"http://www.163.com"，按【Enter】键，网易主页，如图 6.30 所示。

图 6.30　网易主页

2）单击"注册"按钮，进入用户注册页面，如图 6.31 所示，输入用户名。

3）按照提示填写注册表格，单击"确定"按钮。如果注册成功，一定要记住邮件地址。若显示注册失败信息，则可以按照提示进行更正。

4）注册完成后返回首页，将注册的用户名、密码按照提示填写到指定位置后，单击"登录"按钮，进入邮箱页面。

5）单击"写信"按钮，就可以在编辑区域写信了。同时要按照格式填写收件人邮件地址、主题、添加附件等项目，然后单击"发送"按钮。

图 6.31　用户注册页面

习　题

选择题

1. 根据域名代码规定，域名为 henannu.edu.cn 表示的网站类别应当是（　　）。
   A. 国际组织　　　B. 政府部门　　　　C. 商业组织　　　　D. 教育机构
2. 在 ISO/OSI 参考模型中，最底层和最高层分别是（　　）。
   A. 网络层和物理层　　　　　　　　B. 物理层和应用层
   C. 物理层和传输层　　　　　　　　D. 传输层和应用层
3. 浏览 Web 网站，必须使用浏览器，下列属于目前常用浏览器的是（　　）。
   A. Internet Explorer　　　　　　　B. Outlook Express
   C. Hotmail　　　　　　　　　　　D. Inter Exchange
4. 局域网络是一种覆盖范围较小、传输速度较快的网络，其英文缩写是（　　）。
   A. WAN　　　　　B. MAN　　　　　C. LAN　　　　　D. FDDI
5. 电子邮件地址由两部分组成，由@号隔开，@号后为（　　）。
   A. 密码　　　　　B. 主机域名　　　C. 主机名　　　　D. 本机域名
6. 计算机网络的目的是实现（　　）。
   A. 网上计算机之间通信
   B. 计算机之间互通信息并联上 Internet
   C. 广域网（WAN）与局域网（LAN）互联
   D. 计算机之间的资源的共享
7. 关于电子邮件，下列说法中错误的是（　　）。
   A. 发送电子邮件需要 E-mail 软件支持
   B. 发件人必须有自己的 E-mail 账号

    C．收件人必须有自己的邮政编码

    D．必须知道收件人的 E-mail 地址

8．下列各项中，不能作为域名的是（　　　）。

    A．www.aaa.edu.cn　　　　　　　　B．ftp.buaa.edu.cn

    C．www.bit.edu.cn　　　　　　　　D．www.asnc.edu.cn

9．域名是 Internet 服务提供商（ISP）的计算机名，域名中的扩展名.gov 表示机构所属类型为（　　　）。

    A．军事机构　　　　　　　　　　B．政府机构

    C．教育机构　　　　　　　　　　D．商业公司

10．通过 Internet 发送或接收电子邮件（E-mail）的首要条件是应该有一个电子邮件（E-mail）地址，它的正确形式是（　　　）。

    A．用户名 @ 域名　　　　　　　　B．用户名 # 域名

    C．用户名 / 域名　　　　　　　　D．用户名 .域名

11．与 Web 站点和 Web 页面密切相关的一个概念称为"统一资源定位器"，它的英文缩写是（　　　）。

    A．UPS　　　　　B．USB　　　　　C．ULR　　　　　D．URL

12．下列各项中，非法的 IP 地址是（　　　）。

    A．126.96.2.6　　　　　　　　　　B．190.256. 38.8

    C．203.113.7.15　　　　　　　　　D．203.226.1.68

13．C 类 IP 地址可以容纳（　　　）台主机。

    A．255　　　　　B．254　　　　　C．256　　　　　D．65535

主要参考文献

郭卫华，李春，2011. 计算机操作与应用基础教程[M]. 北京：科学出版社.

蒋加伏，沈岳，2013. 大学计算机 [M]. 北京：北京邮电大学出版社.

教育部考试中心，全国计算机等级考试教程 Ms Office 高级应用（2016 版）[M]. 北京：高等教育出版社.

刘江，高建良，2010. 大学计算机基础[M]. 北京：高等教育出版社.

郑倩倩，智淑敏，廖启明，2016. 大学计算机基础[M]. 郑州：河南科学技术出版社.